注册建筑师考试丛书

二级注册建筑师考试历年真题与解析

·2·

法律 法规 经济与施工

（第三版）

臧楠楠 马珂 王一 魏鹏 编著

中国建筑工业出版社

图书在版编目(CIP)数据

二级注册建筑师考试历年真题与解析. 2，法律 法规 经济与施工 / 臧楠楠等编著. —3 版. — 北京：中国建筑工业出版社，2021.11
（注册建筑师考试丛书）
ISBN 978-7-112-26641-8

Ⅰ.①二… Ⅱ.①臧… Ⅲ.①建筑法－中国－资格考试－题解②建筑经济－资格考试－题解③建筑施工－资格考试－题解 Ⅳ.①TU－44

中国版本图书馆 CIP 数据核字(2021)第 193465 号

责任编辑：张　建　黄　翊
责任校对：焦　乐

注册建筑师考试丛书
二级注册建筑师考试历年真题与解析
·2·
法律　法规　经济与施工
（第三版）
臧楠楠　马珂　王一　魏鹏　编著
*
中国建筑工业出版社出版、发行（北京海淀三里河路 9 号）
各地新华书店、建筑书店经销
北京红光制版公司制版
北京圣夫亚美印刷有限公司印刷
*
开本：787 毫米×1092 毫米　1/16　印张：17　字数：411 千字
2021 年 11 月第三版　　2021 年 11 月第一次印刷
定价：59.00 元
ISBN 978-7-112-26641-8
(38492)

版权所有　翻印必究
如有印装质量问题，可寄本社图书出版中心退换
（邮政编码 100037）

前　言

　　二级注册建筑师考试法律、法规、经济与施工这一科的内容相当庞杂，仅就法律、法规中的技术规范部分就涉及大量的建筑类规范，如何复习确实是一个值得深思的问题。在这个信息爆炸的时代，缺少聚焦能力必将迷失在信息的海洋里，正所谓"吾生也有涯，而知也无涯。以有涯随无涯，殆已！"

　　本书编写的目的正是要加强考生复习的针对性，聚焦于考试大纲、聚焦于历年真题，以此来圈定复习的范围与深度，将有限的精力用在最具效率之处，从而做到事半功倍。

　　考试大纲与知识点分布密切相关，本书也是以此为架构对历年真题进行分类整理，具体关系（灰色部分为本科的知识点）详述如下：

　　1. 法律、法规

　　了解与工程勘察设计有关的法律、行政法规和部门规章的基本精神；熟悉注册建筑师考试、注册、执业、继续教育，及注册建筑师权利与义务等方面的规定（注册管理）；了解设计业务招标投标（招投标管理）、承包发包，及签订设计合同等市场行为方面的规定（工程相关法规）；熟悉设计文件编制的原则、依据、程序、质量和深度要求，及修改设计文件的规定（设计文件编制）；熟悉执行工程建设标准，特别是强制性标准管理方面的规定；了解城市规划管理、房地产开发程序和建设工程监理的有关规定；了解对工程建设中各种违法、违纪行为的处罚规定。

　　2. 技术规范

　　熟悉并正确运用一般中小型建筑设计相关的规范、规定与标准（技术规范），特别是掌握并遵守国家规定的强制性条文，全面保证良好的设计质量。

　　3. 经济

　　了解基本建设费用的组成；了解工程项目概、预算内容及编制方法；了解一般建筑工程的技术经济指标和土建工程分部分项单价（工程量清单计价）；了解建筑材料的价格信息，能估算一般建筑工程的单方造价；掌握建筑面积的计算规则。

　　4. 施工

　　了解砌体工程、混凝土结构工程、防水工程、建筑装饰装修工程、建筑地面工程的施工质量验收规范基本知识。

　　除了将每道真题按知识点进行分类并附有详细解析之外，本书还将对各知识点进行要点综述，其中的要点源自真题所要考核的内容，以一定的逻辑主线或分类关系，将点状的考点连成线状甚至是网状结构，使考生能以最快速的方式理解并记忆相关要点，极大地提高复习效率。

二级的真题搜集极为困难，仅有极少部分为完整的照片版试题。网上充斥着大量冒充真题及改编的试题。本书结合考生回忆对真题进行了重新梳理，收集整理了 7 年的真题（下文中用年号-题号表示），部分要点综述将辅以部分一级注册建筑师相关科目的真题（下文中用 1-年号-题号表示），以增加考点密度，使要点综述更具完整性与连贯性。

本书本版修编内容如下：

（1）全书删除了原章节下的与真题解析相重合的要点综述部分，以保持书籍内容的简明，减轻考生备考负担。

（2）第五章增加了 2020 年及 2021 年的真题与答案。增加的真题基于考生回忆版进行了还原，部分题目缺失，但仍不失为较好的备考资料。

（3）更新了部分法律、法规及技术规范，并对相关真题的解析予以调整。

为了能与读者形成良好的互动，针对本书建立了一个 QQ 群，用于解答读者在阅读过程中遇到的问题，并收集读者发现的错漏之处，以对本书进行迭代优化。欢迎各位读者加群，在讨论中发现问题、解决问题并相互促进！

群名称：《法律 法规 经济与施工》读者群
群　号：695602917

目　　录

前言
第一章　法律、法规 …………………………………………………………… 1
　第一节　法规基本体系 ……………………………………………………… 1
　第二节　注册管理 …………………………………………………………… 2
　第三节　招投标管理 ………………………………………………………… 9
　第四节　工程相关法规 ……………………………………………………… 14
　第五节　设计文件编制 ……………………………………………………… 24
　第六节　强制性标准管理 …………………………………………………… 28
　第七节　城市规划管理 ……………………………………………………… 33
　第八节　房地产开发 ………………………………………………………… 36
　第九节　工程监理 …………………………………………………………… 39
第二章　技术规范 ……………………………………………………………… 44
　第一节　通用类建筑规范 …………………………………………………… 45
　第二节　居住类建筑规范 …………………………………………………… 79
　第三节　公建类建筑规范 …………………………………………………… 86
第三章　经济 …………………………………………………………………… 126
　第一节　建设程序和工程造价的确定 ……………………………………… 126
　第二节　费用组成 …………………………………………………………… 130
　第三节　估算、概算和预算 ………………………………………………… 139
　第四节　工程量清单计价 …………………………………………………… 142
　第五节　技术经济指标及部分建筑材料价格 ……………………………… 144
　第六节　面积计算 …………………………………………………………… 149
第四章　施工 …………………………………………………………………… 157
　第一节　砌体工程 …………………………………………………………… 157
　第二节　混凝土工程 ………………………………………………………… 164
　第三节　防水工程 …………………………………………………………… 168
　第四节　建筑装饰装修工程 ………………………………………………… 174
　第五节　建筑地面工程 ……………………………………………………… 185
第五章　真题与答案 …………………………………………………………… 192
　第一节　2017年真题与答案 ………………………………………………… 192
　第二节　2018年真题与答案 ………………………………………………… 204
　第三节　2019年真题与答案 ………………………………………………… 217
　第四节　2020年真题与答案 ………………………………………………… 229
　第五节　2021年真题与答案 ………………………………………………… 240

第一章 法律、法规

一级与二级注册建筑师考试中法律法规部分的考试大纲要求是基本相同的，即"四个熟悉，四个了解"。

"熟悉注册建筑师考试、注册、执业、继续教育，及注册建筑师权利义务等方面的规定；

熟悉设计文件编制的原则、依据、程序、质量和深度要求；

熟悉修改设计文件等方面的规定；

熟悉执行工程建设标准，特别是强制性标准管理方面的规定；

了解与工程勘察设计有关的法律、行政法规和部门规章的基本精神；

了解设计业务招标投标、承包发包及签订设计合同等市场行为方面的规定；

了解城市规划管理、房地产开发程序和建设工程监理的有关规定；

了解对工程建设中各种违法、违纪行为的处罚规定"。

第一节 法规基本体系

根据《中华人民共和国立法法》的规定，我国法规体系按立法权限分为五个层次：

1. 法律：由全国人民代表大会及其常委会通过、以主席令发布。
2. 行政法规：由国务院制定并以国务院令发布。常以"条例""办法""规定""规章"等名称出现。
3. 部门规章：指国务院的各部委发布。
4. 地方性法规：地方人民代表大会及其常委会制定颁行的、只在本区域有效的建设方面的法规。
5. 地方规章：由地方行政部门制定并发布。

其中，法律的法律效力最高，层次越往下的法律法规效力越低。

部分建设相关的法律、法规及部门规章　　　　表 1-1-1

	名称	编号	颁布日期
法律	中华人民共和国建筑法	主席令第 46 号	2011 年 4 月 22 日
	中华人民共和国城乡规划法	主席令第 74 号	2007 年 10 月 28 日
	中华人民共和国民法典	主席令第 45 号	2020 年 5 月 28 日
	中华人民共和国招标投标法	主席令第 21 号	1999 年 8 月 30 日
	中华人民共和国城市房地产管理法	主席令第 72 号	2007 年 8 月 30 日

续表

	名称	编号	颁布日期
行政法规	中华人民共和国注册建筑师条例	国务院令第184号	1995年9月23日
	建设工程质量管理条例	国务院令第279号	2000年1月30日
	建设工程勘察设计管理条例	国务院令第293号	2000年9月25日
	《中华人民共和国城镇国有土地使用权出让和转让暂行条例》	国务院令第55号	
部门规章	中华人民共和国注册建筑师条例实施细则	建设部令第167号	2008年1月29日
	建筑工程设计招标投标管理办法	住建部令第33号	2017年1月24日
	建筑工程方案设计招标投标管理办法	建市〔2008〕63号	2008年3月21日
	工程建设项目勘察设计招标投标办法		2003年8月1日
	房屋建筑工程质量保修办法	建设部令第80号	2000年6月30日
	工程设计资质标准		2007年3月29日
	外商投资建设工程设计企业管理规定	建设部令第114号	2002年12月1日

第二节 注 册 管 理

1. 依据《中华人民共和国注册建筑师条例》,下列情况中,可以申请参加一级注册建筑师考试的是：(2018-001)
  A. 取得建筑学硕士学位,并从事建筑设计工作2年以上
  B. 取得相近专业工学硕士学位,并从事建筑设计工作2年以上
  C. 取得工程师技术职称,并从事建筑设计工作2年以上
  D. 取得高级工程师技术职称,并从事建筑设计工作2年以上

【答案】A

【解析】全国一级注册建筑师资格考试专业、学历及工作时间要求

专业		学位或学历	取得学位或学历后从事建筑设计的最少年限
建筑学建筑设计技术（原建筑设计）	本科及以上	建筑学硕士或以上毕业	2年
		建筑学学士	3年
		五年制工学士或毕业	5年
		四年制工学士或毕业	7年
	专科	三年制毕业	9年
		二年制毕业	10年
相近专业	本科及以上	工学博士	2年
		工学硕士或研究生毕业	6年
		五年制工学士或毕业	7年
		四年制工学士或毕业	8年
	专科	三年制毕业	10年
		二年制毕业	11年

续表

专业	学位或学历		取得学位或学历后从事建筑设计的最少年限
其他工科	本科及以上	工学硕士或研究生毕业	7年
		五年制工学士或毕业	8年
		四年制工学士或毕业	9年

2.《中华人民共和国注册建筑师条例》对注册建筑师的下列哪一方面未作规定？（2010-003、1-2005-063）

  A. 考试   B. 职称
  C. 注册   D. 执业

【答案】B

【解析】《中华人民共和国注册建筑师条例》第三条：
  注册建筑师的考试、注册和执业，适用本条例。

3. 注册建筑师的注册证书和执业印章由谁来保管使用？（2010-001）

  A. 上级主管部门
  B. 注册建筑师所在公司（设计师）
  C. 注册建筑师所在公司（设计师）下属分公司（所）
  D. 注册建筑师本人

【答案】D

【解析】《中华人民共和国注册建筑师条例实施细则》第十六条：
  注册证书和执业印章是注册建筑师的执业凭证，由注册建筑师本人保管、使用。

4. 建筑师初始注册者可以自执业资格证书签发之日起几年内提出注册申请？（2010-002）

  A. 2年   B. 3年
  C. 4年   D. 5年

【答案】B

【解析】《中华人民共和国注册建筑师条例实施细则》第十八条：
  初始注册者可以自执业资格证书签发之日起三年内提出申请。逾期未申请者，须符合继续教育的要求后方可申请初始注册。

5. 建筑师初始注册者自职业资格证书签发之日起几年内提出申请无须符合继续教育的要求？（2013-002）

  A. 3年   B. 4年
  C. 5年   D. 6年

【答案】A

【解析】同题4解析。

6. 下列审查事项中，不属于注册建筑师初始注册条件的是：（2018-004）

  A. 取得执业资格证书
  B. 受聘于某国外事务所中国分公司

3

C. 达到继续教育要求
D. 从事建筑设计 3 年

【答案】D

【解析】《中华人民共和国注册建筑师条例实施细则》第十七条

申请注册建筑师初始注册，应当具备以下条件：

1. 依法取得执业资格证书或者互认资格证书；

2. 只受聘于中华人民共和国境内的一个建设工程勘察、设计、施工、监理、招标代理、造价咨询、施工图审查、城乡规划编制等单位（以下简称聘用单位）；

3. 近三年内在中华人民共和国境内从事建筑设计及相关业务一年以上；

4. 达到继续教育要求；

5. 没有本细则第二十一条所列的情形。

7. 某建筑师通过一级注册建筑师考试并取得执业资格证书后出国留学，四年后回国想申请注册，请问他需要如何完成注册？(2011-001)

A. 直接向全国注册建筑师管理委员会申请注册

B. 达到继续教育要求后，经户口所在地的省级注册建筑师管理委员会报送注册建筑师管理委员会申请注册

C. 达到继续教育要求后，经受聘设计单位所在地的省级注册建筑师管理委员会报送注册建筑师管理委员会申请注册

D. 重新参加一级注册建筑师考试通过后申请注册

【答案】C

【解析】同题 6 解析。

8. 注册建筑师注册的有效期为：(2011-003)

A. 5 年 B. 3 年
C. 2 年 D. 1 年

【答案】C

【解析】《中华人民共和国注册建筑师条例实施细则》第十九条：

注册建筑师每一注册有效期为二年。注册建筑师注册有效期满需继续执业的，应在注册有效期届满三十日前，按照本细则第十五条规定的程序申请延续注册。延续注册有效期为二年。

9. 注册建筑师有下列哪种情形时，其注册证书和执业印章有效？(2010-004)

A. 聘用单位申请破产保护

B. 聘用单位被吊销营业执照的

C. 聘用单位相应资质证书被吊销或者撤回的

D. 聘用单位解除聘用劳动关系的

【答案】A

【解析】《中华人民共和国注册建筑师条例实施细则》第二十二条：

注册建筑师有下列情形之一的，其注册证书和执业印章失效：

1. 聘用单位破产的；
2. 聘用单位被吊销营业执照的；
3. 聘用单位相应资质证书被吊销或者撤回的；
4. 已与聘用单位解除聘用劳动关系的；
5. 注册有效期满且未延续注册的；
6. 死亡或者丧失民事行为能力的；
7. 其他导致注册失效的情形。

10. 根据《注册建筑师条例》，注册建筑师注册的有效期为(　　)年，有效期满继续注册的，应当在期满(　　)日内办理注册手续。(2011-095)
    A. 3；30　　　　　　　　　　B. 2；30
    C. 3；20　　　　　　　　　　D. 2；20

【答案】B
【解析】《中华人民共和国注册建筑师条例》第十七条：
　　注册建筑师注册的有效期为2年，有效期届满需要继续注册的，应当在期满前30日内办理注册手续。

11. 下列单位不需要注册建筑师的是：(2012-001)
    A. 监理单位　　　　　　　　B. 工程建设单位
    C. 施工单位　　　　　　　　D. 设计单位

【答案】B
【解析】《中华人民共和国注册建筑师条例实施细则》第十七条：
　　申请注册建筑师初始注册，应当具备以下条件：……
　　2. 只受聘于中华人民共和国境内的一个建设工程勘察、设计、施工、监理、招标代理、造价咨询、施工图审查、城乡规划编制等单位（以下简称聘用单位）。

12. 根据《中华人民共和国注册建筑师条例》，注册建筑师注册不需要的条件有：(2012-002)
    A. 考试　　　　　　　　　　B. 职称
    C. 注册　　　　　　　　　　D. 执业

【答案】B
【解析】《中华人民共和国注册建筑师条例实施细则》第三条：
　　注册建筑师，是指经考试、特许、考核认定取得中华人民共和国注册建筑师执业资格证书（以下简称执业资格证书），或者经资格互认方式取得建筑师互认资格证书（以下简称互认资格证书），并按照本细则注册，取得中华人民共和国注册建筑师注册证书（以下简称注册证书）和中华人民共和国注册建筑师执业印章（以下简称执业印章），从事建筑设计及相关业务活动的专业技术人员。

13. 下列设计行为中属于违法的是：(2012-003)
    Ⅰ. 已从建筑设计院退休的王高，组织有工程师技术职称的基督教徒免费负责一座基督教堂的施工图设计

Ⅱ．总务处李老师为节省学校开支，免费为学校设计了一个临时库房
Ⅲ．某人防专业设计院郑工为其他设计院负责设计了多个人防工程施工图
Ⅳ．农民未进行设计自建两层 6 间楼房

A．Ⅰ、Ⅱ   B．Ⅰ、Ⅲ
C．Ⅱ、Ⅲ   D．Ⅲ、Ⅳ

【答案】B

【解析】依据《建设工程勘察设计管理条例》：

第十条　建设工程勘察、设计注册执业人员和其他专业技术人员只能受聘于一个建设工程勘察、设计单位；未受聘于建设工程勘察、设计单位的，不得从事建设工程的勘察、设计活动。Ⅰ中已退休的人员组织技术人员负责施工图设计的行为是违法的。

第八条　禁止建设工程勘察、设计单位允许其他单位或者个人以本单位的名义承揽建设工程勘察、设计业务。Ⅲ中郑工为其他设计院进行设计的行为是违法的。

第四十四条　抢险救灾及其他临时性建筑和农民自建两层以下住宅的勘察、设计活动，不适用本条例。故Ⅱ中的总务处老师设计的临时库房及Ⅳ中农民自建房的行为不违法。

14．大学建筑系教授通过了注册建筑师考试，他可以申请注册的单位是：（2017-002)

A．本地某国营设计院　　　　　　B．外地某国营设计院
C．所在大学建筑设计院　　　　　D．某民营设计院

【答案】C

【解析】《中华人民共和国注册建筑师条例实施细则》第十四条：

取得一级注册建筑师资格证书并受聘于一个相关单位的人员，应当通过聘用单位向单位工商注册所在地的省、自治区、直辖市注册建筑师管理委员会提出申请；省、自治区、直辖市注册建筑师管理委员会受理后提出初审意见，并将初审意见和申请材料报全国注册建筑师管理委员会审批；符合条件的，由全国注册建筑师管理委员会颁发一级注册建筑师注册证书和执业印章。

与大学建筑系教授相关的单位就是所在大学的建筑设计院，因而选C。

15．注册建筑师由于受到行政处罚被吊销证书，自吊销之日起不予注册的年限为：（2017-004）

A．1   B．2
C．3   D．5

【答案】D

【解析】《中华人民共和国注册建筑师条例实施细则》第二十一条：
申请人有下列情形之一的，不予注册：
1．不具有完全民事行为能力的；
2．申请在两个或者两个以上单位注册的；
3．未达到注册建筑师继续教育要求的；
4．因受刑事处罚，自刑事处罚执行完毕之日起至申请注册之日止不满五年的；

5. 因在建筑设计或者相关业务中犯有错误受行政处罚或者撤职以上行政处分，自处罚、处分决定之日起至申请之日止不满二年的；

6. 受吊销注册建筑师证书的行政处罚，自处罚决定之日起至申请注册之日止不满五年的；

7. 申请人的聘用单位不符合注册单位要求的；

8. 法律、法规规定不予注册的其他情形。

16. 注册建筑师因受刑事处罚，自刑罚执行完毕之日起，不予注册的年限为：(2018-002)
  A. 1年　　　　　　　　　　　　B. 2年
  C. 3年　　　　　　　　　　　　D. 5年
【答案】D
【解析】同题15解析。

17. 下列行为中，违反《注册建筑师条例》的是：(2017-001)
  A. 对本人主持的项目盖章、签字
  B. 作为某市建设管理委员会的专家库成员，对某建设项目进行技术评审
  C. 二级注册建筑师在三星级酒店施工图设计图纸签字、盖注册章
  D. 建筑物调查与鉴定
【答案】C
【解析】《中华人民共和国注册建筑师条例实施细则》第二十八条：

注册建筑师的执业范围具体为：

建筑设计、建筑设计技术咨询、建筑物调查与鉴定、对本人主持设计的项目进行施工指导和监督、国务院建设主管部门规定的其他业务。

一级注册建筑师的执业范围不受工程项目规模和工程复杂程度的限制。二级注册建筑师的执业范围只限于承担工程设计资质标准中建设项目设计规模划分表中规定的小型规模的项目（公建≤5000m²、≤24m，住宅≤12层，一星酒店）。

18. 下列行为中，不属于注册建筑师执业范围的是：(2017-006)
  A. 建筑工程技术咨询
  B. 受业主委托进行施工指导并承担现场安全责任
  C. 建筑物调查与鉴定
  D. 建筑工程设计文件及施工图审查
【答案】B
【解析】同题17解析。

19. 依据《注册建筑师条例》，关于注册建筑师执业范围的说法，错误的是：(2019-002)
  A. 可进行建筑设计
  B. 可进行建筑物调查和鉴定
  C. 不得对自己设计的项目进行施工监督
  D. 可进行建筑设计技术咨询
【答案】C

【解析】同题17解析。

20. 在工业建筑设计项目中，须由注册建筑师担任：(2017-003)
    A. 工艺专业负责人   B. 审核人
    C. 建筑专业负责人   D. 审定人

【答案】C

【解析】《中华人民共和国注册建筑师条例实施细则》第三十条：
    注册建筑师所在单位承担民用建筑设计项目，应当由注册建筑师任工程项目设计主持人或设计总负责人；工业建筑设计项目，须由注册建筑师任工程项目建筑专业负责人。

21. 注册建筑师在每一注册有效期内，应完成的继续教育总学时数为：(2018-003)
    A. 20   B. 40
    C. 60   D. 80

【答案】D

【解析】《中华人民共和国注册建筑师条例实施细则》第三十五条：
    继续教育分为必修课和选修课，在每一注册有效期内各为四十学时。
    因此，应完成的继续教育总学时数为80。

22. 下列关于注册建筑师的权利和义务表述中正确的是：(2012-083)
    A. 参加继续教育不是注册建筑师的权利和义务
    B. 受聘于建筑甲级设计单位的二级注册建筑师，经单位同意可以以一级注册建筑师的名义执行业务
    C. 注册建筑师只能受聘于一个建筑设计单位执行业务
    D. 任何单位和个人不得修改注册建筑师的设计图纸

【答案】C

【解析】根据《中华人民共和国注册建筑师条例实施细则》，注册建筑师只能受聘于一个建筑设计单位执行业务。

23. 下列"注册建筑师应当履行义务"的说法，错误的是：(2013-003、1-2013-065)
    A. 保证建筑设计的质量，并在其负责的图纸上签字
    B. 保守在执业中知悉的单位和个人的秘密
    C. 不得准许他人以本人名义执行业务
    D. 可以同时受聘于二个建筑设计单位执行业务

【答案】D

【解析】《中华人民共和国注册建筑师条例实施细则》第二十八条：
    注册建筑师应当履行下列义务：
    （一）遵守法律、法规和职业道德，维护社会公共利益；
    （二）保证建筑设计的质量，并在其负责的设计图纸上签字；
    （三）保守在执业中知悉的单位和个人的秘密；
    （四）不得同时受聘于2个以上建筑设计单位执行业务；

（五）不得准许他人以本人名义执行业务。

24. 对未经注册擅自以个人名义从事注册建筑师业务收取费用的，县级建设行政主管部可以处以违法所得：(2013-020)

A. 5 倍以下罚款 　　　　　　B. 6 倍以下罚款
C. 8 倍以下罚款 　　　　　　D. 10 倍以下罚款

【答案】A

【解析】《中华人民共和国注册建筑师条例》第三十条：

　　未经注册擅自以注册建筑师名义从事注册建筑师业务的，由县级以上人民政府建设行政主管部门责令停止违法活动，没收违法所得，并可以处以违法所得5倍以下的罚款；造成损失的，应当承担赔偿责任。

25. 根据《中华人民共和国注册建筑师条例》，因注册建筑师造成的设计质量问题引起的委托方经济损失，由(　　)负责赔偿。(2011-096，1-2013-064)

A. 建筑设计单位 　　　　　　B. 注册建筑师
C. 建筑设计单位和注册建筑师共同 　　D. 三方或多方

【答案】A

【解析】《中华人民共和国注册建筑师条例》第二十四条：

　　因设计质量造成的经济损失由建筑设计单位承担赔偿责任；建筑设计单位有权向签字的注册建筑师追偿。

第三节　招　投　标　管　理

1. 下列按照国家规定需要政府审批的项目中，必须进行招标的是：(2017-007、1-2005-071)

A. 汶川地震时期的抗震救灾房
B. 市政府办公大楼
C. 采用了某最新装配式建筑专利的科技示范楼
D. 某街道办事处100m² 单层普通办公用房建筑设计

【答案】B

【解析】《建筑工程方案设计招标投标管理办法》第四条：

　　按照国家规定需要政府审批的建筑工程项目，有下列情形之一的，经有关部门批准，可以不进行招标：

　　1. 涉及国家安全、国家秘密的；
　　2. 涉及抢险救灾的；
　　3. 主要工艺、技术采用特定专利、专有技术，或者建筑艺术造型有特殊要求的；
　　4. 技术复杂或专业性强，能够满足条件的设计机构少于三家，不能形成有效竞争的；
　　5. 项目的改、扩建或者技术改造，由其他设计机构设计影响项目功能配套性的；
　　6. 法律、法规规定可以不进行设计招标的其他情形。

A 选项属于上述条款的第 2 条，C 选项属于上述条款的第 3 条。

《建筑工程设计招标投标管理办法》第四条：

建筑工程设计招标范围和规模标准按照国家有关规定执行，有下列情形之一的，可以不进行招标：

1. 采用不可替代的专利或者专有技术的；
2. 对建筑艺术造型有特殊要求，并经有关主管部门批准的；
3. 建设单位依法能够自行设计的；
4. 建筑工程项目的改建、扩建或者技术改造，需要由原设计单位设计，否则将影响功能配套要求的；
5. 国家规定的其他特殊情形。

D 选项属于上述条款的第 3 条。

2. 经有关部门批准，不经过招标程序可直接设计发包的有：（2013-005、1-2013-067）

A. 民营企业、私人投资项目
B. 保障性住房项目
C. 政府投资的大型公建项目
D. 采用特定专利技术、专有技术的工程项目

【答案】D

【解析】《招投标管理办法》第四条：

建筑工程设计招标范围和规模标准按照国家有关规定执行，有下列情形之一的，可以不进行招标：

1. 采用不可替代的专利或者专有技术的；
2. 对建筑艺术造型有特殊要求，并经有关主管部门批准的；
3. 建设单位依法能够自行设计的；
4. 建筑工程项目的改建、扩建或者技术改造，需要由原设计单位设计，否则将影响功能配套要求的；
5. 国家规定的其他特殊情形。

3. 依据《建设工程设计招标投标管理办法》，关于建筑工程设计可以不进行招标做法，错误的是：（2019-005）

A. 采用不可替代的专利或者专有技术的
B. 建设单位承诺能够自行设计的
C. 对建筑艺术造型有特殊要求，并经有关主管部门批准的
D. 建筑工程项目的改建、扩建或者技术改造，需要由原设计单位设计，影响功能配套要求的

【答案】B

【解析】同题 2 解析。

4. 某直辖市拟建设某项目属不宜公开招标的市重点项目，可以批准对该项目进行邀请招标的部门是：（2017-009）

A. 该市国土局 　　　　　　　　B. 该市人民政府
C. 该市发展和改革委员会　　　D. 该市规划局

【答案】B
【解析】《招投标法》第十一条：
　　国务院发展计划部门确定的国家重点项目和省、自治区、直辖市人民政府确定的地方重点项目不适宜公开招标的，经国务院发展计划部门或者省、自治区、直辖市人民政府批准，可以进行邀请招标。

5. 建筑工程概念性方案设计招标文件编制一般不少于：(2010-005、1-2010-068)
　　A. 15日　　　　　　　　　B. 20日
　　C. 25日　　　　　　　　　D. 30日

【答案】B
【解析】《建筑工程设计招标投标管理办法》第十三条：
　　招标人应当确定投标人编制投标文件所需要的合理时间，自招标文件开始发出之日起至投标人提交投标文件截止之日止，时限最短不少于20日。

6. 编制投标文件最少所需的时间不应少于：(2011-081)
　　A. 10d　　　　　　　　　B. 14d
　　C. 20d　　　　　　　　　D. 30d

【答案】C
【解析】同题5解析。

7. 招标人应当确定投标人编制投标文件所需要的合理时间，自招标文件开始发标日起至投标人提交投标文件截止之日止，时限最短不少于：(2019-004)
　　A. 10日　　　　　　　　　B. 20日
　　C. 25日　　　　　　　　　D. 30日

【答案】B
【解析】同题5解析。

8. 大型公共建筑工程项目评标委员会人数不应少于：(2010-006、2011-089)
　　A. 5人　　　　　　　　　B. 7人
　　C. 9人　　　　　　　　　D. 11人

【答案】C
【解析】《建筑工程方案设计招标投标管理办法》第二十七条：
　　招标人或招标代理机构根据招标建筑工程项目特点和需要组建评标委员会，其组成应当符合有关法律、法规和本办法的规定：
　　1. 评标委员会的组成应包括招标人以及与建筑工程项目方案设计有关的建筑、规划、结构、经济、设备等专业专家。大型公共建筑工程项目应增加环境保护、节能、消防专家。评委应以建筑专业专家为主，其中技术、经济专家人数应占评委总数的三分之二以上。
　　2. 评标委员会人数为5人以上单数组成，其中大型公共建筑工程项目评标委员会人数不应少于 9 人。

9. **依法必须进行工程设计招标的项目，其评标委员会由招标人的代表和有关技术、经济等方面的专家组成，成员人数为：（2011-005）**
   A. 三人以上单数
   B. 五人以上单数
   C. 七人以上单数
   D. 九人以上单数

   【答案】B

   【解析】《建筑工程招标投标管理办法》第十六条：
   　　评标由评标委员会负责。评标委员会由招标人代表和有关专家组成。评标委员会人数为 5 人以上单数，其中技术和经济方面的专家不得少于成员总数的 2/3。建筑工程设计方案评标时，建筑专业专家不得少于技术和经济方面专家总数的 2/3。

10. **下列招标人的行为中，不合法的是：（2018-008）**
    A. 编制标底
    B. 委托招标代理机构进行招标
    C. 分多次组织不同投标人踏勘项目现场
    D. 实行总承包招标

    【答案】C

    【解析】《工程建设项目施工招标投标办法》第三十二条：
    　　招标人根据招标项目的具体情况，可以组织潜在投标人踏勘项目现场，向其介绍工程场地和相关环境的有关情况。潜在投标人依据招标人介绍情况作出的判断和决策，由投标人自行负责。
    　　招标人不得单独或者分别组织任何一个投标人进行现场踏勘。

11. **投标人相互串通投标的情形不包括：（2019-003）**
    A. 不同投标人的投标文件由同一单位或者个人编制
    B. 投标人之间协商投标报价等投标文件的实质性内容
    C. 投标人之间曾经有过业务合作
    D. 不同投标人的投标保证金从同一单位或者个人的账户转出

    【答案】C

    【解析】《中华人民共和国招标投标法实施条例》第三十九条：
    　　禁止投标人相互串通投标。
    　　有下列情形之一的，属于投标人相互串通投标：
    　　① 投标人之间协商投标报价等投标文件的实质性内容；
    　　② 投标人之间约定中标人；
    　　③ 投标人之间约定部分投标人放弃投标或者中标；
    　　④ 属于同一集团、协会、商会等组织成员的投标人按照该组织要求协同投标；
    　　⑤ 投标人之间为谋取中标或者排斥特定投标人而采取的其他联合行动。
    　　《中华人民共和国招标投标法实施条例》第四十条：

有下列情形之一的，视为投标人相互串通投标：
① 不同投标人的投标文件由同一单位或者个人编制；
② 不同投标人委托同一单位或者个人办理投标事宜；
③ 不同投标人的投标文件载明的项目管理成员为同一人；
④ 不同投标人的投标文件异常一致或者投标报价呈规律性差异；
⑤ 不同投标人的投标文件相互混装；
⑥ 不同投标人的投标保证金从同一单位或者个人的账户转出。

12. 招标人在招标文件中要求投标人提交投标保证金的，投标保证金不得超过：(2018-007)

    A. 项目估算价的1% B. 项目估算价的2%
    C. 5万元   D. 10万元

    【答案】B
    【解析】《工程建设项目施工招标投标办法》第三十七条：

    招标人可以在招标文件中要求投标人提交投标保证金。投标保证金除现金外，可以是银行出具的银行保函、保兑支票、银行汇票或现金支票。

    投标保证金不得超过项目估算价的百分之二，但最高不得超过八十万元人民币。投标保证金有效期应当与投标有效期一致。

13. 招标文件要求中标人提交履约保证金的，中标人应当按照招标文件的要求提交，履约保证金不得超过中标合同金额的：(2018-010)

    A. 10%   B. 15%
    C. 20%   D. 30%

    【答案】A
    【解析】《中华人民共和国招标投标法实施条例》第五十八条：

    招标文件要求中标人提交履约保证金的，中标人应当按照招标文件的要求提交。履约保证金不得超过中标合同金额的10%。

14. 甲级资质和乙级资质的两个设计单位拟参加某项目的工程设计，下列表达哪项是正确的？(2011-004)

    A. 可以以联合体形式按照甲级资质报名参加
    B. 可以以联合体形式按照乙级资质报名参加
    C. 后者可以以前者的名义参加设计投标，中标后前者将部分任务分包给后者
    D. 前者与后者不能组成联合体共同投标

    【答案】B
    【解析】《中华人民共和国招投标法》第三十一条：

    两个以上法人或者其他组织可以组成一个联合体，以一个投标人的身份共同投标。联合体各方均应当具备承担招标项目的相应能力；国家有关规定或者招标文件对投标人资格条件有规定的，联合体各方均应当具备规定的相应资格条件。由同一专业的单位组成的联合体，按照资质等级较低的单位确定资质等级。

15. 依据《招标投标法实施条例》，评标完成后，评标委员会应当向招标人提供招标报告和中标候选人名单。中标候选人应当不超过：(2019-006)
    A. 5个　　　　　　　　　　B. 4个
    C. 3个　　　　　　　　　　D. 2个

【答案】C

【解析】《中华人民共和国招标投标法实施条例》第五十三条：
　　评标完成后，评标委员会应当向招标人提交书面评标报告和中标候选人名单。中标候选人应当不超过3个，并标明排序。

16. 下列关于工程设计中标人根据合同约定的履行义务完成中标项目的叙述，哪条是正确的？(2011-006)
    A. 中标人经招标人同意，可以向具备相应资质条件的他人转让中标项目
    B. 中标人根据合同约定，可以将中标项目肢解后分别向具备相应资质条件的他人转让
    C. 中标人根据合同约定，可以将中标项目的部分非主体工作分包给具备相应资质条件的他人完成，并可以再次分包
    D. 中标人根据合同约定，可以将中标项目的部分非主体工作分包给具备相应资质条件的他人完成，并不得再次分包

【答案】D

【解析】《中华人民共和国招投标法》第四十八条：
　　中标人应当按照合同约定履行义务，完成中标项目。中标人不得向他人转让中标项目，也不得将中标项目肢解后分别向他人转让。中标人按照合同约定或者经招标人同意，可以将中标项目的部分非主体、非关键性工作分包给他人完成。接受分包的人应当具备相应的资格条件，并不得再次分包。中标人应当就分包项目向招标人负责，接受分包的人就分包项目承担连带责任。

17. 评标标准不包括：(2012-004)
    A. 投标人的业绩、信誉　　　　B. 勘察设计人员的能力
    C. 勘察设计方案的优劣　　　　D. 图纸数量

【答案】D

【解析】《工程建设项目勘察设计招标投标办法》第三十三条：
　　勘察设计评标一般采取综合评估法进行。评标委员会应当按照招标文件确定的评标标准和方法，结合经批准的项目建议书、可行性研究报告或者上阶段设计批复文件，对投标人的业绩、信誉和勘察设计人员的能力以及勘察设计方案的优劣进行综合评定。

第四节　工程相关法规

1. 施工现场安全由以下哪家单位负责？(2010-007)
    A. 建设单位　　　　　　　　B. 设计单位
    C. 施工单位　　　　　　　　D. 监理单位

【答案】C

【解析】《中华人民共和国建筑法》第四十五条：

施工现场安全由建筑施工企业负责。实行施工总承包的，由总承包单位负责。分包单位向总承包单位负责，服从总承包单位对施工现场的安全生产管理。

2. 建设工程合同不包括：(2012-006)
   A. 工程勘察合同　　　　　　　B. 工程设计合同
   C. 工程监理合同　　　　　　　D. 工程施工合同

【答案】C

【解析】《中华人民共和国民法典》第七百八十八条：

建设工程合同是承包人进行工程建设，发包人支付价款的合同。建设工程合同包括工程勘察、设计、施工合同。

3. 建设工程合同包括：(2011-007)
   A. 工程设计、监理、施工合同　　　B. 工程勘查、设计、监理合同
   C. 工程勘查、监理、施工合同　　　D. 工程勘查、设计、施工合同

【答案】D

【解析】同题2解析。

4. 下列订立合同的说法，正确的是：(2013-008)
   A. 当事人采用合同书形式订立合同的，只要一方当事人签字或者盖章的，该合同成立
   B. 当事人采用信件、数据电文等形式订立合同的，可以在合同成立之前要求签订确认书，但签订确认书时，合同不成立
   C. 采用数据电文形式订立合同的发件人的主营地点为合同成立地点
   D. 当事人采用书面形式订立合同，在签字或者盖章以前，当事人一方已经履行主要义务且对方接受的，该合同成立。

【答案】D

【解析】《中华人民共和国民法典》第四百九十条：

当事人采用合同书形式订立合同的，自当事人均签名、盖章或者按指印时合同成立。在签名、盖章或者按指印之前，当事人一方已经履行主要义务，对方接受时，该合同成立。

5. 下列哪一条表述与《中华人民共和国合同法》不符？(2010-008)
   A. 当事人采用合同书订立合同时，自双方当事人签字或者盖章时合同成立
   B. 采用合同书形式订立合同，在签字或者盖章之前，当事人一方已经履行主要义务且对方接受的，该合同也不能成立
   C. 当事人采用信件、数据电文等形式订立合同时，可以在合同成立之前要求签订确认书，签订确认书时合同成立
   D. 采用合同书形式订立合同的双方当事人签字或盖章的地点为合同成立的地点

【答案】B

【解析】《中华人民共和国合同法》现已变更为《中华人民共和国民法典》，本题解析同

题 4 解析。

6. 执行政府定价或者政府指导价的，在合同约定的交付期限内政府价格调整时：(2013-009)
  A. 按照原合同定的价格计价
  B. 按照重新协商价格计价
  C. 按照"就高不就低"的价格计价
  D. 按照交付时的价格计价
【答案】D
【解析】《中华人民共和国民法典》第五百一十三条：
  执行政府定价或者政府指导价的，在合同约定的交付期限内政府价格调整时，按照交付时的价格计价。逾期交付标的物的，遇价格上涨时，按照原价格执行；价格下降时，按照新价格执行。逾期提取标的物或者逾期付款的，遇价格上涨时，按照新价格执行；价格下降时，按照原价格执行。

7. 设计公司向建设单位寄送业绩图册和价目表的行为属于：(2017-008)
  A. 订立合同   B. 要约
  C. 要约邀请   D. 承诺
【答案】C
【解析】《中华人民共和国民法典》第四百七十三条：
  要约邀请是希望他人向自己发出要约的表示。拍卖公告、招标公告、招股说明书、债券募集办法、基金招募说明书、商业广告和宣传、寄送的价目表等为要约邀请。商业广告和宣传的内容符合要约规定的，构成要约。

8. 设计单位超越其资质等级或以其他单位名义承揽建筑设计业务的，除责令停止违法行为、没收违法所得外，还要处合同约定设计费多少倍的罚款？(2010-020)
  A. 1倍以下   B. 1倍以上2倍以下
  C. 2倍以上3倍以下   D. 3倍以上4倍以下
【答案】B
【解析】《建设工程质量管理条例》第六十条：
  违反本条例规定，勘察、设计、施工、工程监理单位超越本单位资质等级承揽工程的，责令停止违法行为，对勘察、设计单位或者工程监理单位处合同约定的勘察费、设计费或者监理酬金1倍以上2倍以下的罚款；对施工单位处工程合同价款百分之二以上百分之四以下的罚款，可以责令停业整顿，降低资质等级；情节严重的，吊销资质证书；有违法所得的，予以没收。

9. 违反《建设工程勘察设计管理条例》规定，设计单位超越本单位资质等级承包工程的，对设计单位的处罚方式不包括：(2019-019)
  A. 罚款   B. 没收违法所得
  C. 责令停业整顿   D. 吊销营业执照
【答案】D

【解析】《建设工程勘察设计管理条例》：

第八条 建设工程勘察、设计单位应当在其资质等级许可的范围内承揽建设工程勘察、设计业务。

禁止建设工程勘察、设计单位超越其资质等级许可的范围或者以其他建设工程勘察、设计单位的名义承揽建设工程勘察、设计业务。禁止建设工程勘察、设计单位允许其他单位或者个人以本单位的名义承揽建设工程勘察、设计业务。

第三十五条 违反本条例第八条规定的，责令停止违法行为，处合同约定的勘察费、设计费1倍以上2倍以下的罚款，有违法所得的，予以没收；可以责令停业整顿，降低资质等级；情节严重的，吊销资质证书。

10. 根据《建设工程质量管理条例》，注册建筑师、注册结构工程师等注册执业人员应当在设计文件上签字，对( )负责。(2011-098)
   A. 设计质量　　　　　　　　B. 设计文件
   C. 工程质量　　　　　　　　D. 施工安全

【答案】B

【解析】《建设工程质量管理条例》第十九条：

勘察、设计单位必须按照工程建设强制性标准进行勘察、设计，并对其勘察、设计的质量负责。注册建筑师、注册结构工程师等注册执业人员应当在设计文件上签字，对设计文件负责。

11. 注册建筑师违反《建设工程质量管理条例》规定，因过错造成一般质量事故的：(2019-020)
   A. 责令停止执业1年　　　　B. 5年以内不允许注册
   C. 吊销执业资格证书　　　　D. 终身不予注册

【答案】A

【解析】《建设工程质量管理条例》第七十二条：

违反本条例规定，注册建筑师、注册结构工程师、监理工程师等注册执业人员因过错造成质量事故的，责令停止执业1年；造成重大质量事故的，吊销执业资格证书，5年以内不予注册；情节特别恶劣的，终身不予注册。

12. 某住宅开发项目为建筑立面的美观和吸引购房者，开发公司要求设计卧室飘窗400mm高，飘窗设置普通玻璃且不设栏杆，建设行政主管部门对其做出的如下处罚哪项正确？(2011-020)
   A. 责令开发公司改正，并处以20万元以上50万元以下的罚款
   B. 责令开发公司改正，并处以10万元以上30万元以下的罚款
   C. 责令开发公司改正，并处以20万元以上30万元以下的罚款
   D. 责令开发公司改正，并处以10万元以上30万元以下的罚款

【答案】A

【解析】《建设工程质量管理条例》第五十六条：

违反本条例规定，建设单位有下列行为之一的，责令改正，处20万元以上50万

元以下的罚款：……

3. 明示或者暗示设计单位或者施工单位违反工程建设强制性标准，降低工程质量的。

13. 负责工程质量标准的监督单位是：(2011-012)
   A. 建设主管部门　　　　　　B. 质量主管部门
   C. 房地产主管部门　　　　　D. 施工质量主管部门
   【答案】A
   【解析】《建设工程质量管理条例》第四条：
   　　县级以上人民政府建设行政主管部门和其他有关部门应当加强对建设工程质量的监督管理。

14. 竣工验收不需要：(2012-005)
   A. 工程竣工验收备案表、工程竣工验收报告
   B. 施工许可证、施工图设计文件审查意见
   C. 施工单位工程竣工报告、监理单位工程质量评估报告
   D. 保修书
   【答案】B
   【解析】《建设工程质量管理条例》第十六条：
   　　建设单位收到建设工程竣工报告后，应当组织设计、施工、工程监理等有关单位进行竣工验收。建设工程竣工验收应当具备下列条件：
   　　1. 完成建设工程设计和合同约定的各项内容；
   　　2. 有完整的技术档案和施工管理资料；
   　　3. 有工程使用的主要建筑材料、建筑构配件和设备的进场试验报告；
   　　4. 有勘察、设计、施工、工程监理等单位分别签署的质量合格文件；
   　　5. 有施工单位签署的工程保修书。
   　　建设工程经验收合格的，方可交付使用。
   　　A 选项、C 选项属于上述条款第 4 条，D 选项属于上述条款第 5 条，因而选 B。

15. 关于建设工程竣工验收应具备条件的说法，错误的是：(2018-009)
   A. 完成建设工程设计和合同约定的各项内容
   B. 有勘察、设计、工程监理、施工等单位分别签署的质量合格文件
   C. 有施工单位签署的工程保修书
   D. 有使用 3 个月以上的报告
   【答案】D
   【解析】同题 14 解析。

16. 建设工程竣工时，必须具备的条件之一是：(2019-012)
   A. 有设计、施工、监理这 3 个单位分别签署的施工图合格文件
   B. 有工程使用的主要建筑材料、建筑构配件和设备的进场试验报告
   C. 有设备供应商签署的工程保修书
   D. 有物业委托管理合同

【答案】B
【解析】同题 14 解析。

17. 经发包人同意,设计承包人可将其承包的设计工作:(2012-007)
　　A. 部分发包　　　　　　　　B. 分部转包
　　C. 肢解分包　　　　　　　　D. 分包后由分包单位再分包
【答案】A
【解析】《建设工程质量管理条例》:
　　总承包人或者勘察、设计、施工承包人经发包人同意,可以将自己承包的部分工作交由第三人完成。第三人就其完成的工作成果与总承包人或者勘察、设计、施工承包人向发包人承担连带责任。承包人不得将其承包的全部建设工程转包给第三人或者将其承包的全部建设工程肢解以后以分包的名义分别转包给第三人。禁止承包人将工程分包给不具备相应资质条件的单位。禁止分包单位将其承包的工程再分包。建设工程主体结构的施工必须由承包人自行完成。

18. 设计文件中选用的常规材料,应当注明:(2018-012)
　　A. 材料试验标准　　　　　　B. 规格、型号、性能等技术指标
　　C. 生产商和供应商　　　　　D. 材料运输和储存规定
【答案】B
【解析】《建设工程勘察设计管理条例》第二十七条:
　　设计文件中选用的材料、构配件、设备,应当注明其规格、型号、性能等技术指标,其质量要求必须符合国家规定的标准。
　　除有特殊要求的建筑材料、专用设备和工艺生产线等外,设计单位不得指定生产厂、供应商。

19. 选用通用设备时,不得在文件中标注:(2011-027)
　　A. 设备规格　　　　　　　　B. 设备性能
　　C. 设备型号　　　　　　　　D. 设备厂家
【答案】D
【解析】《建设工程质量管理条例》第二十二条:
　　设计单位在设计文件中选用的建筑材料、建筑构配件和设备,应当注明规格、型号、性能等技术指标,其质量要求必须符合国家规定的标准。

20. 施工图中不得注明:(2012-010)
　　A. 规格　　　　　　　　　　B. 型号
　　C. 生产厂家　　　　　　　　D. 性能
【答案】C
【解析】同题 19 解析。

21. 建筑工程实行保修制度,在正常使用条件下,对最低保修期限的表述,不正确的是:(2012-081)

A. 供热与供冷系统为 2 个采暖期、供冷期
B. 电气管线设备安装工程为 2 年
C. 给排水管道设备安装工程为 3 年
D. 屋面防水工程、有防水要求的卫生间、房间和外墙的防渗漏为 5 年

【答案】C

【解析】《房屋建筑工程质量保修办法》第七条：

在正常使用下，房屋建筑工程的最低保修期限为：
1. 地基基础工程和主体结构工程，为设计文件规定的该工程的合理使用年限；
2. 屋面防水工程、有防水要求的卫生间、房间和外墙面的防渗漏，为 5 年；
3. 供热与供冷系统，为 2 个采暖期、供冷期；
4. 电气管线、给排水管道、设备安装为 2 年；
5. 装修工程为 2 年。

其他项目的保修期限由建设单位和施工单位约定。

22. 关于建设工程设计发包与承包，以下做法正确的是：(2010-009)
    A. 经主管部门批准，发包方将采用特定专利或专有技术的建设工程设计直接发包
    B. 发包方将建设工程设计直接发包给某注册建筑师
    C. 承包方将承揽的建设工程设计转包其他具有相应资质等级的设计单位
    D. 经发包方书面同意，承包方将建设工程设计主体部分分包给其他设计单位

【答案】A

【解析】《建设工程勘察设计管理条例》：

第十六条 下列建设工程的勘察、设计，经有关主管部门批准，可以直接发包：
1. 采用特定的专利或者专有技术的；
2. 建筑艺术造型有特殊要求的；
3. 国务院规定的其他建设工程的勘察、设计。

第十九条 除建设工程主体部分的勘察、设计外，经发包方书面同意，承包方可以将建设工程其他部分的勘察、设计再分包给其他具有相应资质等级的建设工程勘察、设计单位。

第二十条 建设工程勘察、设计单位不得将所承揽的建设工程勘察、设计转包。

23. 根据《建设工程勘察设计管理条例》，建设工程设计行为包括：(2012-082)
    Ⅰ．对建设工程所需的技术、经济、资源、环境等条件进行综合分析、论证
    Ⅱ．编制建设工程设计文件
    Ⅲ．编制初步设计文件
    Ⅳ．编制技术设计文件
    Ⅴ．编制施工图设计文件

    A. Ⅰ、Ⅱ   B. Ⅰ、Ⅱ、Ⅲ
    C. Ⅳ、Ⅴ   D. Ⅰ、Ⅲ

【答案】A

【解析】《建设工程勘察设计管理条例》第二条：

从事建设工程勘察、设计活动，必须遵守本条例。

本条例所称建设工程勘察，是指根据建设工程的要求，查明、分析、评价建设场地的地质地理环境特征和岩土工程条件，编制建设工程勘察文件的活动。

本条例所称建设工程设计，是指根据建设工程的要求，对建设工程所需的技术、经济、资源、环境等条件进行综合分析、论证，编制建设工程设计文件的活动。

24. 下列哪条可不作为编制建设工程勘察、设计文件的依据的是：(2012-008)
    A. 项目批准文件
    B. 城市规划要求
    C. 工程建设强制性标准
    D. 建筑施工总包方对工程有关内容的规定
【答案】D
【解析】《建设工程勘察设计管理条例》第二十五条：

编制建设工程勘察、设计文件，应当以下列规定为依据：

1. 项目批准文件；
2. 城乡规划；
3. 工程建设强制性标准；
4. 国家规定的建设工程勘察、设计深度要求。

铁路、交通、水利等专业建设工程，还应当以专业规划的要求为依据。

25. 编制工程勘察、设计文件的依据不包括：(2017-012)
    A. 城乡规划　　　　　　　　B. 项目批准文件
    C. 工程勘察设计收费管理规定　　D. 工程建设强制性标准
【答案】C
【解析】同题 24 解析。

26. 设计合同生效后，委托方向承包方交付了 5000 元定金，如果承包方不履行合同，应将（　　）元返还给委托方。(2012-075)
    A. 5000　　　　　　　　　　B. 25000
    C. 10000　　　　　　　　　 D. 7500
【答案】C
【解析】《建设工程勘察设计合同条例》第七条：

按规定收取费用的勘察设计合同生效后，委托方应向承包方付给定金。勘察设计合同履行后，定金抵作勘察、设计费。

勘察任务的定金为勘察费的百分之三十，设计任务的定金为估算的设计费的百分之二十。委托方不履行合同的，无权请求返还定金。承包方不履行合同的，应当双倍返还定金。

27. 中外合资经营建设工程设计企业、中外合作经营建设工程设计企业，中方合营者的出

资总额不得低于注册资本的：(2012-071)

   A. 20%   B. 25%
   C. 30%   D. 40%

【答案】 B

【解析】《外商投资建设工程设计企业管理规定》第十四条：
中方合营者的出资总额不得低于注册资本的25%。

28. 《民用建筑工程设计质量评定标准》具体考核对象是民用建筑工程的施工图设计的成品，下列各项表述不正确的是：(2012-072)

   A. 工程项目各专业设计质量等级的评定，采用百分制
   B. 工程项目综合设计质量等级评定分优、良、合格、不合格4个等级
   C. 建筑工程设计质量评定标准分基本质量标准（占90分）和优秀质量标准（再加10分），并以"好""较好"和"差"三个档次，用不同评分幅度拉开距离
   D. 一般工业建筑工程设计质量不可按此标准评定

【答案】 D

【解析】《民用建筑工程设计质量评定标准》1.4：
一般工业建筑工程设计质量也可参考按此标准评定。

29. 工程设计收费实行政府指导价的建设项目其总投资估算额至少：(2013-006)

   A. 300万元   B. 500万元
   C. 800万元   D. 1000万元

【答案】 B

【解析】《工程勘察设计收费标准》第五条：
工程勘察和工程设计收费根据建设项目投资额的不同情况，分别实行政府指导价和市场调节价。建设项目总投资估算额500万元及以上的工程勘察和工程设计收费实行政府指导价；建设项目总投资估算额500万元以下的工程勘察和工程设计收费实行市场调节价。

30. 实行政府指导价的工程设计收费，其基准价根据《工程勘察设计收费标准》计算，浮动幅度为上下：(2013-007)

   A. 10%   B. 15%
   C. 20%   D. 25%

【答案】 C

【解析】《工程勘察设计收费标准》第六条：
实行政府指导价的工程勘察和工程设计收费，其基准价根据《工程勘察收费标准》或者《工程设计收费标准》计算，除本规定第七条另有规定者外，浮动幅度为上下20%。发包人和勘察人、设计人应当根据建设项目的实际情况在规定的浮动幅度内协商确定收费额。

实行市场调节价的工程勘察和工程设计收费，由发包人和勘察人、设计人协商确定收费额。

《工程勘察设计收费标准》第七条：

工程勘察费和工程设计费，应当体现优质优价的原则。工程勘察和工程设计收费实行政府指导价的，凡在工程勘察设计中采用新技术、新工艺、新设备、新材料，有利于提高建设项目经济效益、环境效益和社会效益的，发包人和勘察人、设计人可以在上浮25％的幅度内协商确定收费额。

31. 技术改造项目可根据设计复杂程度增加设计费的调整系数，其范围为：(2011-008)
    A. 1.1～1.3 B. 1.1～1.4
    C. 1.2～1.4 D. 1.1～1.5

【答案】B

【解析】《工程勘察设计收费标准》二、工程设计收费标准：

1.0.12 改扩建和技术改造建设项目，附加调整系数为1.1～1.4。根据工程设计复杂程度确定适当的附加调整系数，计算工程设计收费。

32. 城市建筑方案设计阶段的取费标准为：特级、一级工程加收该项目设计费的( )，二级工程加收该项目设计费的( )，三级工程加收该项目设计费的( )。(2012-100)
    A. 10％，6％，3％ B. 10％，5％，2.5％
    C. 15％，5％，2.5％ D. 15％，6％，3％

【答案】A

【解析】《民用建筑工程设计取费标准》：

三、需要单独提出建筑设计方案的：特级、一级工程建筑设计方案加收该项目设计费的10％；二级工程建筑设计方案加收该项目设计费的6％；三级工程建筑设计方案加收该项目设计费的3％；四级以下（含四级）工程不另收建筑设计方案费。

33. 依照《中华人民共和国合伙企业法》，设立普通合伙企业形式的建筑设计事务所时，关于合伙人中注册建筑师的说法，错误的是：(2018-006)
    A. 至少1名一级注册建筑师
    B. 从事工程设计最少8年以上
    C. 在中国境内主持完成过两项大型建筑工程项目设计
    D. 近3年无质量责任事故

【答案】B

【解析】依据《中华人民共和国合伙企业法》，对设立普通合伙企业形式的建筑设计事务所的要求：

① 合伙人出资总额不少于50万元人民币。

② 合伙人中至少有1名具有良好职业道德的一级注册建筑师，且从事工程设计工作10年以上，在中国境内主持完成过两项大型建筑工程项目设计，近3年无因过错造成一般及以上质量安全责任事故的行为，其年龄不受60周岁以下的限制。

③ 有固定的工作场所。

第五节 设计文件编制

1. 必须作为工程设计文件编制依据的是：(2019-013)
　　A. 城乡规划　　　　　　　　B. 工程勘察设计收费标准
　　C. 技术专家评审意见　　　　D. 质量保证体系要求
【答案】A
【解析】《建设工程勘察设计管理条例》第二十五条：
　　编制建设工程勘察、设计文件，应当以下列规定为依据：
　　① 项目批准文件；
　　② 城乡规划；
　　③ 工程建设强制性标准；
　　④ 国家规定的建设工程勘察、设计深度要求。
　　铁路、交通、水利等专业建设工程，还应当以专业规划的要求为依据。

2. 根据《建筑工程设计文件编制深度规定》，民用建筑工程一般分为：(2011-009)
　　A. 方案设计、施工图设计两个阶段
　　B. 概念性方案设计、方案设计、施工图设计三个阶段
　　C. 可行性研究、方案设计、施工图设计三个阶段
　　D. 方案设计、初步设计、施工图设计三个阶段
【答案】D
【解析】《建筑工程设计文件编制深度规定》1.0.4：
　　建筑工程一般应分为方案设计、初步设计和施工图设计三个阶段；对于技术要求相对简单的民用建筑工程，当有关主管部门在初步设计阶段没有审查要求，且合同中没有做初步设计的约定时，可在方案设计审批后直接进入施工图设计。

3. 《建筑工程设计文件编制深度规定》中明确民用建筑工程方案设计文件应满足：(2010-011)
　　A. 编制项目建议书的需要　　　　B. 编制可行性研究报告的需要
　　C. 编制初步设计文件的需要　　　D. 编制施工图设计文件的需要
【答案】C
【解析】《建筑工程设计文件编制深度规定》1.0.5：
　　各阶段设计文件编制深度应按以下原则进行（具体应执行第2、3、4章条款）：
　　1. 方案设计文件，应满足编制初步设计文件的需要，应满足方案审批或报批的需要（注：本规定仅适用于报批方案设计文件编制深度。对于投标方案设计文件的编制深度，应执行住房和城乡建设部颁发的相关规定）。
　　2. 初步设计文件，应满足编制施工图设计文件的需要，应满足初步设计审批的需要。
　　3. 施工图设计文件，应满足设备材料采购、非标准设备制作和施工的需要（注：对于将项目分别发包给几个设计单位或实施设计分包的情况，设计文件相互关联处的深度应满足各承包或分包单位设计的需要）。

4. 编制初步设计文件,应：(2012-009)
   A. 满足编制施工招标文件的需要   B. 满足主要设备材料采购的需要
   C. 满足非标准设备制作的需要   D. 注明建设工程合理使用年限
   【答案】A
   【解析】同问题3解析。

5. 可满足设备材料采购需要的建设工程设计文件是：(2011-011)
   A. 可行性研究报告   B. 方案设计文件
   C. 初步设计文件   D. 施工图设计文件
   【答案】D
   【解析】同问题3解析。

6. 编制初步设计文件,应满足：(2018-015)
   A. 控制概算的需要   B. 设备采购的需要
   C. 主要设备订货的需要   D. 施工准备的需要
   【答案】C
   【解析】《建设工程勘察设计管理条例》第二十六条：编制建设工程勘察文件,应当真实、准确,满足建设工程规划、选址、设计、岩土治理和施工的需要。编制方案设计文件,应当满足编制初步设计文件和控制概算的需要。编制初步设计文件,应当满足编制施工招标文件、主要设备材料订货和编制施工图设计文件的需要。编制施工图设计文件,应当满足设备材料采购、非标准设备制作和施工的需要,并注明建设工程合理使用年限。

7. 依据《建设工程勘察设计管理条例》,编制初步设计文件应满足：(2019-007)
   A. 全部设备材料采购的需要   B. 控制概算的需要
   C. 施工的需要   D. 编制施工图设计文件的需要
   【答案】D
   【解析】同问题6解析。

8. 依据《建筑工程设计文件编制深度规定（2016版）》,装配式建筑的方案设计文件成果不包括：(2018-011)
   A. 技术策划报告   B. 技术配置表
   C. 装配式建筑详图   D. 预制构件生产策划
   【答案】C
   【解析】《建筑工程设计文件编制深度规定（2016版）》：
   2.1.3 装配式建筑技术策划文件。
   1. 技术策划报告,包括技术策划依据和要求、标准化设计要求、建筑结构体系、建筑围护系统、建筑内装体系、设备管线等内容；
   2. 技术配置表,装配式结构技术选用及技术要点；
   3. 经济性评估,包括项目规模、成本、质量、效率等内容；
   4. 预制构件生产策划,包括构件厂选择、构件制作及运输方案,经济性评估等。

9. 在初步设计文件扉页上签署或授权盖章的为下列哪一组人？(2010-010、2013-010)
   A. 法定代表人、技术总负责人、项目总负责人、各专业审核人
   B. 法定代表人、项目总负责人、各专业审核人、各专业负责人
   C. 法定代表人、技术总负责人、项目总负责人、各专业负责人
   D. 法定代表人、项目总负责人、部门负责人、各专业负责人

   【答案】C

   【解析】《建筑工程设计文件编制深度规定》3.1.2 初步设计文件的编排顺序：
   1. 封面：写明项目名称、编制单位、编制年月；
   2. 扉页：写明编制单位法定代表人、技术总负责人、项目总负责人和各专业负责人的姓名，并经上述人员签署或授权盖章；
   3. 设计文件目录；
   4. 设计说明书；
   5. 设计图纸（可单独成册）；
   6. 概算书（应单独成册）。

10. 初步设计文件成果包括：(2017-010)
    A. 工程估算书   B. 工程概算书
    C. 工程预算书   D. 工程结算书

    【答案】B

    【解析】《建筑工程设计文件编制深度规定》3.1.1 初步设计文件：
    1. 设计说明书，包括设计总说明、各专业设计说明。对于涉及建筑节能、环保、绿色建筑、人防、装配式建筑等，其设计说明应有相应的专项内容；
    2. 有关专业的设计图纸；
    3. 主要设备或材料表；
    4. 工程概算书；
    5. 有关专业计算书（计算书不属于必须交付的设计文件，但应按本规定相关条款的要求编制）。

11. 设计总说明应包括：(2013-011)
    Ⅰ. 工程设计依据   Ⅱ. 工程建设的规模和设计范围
    Ⅲ. 总指标   Ⅳ. 工程估算书
    Ⅴ. 提请在设计审批时需解决或确定的主要问题
    A. Ⅰ、Ⅱ、Ⅲ、Ⅳ   B. Ⅰ、Ⅱ、Ⅲ、Ⅴ
    C. Ⅰ、Ⅲ、Ⅳ、Ⅴ   D. Ⅱ、Ⅲ、Ⅳ、Ⅴ

    【答案】B

    【解析】《建筑工程设计文件编制深度规定》：
    设计总说明包括：
    3.2.1 工程设计依据；3.2.2 工程建设的规模和设计范围；3.2.3 总指标；3.2.4

设计要点综述；3.2.5 提请在设计审批时需解决或确定的主要问题。

12. **总概算文件应有五项，除包括总概算表、各单项工程综合概算书等外，还包括下列哪一项：(2011-002)**
    A. 编制说明   B. 设备表
    C. 主要材料表   D. 项目清单表
    【答案】A
    【解析】《建筑工程设计文件编制深度规定》3.10.1：
    　　建设项目设计概算是初步设计文件的重要组成部分。概算文件应单独成册。设计概算文件由封面、签署页（扉页）、目录、编制说明、建设项目总概算表、工程建设其他费用表、单项工程综合概算表、单位工程概算书等内容组成。

13. **建筑专业施工图设计依据不包括：(2017-011)**
    A. 设计合同   B. 方案批复文件
    C. 民用建筑设计通则   D. 商品房销售许可文件
    【答案】D
    【解析】A、B、C 选项属于设计阶段的相关依据，而 D 选项已不属于设计阶段，因而选 D。

14. **修改建设工程设计文件正确的做法是：(2011-010)**
    A. 无须委托原设计单位而由设计人员修改
    B. 由原设计单位修改
    C. 无须征询原设计单位同意而由具有相应资质的设计单位修改
    D. 由施工单位修改，设计人员签字认可
    【答案】B
    【解析】《建设工程勘察设计管理条例》第二十八条：
    　　建设单位、施工单位、监理单位不得修改建设工程勘察、设计文件；确需修改建设工程勘察、设计文件的，应当由原建设工程勘察、设计单位修改。经原建设工程勘察、设计单位书面同意，建设单位也可以委托其他具有相应资质的建设工程勘察、设计单位修改。修改单位对修改的勘察、设计文件承担相应责任。

15. **对工程设计文件内容的重大修改进行批准的单位是：(2018-016)**
    A. 设计单位   B. 监理单位
    C. 建设单位   D. 原审批机关
    【答案】D
    【解析】《建设工程勘察设计管理条例》第二十八条：
    　　建设单位、施工单位、监理单位不得修改建设工程勘察、设计文件；确需修改建设工程勘察、设计文件的，应当由原建设工程勘察、设计单位修改。经原建设工程勘察、设计单位书面同意，建设单位也可以委托其他具有相应资质的建设工程勘察、设计单位修改。修改单位对修改的勘察、设计文件承担相应责任。
    　　施工单位、监理单位发现建设工程勘察、设计文件不符合工程建设强制性标准、合同约定的质量要求的，应当报告建设单位，建设单位有权要求建设工程勘察、设计单位对建设工程勘察、设计文件进行补充、修改。

建设工程勘察、设计文件内容需要作重大修改的，建设单位应当报经原审批机关批准后，方可修改。

第六节 强制性标准管理

1. 下列关于执行工程建设强制性标准范围的说法，错误的是：(1-2006-076)
   A. 中华人民共和国境内外的新建、改建、扩建等工程建设活动
   B. 中华人民共和国境内的新建工程
   C. 中华人民共和国境内的改建工程
   D. 中华人民共和国境内的扩建工程
   【答案】A
   【解析】《实施工程建设强制性标准监督规定》第二条：
   　　在中华人民共和国境内从事新建、扩建、改建等工程建设活动，必须执行工程建设强制性标准。

2. 工程建设强制性标准不涉及以下哪个方面的条文？(1-2012-075)
   A. 安全　　　　　　　　　　B. 美观
   C. 卫生　　　　　　　　　　D. 环保
   【答案】B
   【解析】《实施工程建设强制性标准监督规定》第三条：
   　　本规定所称工程建设强制性标准是指直接涉及工程质量、安全、卫生及环境保护等方面的工程建设标准强制性条文。

3. 国家工程建设强制性条文应由下列哪种机构确定？(1-2006-074)
   A. 国家标准化管理机关
   B. 国务院有关法制主管部门
   C. 国务院建设行政主管部门会同国务院其他有关行政主管部门确定
   D. 国务院有关法制主管部门会同有关标准制定机构确定
   【答案】C
   【解析】《实施工程建设强制性标准监督规定》第三条：
   　　国家工程建设标准强制性条文由国务院建设行政主管部门会同国务院有关行政主管部门确定。

4. 县级以上地方人民政府的什么机构负责本行政区域内实施工程建设强制性标准的监督管理工作？(1-2003-085)
   A. 建设项目规划审查机构　　　B. 建设安全监督管理机构
   C. 工程质量监督机构　　　　　D. 建设行政主管部门
   【答案】D
   【解析】《实施工程建设强制性标准监督规定》第四条：

国务院建设行政主管部门负责全国实施工程建设强制性标准的监督管理工作。

国务院有关行政主管部门按照国务院的职能分工负责实施工程建设强制性标准的监督管理工作。

县级以上地方人民政府建设行政主管部门负责本行政区域内实施工程建设强制性标准的监督管理工作。

5. 下列哪一个部门负责解释工程建设强制性标准？(2010-015)
   A. 标准批准部门
   B. 标准编制部门
   C. 标准编制部门的上级行政主管部门
   D. 标准编制部门的下属技术部门

【答案】A

【解析】《实施工程建设强制性标准监督规定》第十二条：

工程建设强制性标准的解释由工程建设标准批准部门负责。有关标准具体技术内容的解释，工程建设标准批准部门可以委托该标准的编制管理单位负责。

6. 定期对施工图设计文件审查单位实施强制性标准的监督进行检查的部门是：(2017-013)
   A. 国务院住房城乡建设行政主管部门
   B. 规划审查机关
   C. 工程建设标准批准部门
   D. 工程质量监督机构

【答案】C

【解析】《实施工程建设强制性标准监督规定》第八条：

工程建设标准批准部门应当定期对建设项目规划审查机关、施工图设计文件审查单位、建筑安全监督管理机构、工程质量监督机构实施强制性标准的监督进行检查，对监督不力的单位和个人，给予通报批评，建议有关部门处理。

7. 建筑安全监督管理机构应当对工程：(2019-010)
   A. 设计阶段执行强制性标准的情况实施监督
   B. 施工阶段执行施工安全强制性标准的情况实施监督
   C. 监理等阶段执行强制性标准的情况实施监督
   D. 勘察阶段执行强制性标准的情况实施监督

【答案】B

【解析】《实施工程建设强制性标准监督规定》第六条：

建设项目规划审查机关应当对工程建设规划阶段执行强制性标准的情况实施监督。

施工图设计文件审查单位应当对工程建设勘察、设计阶段执行强制性标准的情况实施监督。

建筑安全监督管理机构应当对工程建设施工阶段执行施工安全强制性标准的情况实施监督。

工程质量监督机构应当对工程建设施工、监理、验收等阶段执行强制性标准的情况实施监督。

8. 对工程项目执行强制性标准情况进行监督检查的单位为：(2011-015)

A. 建设项目规划审查机构　　　　　B. 工程建设标准批准部门
C. 施工图设计文件审查单位　　　　D. 工程质量监督机构

【答案】B

【解析】《实施工程建设强制性标准监督规定》第九条：

　　工程建设标准批准部门应当对工程项目执行强制性标准情况进行监督检查。监督检查可以采取重点检查、抽查和专项检查的方式。

9. 以下哪些单位的技术人员必须熟悉、掌握工程建设强制性标准？(2010-016、2011-016)
　　Ⅰ. 建设单位　　　　　　　　　　Ⅱ. 建设项目规划审查机关
　　Ⅲ. 施工图设计文件审查单位　　　Ⅳ. 建筑安全监督管理机构
　　Ⅴ. 工程质量监督机构
　　A. Ⅰ、Ⅱ、Ⅲ、Ⅳ　　　　　　　B. Ⅰ、Ⅱ、Ⅲ、Ⅴ
　　C. Ⅰ、Ⅱ、Ⅳ、Ⅴ　　　　　　　D. Ⅱ、Ⅲ、Ⅳ、Ⅴ

【答案】D

【解析】《实施工程建设强制性标准监督规定》第七条：

　　建设项目规划审查机关、施工图设计文件审查单位、建筑安全监督管理机构、工程质量监督机构的技术人员必须熟悉、掌握工程建设强制性标准。

10. 《实施工程强制性标准监督规定》不要求：(2012-013)
　　A. 有关工程技术人员是否熟悉、掌握强制性标准
　　B. 工程项目的规划、勘察、设计、施工、验收等是否符合强制性标准的规定
　　C. 工程项目采用的材料、设备是否符合强制性标准的规定
　　D. 工程项目采用的外观样式是否符合强制性标准的规定

【答案】D

【解析】《实施工程建设强制性标准监督规定》第十条：

　　强制性标准监督检查的内容包括：

　　1. 有关工程技术人员是否熟悉、掌握强制性标准；

　　2. 工程项目的规划、勘察、设计、施工、验收等是否符合强制性标准的规定；

　　3. 工程项目采用的材料、设备是否符合强制性标准的规定；

　　4. 工程项目的安全、质量是否符合强制性标准的规定；

　　5. 工程中采用的导则、指南、手册、计算机软件的内容是否符合强制性标准的规定。

11. 根据《实施工程建设强制性标准监督规定》，工程质量监督机构进行强制性标准监督检查的内容包括：(2019-014)
　　A. 设计单位的质量管理体系认证是否符合强制性标准规定
　　B. 工程项目采用的计算机是否符合强制性标准规定
　　C. 工程项目采用的材料是否符合强制性标准规定
　　D. 工程项目的运行是否符合强制性标准规定

【答案】C

【解析】同题 10 解析。

12. 工程建设中拟采用的新技术、新工艺、新材料，不符合现行强制性标准规定的，应当：(2013-015)
    A. 通过本地建设主管部门批准后实施
    B. 由拟采用单位组织专家论证，报本单位上级主管部门批准后实施
    C. 由拟采用单位组织专题技术论证，报标准批准的建设行政主管部门审定
    D. 由建设单位组织专题技术论证，报国务院有关行政主管部门审定
    【答案】D
    【解析】《实施工程建设强制性标准监督规定》第五条：
    　　工程建设中拟采用的新技术、新工艺、新材料，不符合现行强制性标准规定的，应当由拟采用单位提请建设单位组织专题技术论证，报批准标准的建设行政主管部门或者国务院有关主管部门审定。
    　　工程建设中采用国际标准或者国外标准，现行强制性标准未作规定的，建设单位应当向国务院建设行政主管部门或者国务院有关行政主管部门备案。

13. 工程建设中采用国际标准或者国外标准且现行强制性标准未做规定的，建设单位：(2012-014)
    A. 应当向国务院有关行政主管部门备案
    B. 应当向省级建设行政主管部门备案
    C. 应当向所在市建设行政主管部门备案
    D. 可直接采用，不必备案
    【答案】A
    【解析】同题 12 解析。

14. 依据《实施工程建设强制性标准监督规定》的要求，工程建设中拟采用的新技术、新材料，可能影响建设工程质量和安全，又没有国家技术标准的，应当由：(2019-009)
    A. 监理单位组织建设工程技术专家委员会审定
    B. 建设单位组织建设工程技术专家委员会审定
    C. 省级及以上人民政府有关主管部门组织建设工程技术专家委员会审定
    D. 国家认可的检测机构组织建设工程技术专家委员会审定
    【答案】C
    【解析】同题 12 解析。

15. 工程勘察、设计单位违反工程建设强制性标准进行勘察、设计的，除责令改正外，还应处(　　)罚款。(2012-019、2017-020)
    A. 1万以上3万以下　　　　　　B. 5万以上10万以下
    C. 10万以上30万以下　　　　　D. 30万以上50万以下
    【答案】C
    【解析】《实施工程建设强制性标准监督规定》第十七条：
    　　勘察、设计单位违反工程建设强制性标准进行勘察、设计的，责令改正，并处以

10 万元以上 30 万元以下的罚款。

16. 建设单位明示或者暗示设计单位违反工程建设强制性标准，降低工程质量的，责令改正，并处以：(2018-020)
A. 5 万元以上 10 万元以下罚款
B. 10 万元以上 15 万元以下罚款
C. 15 万元以上 20 万元以下罚款
D. 20 万元以上 50 万元以下罚款

【答案】D

【解析】《实施工程建设强制性标准监督规定》第十六条：
建设单位有下列行为之一的，责令改正，并处以 20 万元以上 50 万元以下的罚款：
1. 明示或者暗示施工单位使用不合格的建筑材料、建筑构配件和设备的；
2. 明示或者暗示设计单位或者施工单位违反工程建设强制性标准，降低工程质量的。

17. 对设计阶段执行强制性标准的情况实施监督的是：(2013-016)
A. 规划审查单位
B. 施工图设计文件审查单位
C. 工程质量监督单位
D. 建筑安全监督管理机构

【答案】B

【解析】《实施工程建设强制性标准监督规定》第六条：
建设项目规划审查机关应当对工程建设规划阶段执行强制性标准的情况实施监督。
施工图设计文件审查单位应当对工程建设勘察、设计阶段执行强制性标准的情况实施监督。
建筑安全监督管理机构应当对工程建设施工阶段执行施工安全强制性标准的情况实施监督。
工程质量监督机构应当对工程建设施工、监理、验收等阶段执行强制性标准的情况实施监督。

18. 工程监督部门对（　　）进行监督。(2012-015)
A. 业主
B. 施工、监理
C. 施工工人
D. 建材生产厂家

【答案】B

【解析】同题 17 解析。

19. 关于建筑工程设计标准的说法，正确的是：(2017-005)
A. 国家鼓励制定符合国情的国家标准，反对采用国际标准
B. 标准分为国家标准、行业标准、地方标准、企业标准
C. 对于同一技术要求，国家标准公布之后，行业标准平行使用
D. 地方标准不得高于行业标准

【答案】B

【解析】《中华人民共和国标准化法》：

第二条 本法所称标准（含标准样品），是指农业、工业、服务业以及社会事业等领域需要统一的技术要求。

标准包括国家标准、行业标准、地方标准和团体标准、企业标准。

国家标准分为强制性标准、推荐性标准，行业标准、地方标准是推荐性标准。

强制性标准必须执行。国家鼓励采用推荐性标准。

第八条 国家积极推动参与国际标准化活动，开展标准化对外合作与交流，参与制定国际标准，结合国情采用国际标准，推进中国标准与国外标准之间的转化运用。

第七节 城市规划管理

1. 城市总体规划、镇总体规划的规划期限一般为：(2010-012、2011-023)

    A. 10 年 　　　　　　　　　　B. 15 年

    C. 20 年 　　　　　　　　　　D. 25 年

    【答案】C

    【解析】《中华人民共和国城乡规划法》第十七条：

    城市总体规划、镇总体规划的规划期限一般为二十年。城市总体规划还应当对城市更长远的发展作出预测性安排。

2. 根据《中华人民共和国城乡规划法》，近期规划建设的规划年限为：(2013-013、2017-015)

    A. 1 年 　　　　　　　　　　B. 3 年

    C. 5 年 　　　　　　　　　　D. 10 年

    【答案】C

    【解析】《中华人民共和国城乡规划法》第三十四条：

    近期建设规划的规划期限为五年。

3. 城市总体规划不包括：(2012-011)

    A. 城市的发展布局、功能分区　　B. 用地布局，综合交通体系

    C. 禁止、限制和适宜建设的地域范围　D. 控制建筑高度

    【答案】D

    【解析】《中华人民共和国城乡规划法》第十七条：

    城市总体规划、镇总体规划的内容应当包括：城市、镇的发展布局，功能分区，用地布局，综合交通体系，禁止、限制和适宜建设的地域范围，各类专项规划等。

4. 建设单位应当在竣工验收几个月内向城乡规划主管部门报送竣工验收资料？(2010-013、2011-013)

    A. 一个月 　　　　　　　　　　B. 二个月

    C. 三个月 　　　　　　　　　　D. 六个月

    【答案】D

【解析】《中华人民共和国城乡规划法》第四十五条：

　　县级以上地方人民政府城乡规划主管部门按照国务院规定对建设工程是否符合规划条件予以核实。未经核实或者经核实不符合规划条件的，建设单位不得组织竣工验收。

　　建设单位应当在竣工验收后六个月内向城乡规划主管部门报送有关竣工验收资料。

5. 负责审批省会所在地城市总体规划的是：(2010-014、2011-014)
　　A. 本市人民政府　　　　　　　　B. 本市人民代表大会
　　C. 省政府　　　　　　　　　　　D. 国务院
【答案】D
【解析】《中华人民共和国城乡规划法》第十四条：

　　城市人民政府组织编制城市总体规划。

　　直辖市的城市总体规划由直辖市人民政府报国务院审批。

　　省、自治区人民政府所在地的城市以及国务院确定的城市的总体规划，由省、自治区人民政府审查同意后，报国务院审批。

　　其他城市的总体规划，由城市人民政府报省、自治区人民政府审批。

6. 省会城市总体规划由：(2012-012)
　　A. 省人民政府审查同意后，报国务院审批
　　B. 省人民政府
　　C. 城乡建设主管部门审查后报国务院
　　D. 国务院
【答案】A
【解析】同题5解析。

7. 省会城市的总体规划最终审批部门是：(2017-014)
　　A. 省人民政府　　　　　　　　　B. 省人大常委会
　　C. 国务院　　　　　　　　　　　D. 省委常委会
【答案】C
【解析】同题5解析。

8. 杭州市总体规划最终审批部门是：(2018-013)
　　A. 杭州市人民政府　　　　　　　B. 浙江省人民政府
　　C. 浙江省住房和城乡建设厅　　　D. 国务院
【答案】D
【解析】《中华人民共和国城乡规划法》第十四条：

　　城市人民政府组织编制城市总体规划。

　　直辖市的城市总体规划由直辖市人民政府报国务院审批。

　　省、自治区人民政府所在地的城市以及国务院确定的城市的总体规划，由省、自治区人民政府审查同意后，报国务院审批。

　　其他城市的总体规划，由城市人民政府报省、自治区人民政府审批。

9. 城乡规划报送审批前，组织编制机关应当依法将城乡规划草案给予公告，公告时间不得少于：(2013-012)
   A. 15 天   B. 21 天
   C. 25 天   D. 30 天
   【答案】D
   【解析】《中华人民共和国城乡规划法》第二十六条：
   　　城乡规划报送审批前，组织编制机关应当依法将城乡规划草案予以公告，并采取论证会、听证会或者其他方式征求专家和公众的意见。公告的时间不得少于三十日。组织编制机关应当充分考虑专家和公众的意见，并在报送审批的材料中附具意见采纳情况及理由。

10. 依据《城乡规划法》，编制修建性详细规划应符合：(2019-011)
    A. 城市建设规划   B. "十三五"规划
    C. 控制性详细规划   D. 城市设计规划
    【答案】C
    【解析】《中华人民共和国城乡规划法》第二十一条：
    　　城市、县人民政府城乡规划主管部门和镇人民政府可以组织编制重要地块的修建性详细规划。修建性详细规划应当符合控制性详细规划。

11. 已依法审定的修建性详细规划如需修改，需由哪个单位组织听证会等形式并听取利害关系人的意见后方可修改？(2013-014)
    A. 建设单位   B. 设计编制单位
    C. 建设主管部门   D. 城乡规划主管部门
    【答案】D
    【解析】《中华人民共和国城乡规划法》第五十条：
    　　在选址意见书、建设用地规划许可证、建设工程规划许可证或者乡村建设规划许可证发放后，因依法修改城乡规划给被许可人合法权益造成损失的，应当依法给予补偿。经依法审定的修建性详细规划、建设工程设计方案的总平面图不得随意修改。
    　　确需修改的，城乡规划主管部门应当采取听证会等形式，听取利害关系人的意见。
    　　因修改给利害关系人合法权益造成损失的，应当依法给予补偿。

12. 在城市、乡镇区域内，以划拨方式提供国有土地使用权的建设项目，下列3个证件办理顺序是：(2017-016)
    A. 建设工程规划许可证、建设用地规划许可证、国有土地使用证
    B. 建设用地规划许可证、国有土地使用证、建设工程规划许可证
    C. 国有土地使用证、建设工程规划许可证、建设用地规划许可证
    D. 国有土地使用证、建设用地规划许可证、建设工程规划许可证
    【答案】B

【解析】《中华人民共和国城乡规划法》第三十七条：

在城市、镇规划区内以划拨方式提供国有土地使用权的建设项目，经有关部门批准、核准、备案后，建设单位应当向城市、县人民政府城乡规划主管部门提出建设用地规划许可申请，由城市、县人民政府城乡规划主管部门依据控制性详细规划核定建设用地的位置、面积、允许建设的范围，核发建设用地规划许可证。

建设单位在取得建设用地规划许可证后，方可向县级以上地方人民政府土地主管部门申请用地，经县级以上人民政府审批后，由土地主管部门划拨土地。

第四十条 在城市、镇规划区内进行建筑物、构筑物、道路、管线和其他工程建设的，建设单位或者个人应当向城市、县人民政府城乡规划主管部门或者省、自治区、直辖市人民政府确定的镇人民政府申请办理建设工程规划许可证。

申请办理建设工程规划许可证，应当提交使用土地的有关证明文件、建设工程设计方案等材料。需要建设单位编制修建性详细规划的建设项目，还应当提交修建性详细规划。对符合控制性详细规划和规划条件的，由城市、县人民政府城乡规划主管部门或省、自治区、直辖市人民政府确定的镇人民政府核发建设工程规划许可证。

第八节 房地产开发

1. 土地使用权出让，与土地使用者签订合同的部门是：(2018-014)
   A. 镇政府土地管理部门　　　　B. 乡政府土地管理部门
   C. 市、县政府土地管理部门　　D. 省政府土地管理部门

   【答案】C

   【解析】《中华人民共和国城市房地产管理法》第十五条：

   土地使用权出让，应当签订书面出让合同。

   土地使用权出让合同由市、县人民政府土地管理部门与土地使用者签订。

2. 依据《城市房地产管理法》，县级以上地方人民政府出让土地使用权用于房地产开发的，按照国务院规定，其年度出让土地使用权总面积方案应：(2019-015)
   A. 报县级及以上人民政府批准
   B. 报县级及以上人民代表大会批准
   C. 报省级及以上人民政府批准
   D. 报省级及以上人民代表大会批准

   【答案】C

   【解析】《城市房地产管理法》第十一条：

   县级以上地方人民政府出让土地使用权用于房地产开发的，须根据省级以上人民政府下达的控制指标拟订年度出让土地使用权总面积方案，按照国务院规定，报国务院或者省级人民政府批准。

3. 规定土地使用权出让最高年限的部门是：(2017-017)
   A. 国务院　　　　　　　　　　B. 规划管理部门

C. 土地管理部门   D. 各级政府

【答案】C

【解析】《中华人民共和国城镇国有土地使用权出让和转让暂行条例》第十条：

土地使用权出让的地块、用途、年限和其他条件，由市、县人民政府土地管理部门会同城市规划和建设管理部门、房产管理部门共同拟订方案，按照国务院规定的批准权限批准后，由土地管理部门实施。

4. 某房地产开发公司 2005 年获得商业用地土地使用权并建设商铺，某业主于 2009 年初正式购得一间商铺并取得房产证，按照《城市房地产管理法》等国家法规，该业主商铺房产的土地使用年限至哪一年截止？(2010-017)

A. 2045 年   B. 2049 年
C. 2055 年   D. 2059 年

【答案】A

【解析】《中华人民共和国城镇国有土地使用权出让和转让暂行条例》第十二条：

土地使用权出让最高年限按下列用途确定：

1. 居住用地七十年；
2. 工业用地五十年；
3. 教育、科技、文化、卫生、体育用地五十年；
4. 商业、旅游、娱乐用地四十年；
5. 综合或者其他用地五十年。

依据上述条款该商业用地使用年限为 40 年，从取得土地使用权的 2005 年算起，该商铺土地使用年限至 2045 年。因而选 A。

5. 以出让方式取得的工业用地使用年限最高为：(2017-018)

A. 70 年   B. 50 年
C. 40 年   D. 20 年

【答案】B

【解析】同题 4 解析。

6. 土地出让方式不包括：(2012-016)

A. 拍卖   B. 招标
C. 双方协议   D. 划拨

【答案】D

【解析】《中华人民共和国城镇国有土地使用权出让和转让暂行条例》第十三条：

土地使用权出让可以采取下列方式：

①协议；②招标；③拍卖；④依照前款规定方式出让土地使用权的具体程序和步骤，由省、自治区、直辖市人民政府规定。

7. 超过出让合同约定的动工开发日期满一年未动工开发的，可以征收相当于土地使用权出让金的百分之多少以下的土地闲置费？(2010-018)

A. 10%   B. 20%

C. 25％ D. 30％

【答案】B

【解析】《中华人民共和国城市房地产管理法》第二十六条：

以出让方式取得土地使用权进行房地产开发的，必须按照土地使用权出让合同约定的土地用途、动工开发期限开发土地。超过出让合同约定的动工开发日期满一年未动工开发的，可以征收相当于土地使用权出让金20％以下的土地闲置费；满二年未动工开发的，可以无偿收回土地使用权；但是，因不可抗力或者政府、政府有关部门的行为或者动工开发必需的前期工作造成动工开发迟延的除外。

8. 土地使用权出让合同约定的使用年限届满，土地使用者需要继续使用土地的，申请续期应当至迟于届满前：(2018-018)

   A. 3个月 B. 6个月
   C. 12个月 D. 24个月

【答案】C

【解析】《中华人民共和国城市房地产管理法》第二十二条：

土地使用权出让合同约定的使用年限届满，土地使用者需要继续使用土地的，应当至迟于届满前一年申请续期，除根据社会公共利益需要收回该幅土地的，应当予以批准。经批准准予续期的，应当重新签订土地使用权出让合同，依照规定支付土地使用权出让金。

9. 下列以划拨方式取得土地使用权期限的表述中，何者是正确的？(2011-017)

   A. 使用期限为四十年 B. 使用期限为五十年
   C. 使用期限为七十年 D. 没有使用期限的限制

【答案】D

【解析】划拨土地是土地使用者经县级以上人民政府依法批准，在缴纳补偿、安置等费用后所取得的或者无偿取得的没有使用期限限制的国有土地。

划拨土地没有使用期限的限制，但这并不表示可以无限期、无条件使用土地。政府根据公共利益需要，可以依法收回划拨土地使用权，这时，原土地使用随之终止。以划拨方式取得土地进行房地产开发，大多是为了解决城市中低收入家庭住房及改善城市居民居住条件而设立的开发项目，比如经济适用房。

10. 商品房预售条件不包括：(2012-017)

    A. 已交足土地使用出让金
    B. 确定施工进度交付日期
    C. 建筑物的结构主体必须封顶
    D. 取得土地使用证，持有建设工程规划许可证，投入资金达工程总投资的25％以上

【答案】C

【解析】《中华人民共和国城市房地产管理法》第四十五条：

商品房预售，应当符合下列条件：

1. 已交付全部土地使用权出让金，取得土地使用权证书；

2. 持有建设工程规划许可证；

3. 按提供预售的商品房计算，投入开发建设的资金达到工程建设总投资的百分之二十五以上，并已经确定施工进度和竣工交付日期；

4. 向县级以上人民政府房产管理部门办理预售登记，取得商品房预售许可证明。

商品房预售人应当按照国家有关规定将预售合同报县级以上人民政府房产管理部门和土地管理部门登记备案。

商品房预售所得款项，必须用于有关的工程建设。

11. 依据《城市房地产管理法》，商品房预售应当具备：(2019-016)
  A. 商品房使用说明　　　　　　　B. 商品房预售许可证明
  C. 商品房保修书　　　　　　　　D. 房屋所有权证
  【答案】B
  【解析】同题 10 解析。

12. 办理商品房预售许可时，不需要提供：(2018-017)
  A. 土地使用权证书　　　　　　　B. 建设工程规划许可证
  C. 建设用地规划许可证　　　　　D. 投入开发资金证明
  【答案】C
  【解析】《城市商品房预售管理办法》第七条：

开发企业申请预售许可，应当提交下列证件（复印件）及资料：

1. 商品房预售许可申请表；

2. 开发企业的《营业执照》和资质证书；

3. 土地使用权证、建设工程规划许可证、施工许可证；

4. 投入开发建设的资金占工程建设总投资的比例符合规定条件的证明；

5. 工程施工合同及关于施工进度的说明；

6. 商品房预售方案。预售方案应当说明预售商品房的位置、面积、竣工交付日期等内容，并应当附预售商品房分层平面图。

第九节　工　程　监　理

1. 必须实行监理的大中型公用事业工程，是指其总投资为多少以上的项目？(2010-019、1-2010-084)
  A. 2000 万元　　　　　　　　　　B. 3000 万元
  C. 4000 万元　　　　　　　　　　D. 5000 万元
  【答案】B
  【解析】《建设工程监理范围和规模标准规定》第四条：

大中型公用事业工程，是指项目总投资额在 3000 万元以上的下列工程项目：

1. 供水、供电、供气、供热等市政工程项目；

2. 科技、教育、文化等项目；

3. 体育、旅游、商业等项目；

4. 卫生、社会福利等项目；
5. 其他公用事业项目。

2. 根据《建设工程监理范围和规模标准规定》，下列项目并非强制实行监理的是：(2017-019)

   A. 国家级游泳中心项目
   B. 使用世界银行贷款建设的某 1000m² 小学教室
   C. 某民营企业自建 5000m² 办公用房
   D. 某市 20000m² 的支线机场航站楼

   【答案】C

   【解析】《建设工程监理范围和规模标准规定》第二条：
   下列建设工程必须实行监理：
   1. 国家重点建设工程；
   2. 大中型公用事业工程；
   3. 成片开发建设的住宅小区工程；
   4. 利用外国政府或者国际组织贷款、援助资金的工程；
   5. 国家规定必须实行监理的其他工程。

3. 根据《建设工程监理范围和规模标准规定》，下列项目可以不进行监理的是：(2018-019)

   A. 总投资 6000 万元的中学
   B. 总投资 2000 万元的公共停车场
   C. 总投资 2500 万元的体育馆
   D. 利用世界银行贷款 3000 万元的博物馆

   【答案】B

   【解析】《建设工程监理范围和规模标准规定》第七条：
   国家规定必须实行监理的其他工程是指：
   （一）项目总投资额在 3000 万元以上关系社会公共利益、公众安全的下列基础设施项目：
   （1）煤炭、石油、化工、天然气、电力、新能源等项目；
   （2）铁路、公路、管道、水运、民航以及其他交通运输业等项目；
   （3）邮政、电信枢纽、通信、信息网络等项目；
   （4）防洪、灌溉、排涝、发电、引（供）水、滩涂治理、水资源保护、水土保持等水利建设项目；
   （5）道路、桥梁、地铁和轻轨交通、污水排放及处理、垃圾处理、地下管道、公共停车场等城市基础设施项目；
   （6）生态环境保护项目；
   （7）其他基础设施项目。
   （二）学校、影剧院、体育场馆项目。

4. 下列关于国外公司或社团在中国境内独立投资工程项目选择监理单位的问题，表达正确的是：(2011-019、1-2011-084、1-2013-082)
   A. 可以只委托国外监理单位承担建设监理业务
   B. 只能聘请中国监理单位独立承担建设监理业务
   C. 可以不聘请任何监理单位承担建设监理业务
   D. 可以委托国外监理单位和中国监理单位进行合作监理

【答案】D

【解析】《工程建设监理规定》第二十七条：

　　国外公司或社团组织在中国境内独立投资的工程项目建设，如果需要委托国外监理单位承担建设监理业务时，应当聘请中国监理单位参加，进行合作监理。

　　中国监理单位能够监理的中外合资的工程建设项目，应当委托中国监理单位监理。若有必要，可以委托与该工程项目建设有关的国外监理机构监理或者聘请监理顾问。

　　国外贷款的工程项目建设，原则上应由中国监理单位负责建设监理。如果贷款方要求国外监理单位参加的，应当与中国监理单位进行合作监理。

　　国外赠款、捐款建设的工程项目，一般由中国监理单位承担建设监理业务。

5. 由国外捐赠建设的工程项目，其监理业务：(2013-019)
   A. 必须由国外监理单位承担
   B. 必须由中外监理单位合作共同承担
   C. 一般由捐赠国指定监理单位承担
   D. 一般由中国监理单位承担

【答案】D

【解析】同题4解析。

6. 按照《工程建设监理规定》，工程建设监理的程序为：(2012-096)
   Ⅰ. 编制监理规划
   Ⅱ. 编制监理细则
   Ⅲ. 按照监理细则进行建设监理
   Ⅳ. 参与工程竣工预验收，签署建设监理意见
   Ⅴ. 监理业务完成后，向项目法人提交监理档案资料
   Ⅵ. 编制施工组织设计
   A. Ⅰ、Ⅱ、Ⅲ、Ⅳ、Ⅴ　　　　　　B. Ⅰ、Ⅱ、Ⅲ、Ⅳ、Ⅴ、Ⅵ
   C. Ⅲ、Ⅳ、Ⅴ　　　　　　　　　　D. Ⅱ、Ⅲ、Ⅳ、Ⅴ

【答案】A

【解析】《工程建设监理规定》第十四条：

　　工程建设监理一般应按下列程序进行：

　　1. 编制工程建设监理规划；

　　2. 按工程建设进度、分专业编制工程建设监理细则；

　　3. 按照建设监理细则进行建设监理；

4. 参与工程竣工预验收，签署建设监理意见；
5. 建设监理业务完成后，向项目法人提交工程建设监理档案资料。

7. 下列监理单位可以从事的业务中，何者是正确的？(2011-018、1-2011-083)
   A. 转让监理业务　　　　　　　　B. 参与工程竣工预验收
   C. 经营建筑材料、构配件　　　　D. 组织工程竣工预验收
   【答案】D
   【解析】《建设工程监理规范》GB/T 50319—2013，3.2.1：
   总监理工程师应履行下列职责：
   13. 审查施工单位的竣工申请，组织工程竣工预验收，组织编写工程质量评估报告，参与工程竣工验收。

8. 项目法人和承包商产生纠纷后首先应将此纠纷交由(　　)处理。(2012-093)
   A. 监理机构　　　　　　　　　　B. 人民法院
   C. 仲裁机构　　　　　　　　　　D. 建设行政主管部门
   【答案】A
   【解析】《工程建设监理规定》第二十六条：
   总监理工程师要公正地协调项目法人与被监理单位的争议。

9. 下列关于工程监理时总监理工程师和监理工程师的职责不正确的是：(2012-018、1-2012-084)
   A. 未经监理工程师签字，建筑材料、建筑构配件和设备不得在工程上使用或安装
   B. 未经监理工程师签字，施工单位不得进行下一道工序施工
   C. 未经总监理工程师签字，建设单位不拨付工程款，不进行竣工验收
   D. 未经总监理工程师签字，设计图纸不能施工
   【答案】D
   【解析】《建设工程质量管理条例》第三十七条：
   工程监理单位应当选派具备相应资格的总监理工程师和监理工程师进驻施工现场。未经监理工程师签字，建筑材料、建筑构配件和设备不得在工程上使用或者安装，施工单位不得进行下一道工序的施工。未经总监理工程师签字，建设单位不拨付工程款，不进行竣工验收。

10. 依据《建设工程质量管理条例》，委托监理的项目，建设单位拨付工程款，必须：(2019-017)
    A. 项目总监理工程师签字　　　　B. 项目设计总结构师签字
    C. 建设单位总工程师签字　　　　D. 建设单位总经济师签字
    【答案】A
    【解析】《建设工程质量管理条例》第三十七条：
    工程监理单位应当选派具备相应资格的总监理工程师和监理工程师进驻施工现场。未经监理工程师签字，建筑材料、建筑构配件和设备不得在工程上使用或者安装，施工单位不得进行下一道工序的施工。未经总监理工程师签字，建设单位不拨付

工程款，不进行竣工验收。

11. 工程监理人员发现工程设计不符合建筑工程质量标准的，应当：(2019-018)

    A. 要求设计单位改正

    B. 报告建设单位要求设计单位改正

    C. 要求施工单位停工

    D. 报告建设单位要求施工单位改正

【答案】B

【解析】《中华人民共和国建筑法》第三十二条：

    工程监理人员认为工程施工不符合工程设计要求、施工技术标准和合同约定的，有权要求建筑施工企业改正。

    工程监理人员发现工程设计不符合建筑工程质量标准或者合同约定的质量要求的，应当报告建设单位要求设计单位改正。

12. 下列不属于工程建设监理的主要内容的是：(2013-018、1-2009-083、1-2013-081)

    A. 控制工程建设的投资   B. 进行工程建设合同管理

    C. 协调有关单位间的工作关系   D. 负责开工证的办理

【答案】D

【解析】工程建设监理的主要工作内容为：控制工程建设的投资、建设工期和工程质量；进行工程建设合同管理与信息管理，协调有关单位之间的工作关系。因此，建设监理的主要工作内容可以归纳为"三控、两管、一协调"。

第二章 技 术 规 范

考试大纲关于技术规范的考核要求是:"熟悉并正确运用一般中小型建筑设计相关的规范、规定与标准,特别是掌握并遵守国家规定的强制性条文,全面保证良好的设计质量",可以看到重点是强制性条文的掌握,即规范中黑体字的部分。

技术规范很多,可以将其分为3类:通用类、居住类及公建类(表2-0-1)。

技术规范分类表　　　　　　　　　表2-0-1

类别	名称	编号	施行
通用类建筑规范	民用建筑设计统一标准	GB 50352—2019	2019年10月1日
	建筑设计防火规范	GB 50016—2014(2018年版)	2018年10月1日
	建筑内部装修设计防火规范	GB 50222—2017	2018年4月1日
	汽车库、修车库、停车场设计防火规范	GB 50067—2014	2015年8月1日
	无障碍设计规范	GB 50763—2012	2012年9月1日
	民用建筑热工设计规范	GB 50176—2016	2017年4月1日
	民用建筑绿色设计规范	JGJ/T 229—2010	2011年10月1日
	绿色建筑评价标准	GB/T 50378—2019	2019年8月1日
	公共建筑节能设计标准	GB 50189—2015	2015年10月1日
居住类建筑规范	城市居住区规划设计标准	GB 50180—2018	2018年12月1日
	住宅设计规范	GB 50096—2011	2012年8月1日
	住宅建筑规范	GB 50368—2005	2006年3月1日
	老年人照料设施建筑设计标准	JGJ 450—2018	2018年10月1日
	宿舍建筑设计规范	JGJ 36—2016	2017年6月1日
公建类建筑规范	托儿所、幼儿园建筑设计规范	JGJ 39—2016(2019版)	2019年10月1日
	中小学校设计规范	GB 50099—2011	2012年1月1日
	办公建筑设计标准	JGJ 67—2019	2020年3月1日
	图书馆建筑设计规范	JGJ 38—2015	2016年5月1日
	文化馆建筑设计规范	JGJ/T 41—2014	2015年3月1日
	电影院建筑设计规范	JGJ 58—2008	2008年8月1日
	剧场建筑设计规范	JGJ 57—2016	2017年3月1日
	博物馆建筑设计规范	JGJ 66—2015	2016年2月1日
	综合医院建筑设计规范	GB 51039—2014	2015年8月1日
	疗养院建筑设计标准	JGJ 40—2019	2019年6月1日
	商店建筑设计规范	JGJ 48—2014	2014年12月1日
	饮食建筑设计标准	JGJ 64—2017	2018年2月1日
	旅馆建筑设计规范	JGJ 62—2014	2015年3月1日
	车库建筑设计规范	JGJ 100—2015	2015年12月1日
	铁路旅客车站建筑设计规范	GB 50226—2007	2007年12月1日
	交通客运站建筑设计规范	JGJ/T 60—2012	2013年3月1日
	城市道路公共交通站、场、厂工程设计规范	CJJ/T 15—2011	2012年6月1日

第一节 通用类建筑规范

一、民用建筑设计通则

1. 根据《民用建筑设计通则》，中高层住宅是指：(2018-024)

A. 7～8层住宅	B. 7～9层住宅
C. 8～10层住宅	D. 7～11层住宅

【答案】因规范更新无正确答案

【解析】《民用建筑设计通则》GB 50352—2005 已被《民用建筑设计统一标准》GB 50352—2019 替代。此题已过时。

《民用建筑设计统一标准》GB 50352—2019：

3.1.2 民用建筑按地上建筑高度或层数进行分类应符合下列规定：

1. 建筑高度不大于27.0m的住宅建筑、建筑高度不大于24.0m的公共建筑及建筑高度大于24.0m的单层公共建筑为低层或多层民用建筑；

2. 建筑高度大于27.0m的住宅建筑和建筑高度大于24.0m的非单层公共建筑，且高度不大于100.0m的，为高层民用建筑；

3. 建筑高度大于100.0m为超高层建筑。

2. 半地下室是指房间地平面低于室外地平面的高度超过该房间：(2010-022、2011-021、2012-021)

A. 层高的1/3且不超过1/2	B. 层高的1/2
C. 净高的1/2	D. 净高的1/3且不超过1/2

【答案】D

【解析】《民用建筑设计统一标准》2.0.16：

半地下室 semi-basement

房间地平面低于室外地平面的高度超过该房间净高的1/3，且不超过1/2者为半地下室。

3. 普通民用建筑物和构筑物的设计使用年限为多少年？(2010-023)

A. 100年	B. 70年
C. 50年	D. 40年

【答案】C

【解析】《民用建筑设计统一标准》3.2.1：

民用建筑的设计使用年限应符合表3.2.1的规定。

表3.2.1 设计使用年限分类

类别	设计使用年限（年）	示例
1	5	临时性建筑
2	25	易于替换结构构件的建筑
3	50	普通建筑和构筑物
4	100	纪念性建筑和特别重要的建筑

4. 易于替换结构构件的建筑，设计使用年限为：(2011-022)
　　A. 10 年　　　　　　　　　　B. 15 年
　　C. 20 年　　　　　　　　　　D. 25 年
【答案】D
【解析】同题 3 解析。

5. 住宅设计使用年限是：(2012-020)
　　A. 40 年　　　　　　　　　　B. 50 年
　　C. 70 年　　　　　　　　　　D. 100 年
【答案】B
【解析】同题 3 解析。

6. 多雪寒冷地区建筑基地机动车道的纵坡不应大于多少？(2010-024)
　　A. 3%　　　　　　　　　　　B. 5%
　　C. 8%　　　　　　　　　　　D. 11%
【答案】因规范更新无正确答案
【解析】《民用建筑设计统一标准》5.3.2：
　　建筑基地内道路设计坡度应符合下列规定：
　　1. 基地内机动车道的纵坡不应小于 0.3%，且不应大于 8%，当采用 8% 坡度时，其坡长不应大于 200.0m。当遇特殊困难纵坡小于 0.3% 时，应采取有效的排水措施；个别特殊路段，坡度不应大于 11%，其坡长不应大于 100.0m，在积雪或冰冻地区不应大于 6%，其坡长不应大于 350.0m；横坡宜为 1%~2%。

7. 在一定条件下，允许突出道路红线的建筑突出物是：(2019-021)
　　A. 挑檐　　　　　　　　　　　B. 阳台
　　C. 室外坡道　　　　　　　　　D. 建筑基础
【答案】A
【解析】《民用建筑设计统一标准》GB 50352—2019：
　　4.3.1　除骑楼、建筑连接体、地铁相关设施及连接城市的管线、管沟、管廊等市政公共设施以外，建筑物及其附属的下列设施不应突出道路红线或用地红线建造：
　　1. 地下设施，应包括支护桩、地下连续墙、地下室底板及其基础、化粪池、各类水池、处理池、沉淀池等构筑物及其他附属设施等；
　　2. 地上设施，应包括门廊、连廊、阳台、室外楼梯、凸窗、空调机位、雨篷、挑檐、装饰构架、固定遮阳板、台阶、坡道、花池、围墙、平台、散水明沟、地下室进风及排风口、地下室出入口、集水井、采光井、烟囱等。
　　4.3.2　经当地规划行政主管部门批准，既有建筑改造工程必须突出道路红线的建筑突出物应符合下列规定：
　　1. 在人行道上空：
　　2.5m 以下，不应突出凸窗、窗扇、窗罩等建筑构件；2.5m 及以上突出凸窗、窗扇、窗罩时，其深度不应大于 0.6m。

2.5m 以下，不应突出活动遮阳；2.5m 及以上突出活动遮阳时，其宽度不应大于人行道宽度减 1.0m，并不应大于 3.0m。

3.0m 以下，不应突出雨篷、挑檐；3.0m 及以上突出雨篷、挑檐时，其突出的深度不应大于 2.0m。（选项 A 正确）

3.0m 以下，不应突出空调机位；3.0m 及以上突出空调机位时，其突出的深度不应大于 0.6m。

8. 允许突出道路红线的建筑突出物有哪些？(2010-025)
  A. 空调机位、雨篷   B. 阳台、挑檐
  C. 台阶、凸窗   D. 地下化粪池，窗罩
【答案】A
【解析】同题 7 解析。

9. 下列建筑突出物，在一定条件下允许突出道路红线的为：(2017-021)
  A. 活动遮阳、空调机位   B. 阳光、采光井
  C. 花池、台阶   D. 地下化粪池、地下室出入口
【答案】A
【解析】同题 7 解析。

10. 下列建筑中日照标准要求最严格的是：(2019-045)
  A. 幼儿园生活用房   B. 小学普通教室
  C. 宿舍   D. 老年人居室
【答案】A
【解析】《民用建筑设计统一标准》5.1.2 条文说明：

建筑和场地日照标准在现行国家标准《城市居住区规划设计标准》GB 50180 中有明确规定，住宅、宿舍、托儿所、幼儿园、宿舍、老年人居住建筑、医院病房楼等类型建筑也有相关日照标准，并应执行当地城市规划行政主管部门依照日照标准制定的相关规定。

《中小学校设计规范》4.3.3：
普通教室冬至日满窗日照不应少于 2h。
《托儿所、幼儿园建筑设计规范》3.2.8：
托儿所、幼儿园的幼儿生活用房应布置在当地最好朝向，冬至日底层满窗日照不应小于 3h。
《宿舍建筑设计规范》对宿舍日照标准未作具体要求。
《老年人照料设施建筑设计标准》5.2.1：
居室应具有天然采光和自然通风条件，日照标准不应低于冬至日日照时数 2h。当居室日照标准低于冬至日日照时数 2h 时，老年人居住空间日照标准应按下列规定之一确定：

1. 同一照料单元内的单元起居厅日照标准不应低于冬至日日照时数 2h。
2. 同一生活单元内至少 1 个居住空间日照标准不应低于冬至日日照时数 2h。

11. 下列各类建筑的日照标准要求中，标准最高的是：(2017-022、2013-024)
    A. 疗养院的疗养室   B. 中小学校的普通教室
    C. 幼儿园的幼儿活动室   D. 老年人住宅的卧室
    【答案】C
    【解析】同题 10 解析。
    《疗养院建筑设计标准》4.2.4：
    疗养院总平面设计宜遵循人文、生态、功能原则，且应符合下列规定：
    3. 疗养室应能获得良好的朝向、日照，建筑间距不宜小于 12m。

12. 托儿所、幼儿园的底层满窗日照不应少于：(2010-041)
    A. 大寒日 2 小时   B. 大寒日 3 小时
    C. 冬至日 2 小时   D. 冬至日 3 小时
    【答案】D
    【解析】同题 10 解析。

13. 中小学校南向普通教室底层满窗日照不应少于：(2010-044)
    A. 大寒日 2 小时   B. 大寒日 3 小时
    C. 冬至日 2 小时   D. 冬至日 3 小时
    【答案】C
    【解析】同题 10 解析。

14. 下列关于宿舍建筑日照要求的说法，正确的是：(2012-027)
    A. 可不考虑日照要求
    B. 日照标准比相同地区的住宅居室标准有所降低
    C. 半数以上居家应有良好朝向，并应具有住宅室内相同的日照标准
    D. 所有居室都应有良好朝向
    【答案】因规范更新无正确选项
    【解析】《民用建筑设计统一标准》5.1.2 条文说明：
    建筑和场地日照标准在现行国家标准《城市居住区规划设计标准》GB 50180 中有明确规定，住宅、宿舍、托儿所、幼儿园、宿舍、老年人居住建筑、医院病房楼等类型建筑也有相关日照标准，并应执行当地城市规划行政主管部门依照日照标准制定的相关规定。
    《宿舍建筑设计规范》：
    3.1.2 宿舍基地宜有日照条件，且采光、通风良好。
    3.2.8 条文说明：进行总平面设计时应注意节约用地，但又要满足防火、采光的间距要求，同时满足首层居室的冬季日照时数，设计时应按相关国家标准和各地城市规划行政主管部门的规定执行。
    《宿舍建筑设计规范》对宿舍日照标准未作具体要求，因此本题无正确选项。

15. 下述关于有效采光面积计算的规定，不正确的是：(2011-024)
    A. 侧窗采光口离地面高度在 0.9m 以下部分不应计入有效采光面积

B. 侧窗采光口上部有效宽度超过1.0m以上的阳台，其有效采光面积可按采光口面积的70％计算

C. 侧窗采光口上部有效宽度超过1.0m以上的外廊，其有效采光面积可按采光口面积的70％计算

D. 平天窗采光时，有效采光面积可按采光口面积的2.5倍计算

【答案】因规范更新无正确答案

【解析】《民用建筑设计统一标准》7.1.3：

有效采光窗面积计算应符合下列规定：

1. 侧面采光时，民用建筑采光口离地面高度0.75m以下的部分不应计入有效采光面积；

2. 侧窗采光口上部的挑檐、装饰板、防火通道及阳台等外部遮挡物在采光计算时，应按实际遮挡参与计算。

16. 民用建筑楼梯梯段两侧设扶手的条件是：(2019-023)

A. 梯段净宽达一股人流
B. 梯段净宽达两股人流
C. 梯段净宽达三股人流
D. 无要求

【答案】C

【解析】《民用建筑设计统一标准》6.8.7：

楼梯应至少于一侧设扶手，梯段净宽达三股人流时应两侧设扶手，达四股人流时宜加设中间扶手。

17. 民用建筑室内楼梯的梯段踏步数上、下级限值，正确的是：(2019-024)

A. 17级，2级
B. 18级，2级
C. 18级，3级
D. 19级，3级

【答案】C

【解析】《民用建筑设计统一标准》6.8.5：

每个梯段的踏步级数不应少于3级，且不应超过18级。

18. 室内楼梯的每个梯段步数上限、下限设计中，正确的是：(2017-024)

A. 17步，2步
B. 18步，2步
C. 18步，3步
D. 19步，3步

【答案】C

【解析】同题17解析。

19. 住宅共用楼梯踏步的最小宽度和最大高度分别应为多少？(2017-033)

A. 0.25m，0.18m
B. 0.26m，0.175m
C. 0.27m，0.17m
D. 0.28m，0.165m

【答案】B

【解析】《民用建筑设计统一标准》6.8.10：

楼梯踏步的宽度和高度应符合表6.8.10的规定。

49

表 6.8.10　楼梯踏步最小宽度和最大高度（m）

楼梯类别		最小宽度	最大高度
住宅楼梯	住宅公共楼梯	0.260	0.175
	住宅套内楼梯	0.220	0.200
宿舍楼梯	小学宿舍楼梯	0.260	0.150
	其他宿舍楼梯	0.270	0.165
老年人建筑楼梯	住宅建筑楼梯	0.300	0.150
	公共建筑楼梯	0.320	0.130
托儿所、幼儿园楼梯		0.260	0.130
小学楼梯		0.260	0.150
人员密集且竖向交通繁忙的建筑和大、中学校楼梯		0.280	0.165
其他建筑楼梯		0.260	0.175
超高层建筑核心筒内楼梯		0.250	0.180
检修及内部服务楼梯		0.220	0.200

注：螺旋楼梯和扇形踏步离内侧扶手中心 0.250m 处的踏步宽度不应小于 0.220m。

20. 住宅套内楼梯宽度和高度分别应为：(2012-025)

A. 最小宽度 0.22m，最大高度 0.22m　　B. 最小宽度 0.20m，最大高度 0.20m
C. 最小宽度 0.20m，最大高度 0.22m　　D. 最小宽度 0.22m，最大高度 0.20m

【答案】D

【解析】同题 19 解析。

21. 下图中，公共建筑多台单侧排列电梯的候梯厅的最小深度应为：(2018-022)

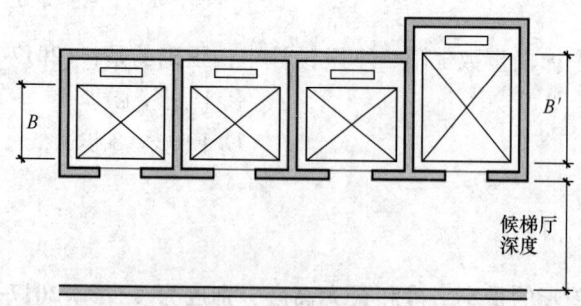

注：B 为轿厢深度，B' 为电梯群中最大轿厢深度。

A. $1.0B'$ 且应≥1.80m　　B. $1.5B'$ 且应≥2.40m
C. $1.5B'$ 且应≥3.00m　　D. $2.0B'$ 且应≥2.40m

【答案】B

【解析】《民用建筑设计统一标准》6.9.1：

电梯设置应符合下列规定：

7. 电梯候梯厅的深度应符合表 6.9.1 的规定。

表 6.9.1 候梯厅深度

电梯类别	布置方式	候梯厅深度
住宅电梯	单台	$\geq B$，且$\geq 1.5m$
住宅电梯	多台单侧排列	$\geq B_{max}$，且$\geq 1.8m$
住宅电梯	多台双侧排列	$\geq$相对电梯B_{max}之和，且$<3.5m$
公共建筑电梯	单台	$\geq 1.5B$，且$\geq 1.8m$
公共建筑电梯	多台单侧排列	$\geq 1.5B_{max}$，且$\geq 2.0m$ 当电梯群为 4 台时应$\geq 2.4m$
公共建筑电梯	多台双侧排列	$\geq$相对电梯B_{max}之和，且$<4.5m$
病床电梯	单台	$\geq 1.5B$
病床电梯	多台单侧排列	$\geq 1.5B_{max}$
病床电梯	多台双侧排列	$\geq$相对电梯B_{max}之和

由表 6.9.1 可知，选项 B 正确。

22. 下面有关栏杆高度的表述错误的有：(2012-026)

A. 六层及以下的栏杆应不低于 1.05m

B. 六层以上的栏杆不低于 1.1m

C. 高层建筑的栏杆应不低于 1.15m

D. 外廊、内天井及上人屋面等临空处的栏杆净高不应低于 1.05m

【答案】答案有争议

【解析】《民用建筑设计统一标准》6.7.3：阳台、外廊、室内回廊、内天井、上人屋面及室外楼梯等临空处应设置防护栏杆，并应符合下列规定：

2. 当临空高度在 24.0m 以下时，栏杆高度不应低于 1.05m；当临空高度在 24.0m 及以上时，栏杆高度不应低于 1.1m。上人屋面和交通、商业、旅馆、医院、学校等建筑临开敞中庭的栏杆高度不应小于 1.2m。

由上述条文可见，选项 C、D 说法错误。

栏杆高度的确定，在《民用建筑设计统一标准》里是以建筑高度作为划分标准的。六层建筑的高度，不一定在 24.0m 以下。而栏杆高度，应视其临空高度而定。当临空高度在 24.0m 以下时，栏杆高度不应低于 1.05m；当临空高度在 24.0m 及以上时，栏杆高度不应低于 1.1m。因此选项 A、B 说法不全面，题干问的是表述错误的，本书认为选择 C、D。

这道题为 2012 年考题，沿用的是旧规范。如以新规范来判定，答案会发生变化，这也是法规这门课在复习历年真题时所不得不面对的问题。

23. 以下临空处防护栏杆做法中，栏杆高度须从下剖翻边顶部计算的是：(2012-022)

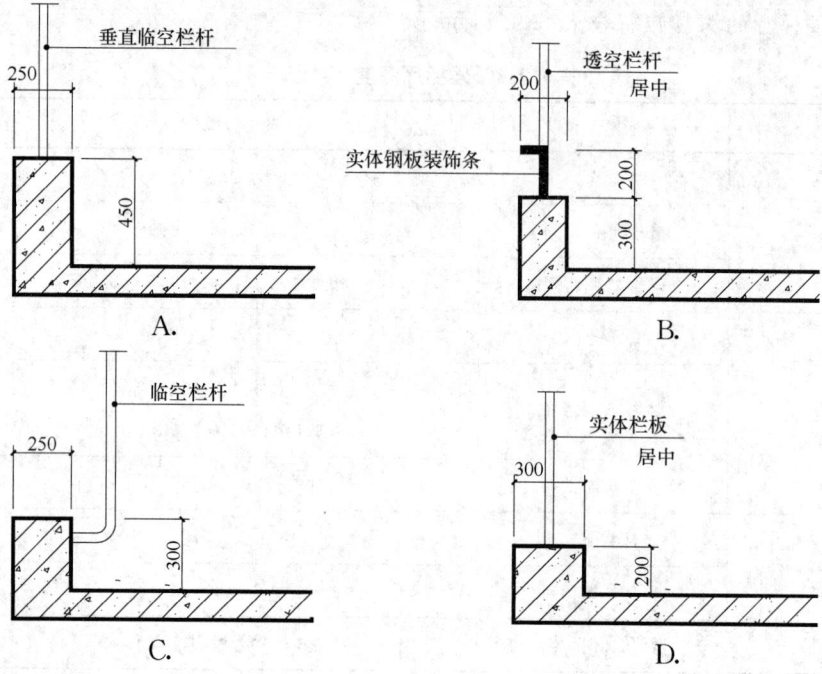

【答案】A

【解析】同题 22 解析。

24. 下列九层住宅的阳台栏杆做法中，正确的是：(2017-025)

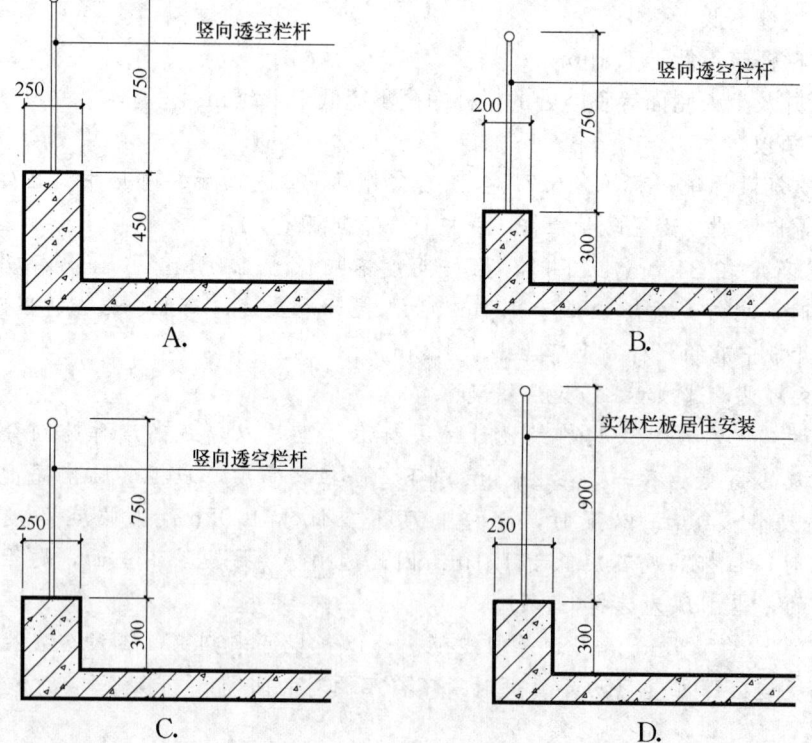

【答案】D

【解析】同题 22 解析。

25. 旅馆中庭栏杆，当临空高度≤24m 时，不应低于：(2017-035)
    A. 1.05m B. 1.10m
    C. 1.20m D. 1.30m

【答案】C

【解析】同题 22 解析。

26. 汽车库库址的车辆出入口，距离城市道路的规划红线不应小于：(2012-044)
    A. 2.5m B. 5.0m
    C. 7.5m D. 10.0m

【答案】C

【解析】《民用建筑设计统一标准》5.2.4：

建筑基地内地下机动车车库出入口与连接道路间宜设置缓冲段，缓冲段应从车库出入口坡道起坡点算起，并应符合下列规定：

1. 出入口缓冲段与基地内道路连接处的转弯半径不宜小于 5.5m；
2. 当出入口与基地道路垂直时，缓冲段长度不应小于 5.5m；
3. 当出入口与基地道路平行时，应设不小于 5.5m 长的缓冲段再汇入基地道路；
4. 当出入口直接连接基地外城市道路时，其缓冲段长度不宜小于 7.5m。

27. 关于确定建筑物使用人数的说法，不正确的是：(2013-022)
    A. 电影院的使用人数按照座位数计算
    B. 餐馆的使用人数按照座位数计算
    C. 无标定人数的建筑按有关设计规范或经调查分析确定合理的使用人数
    D. 办公室应按照 5m²/人计算使用人数

【答案】D

【解析】《民用建筑设计统一标准》：

6.1.1 有固定座位等标明使用人数的建筑，应按照标定人数为基数计算配套设施、疏散通道和楼梯及安全出口的宽度。

6.1.2 对无标定人数的建筑应按国家现行有关标准或经调查分析确定合理的使用人数，并应以此为基数计算配套设施、疏散通道和楼梯及安全出口的宽度。

28. 基地机动车出入口位置与大中城市主干道交叉口的距离不应小于 70m，其中交叉口是指以下哪个位置？(2013-023)
    A. 道路红线交叉点
    B. 道路中心线
    C. 交叉口道路平曲线(拐弯)半径的切点
    D. 机动车道边线

【答案】A

【解析】《民用建筑设计统一标准》4.2.4：

建筑基地机动车出入口位置，应符合所在地控制性详细规划，并应符合下列规定：

1. 中等城市、大城市的主干路交叉口，自道路红线交叉点起沿线70.0m范围内不应设置机动车出入口；

2. 距人行横道、人行天桥、人行地道（包括引道、引桥）的最近边缘线不应小于5.0m；

3. 距地铁出入口、公共交通站台边缘不应小于15.0m；

4. 距公园、学校及有儿童、老年人、残疾人使用建筑的出入口最近边缘不应小于20.0m。

29.《民用建筑设计通则》中规定基地机动车出入口位置与大中城市主干道交叉口的距离不应小于70m，是指下图中哪段距离？**（2017-023、2021-025）**

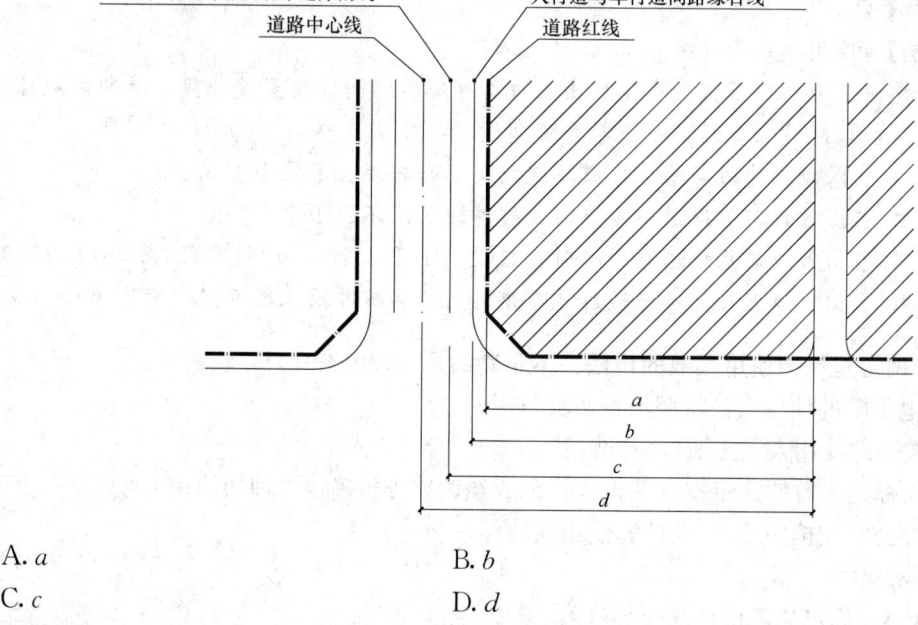

A. a
C. c
B. b
D. d

【答案】A

【解析】同题28解析。

30. 人流密集场所的台阶最低高度超过多少米并侧面临空时，应设防护措施？**（2018-025）**

A. 0.30m
C. 0.70m
B. 0.50m
D. 0.90m

【答案】C

【解析】《民用建筑设计统一标准》6.7.1：

台阶设置应符合下列规定：

1. 公共建筑室内外台阶踏步宽度不宜小于0.3m，踏步高度不宜大于0.15m，且不宜小于0.1m；

2. 踏步应采取防滑措施；

3. 室内台阶踏步数不宜少于2级，当高差不足2级时，宜按坡道设置；

4. 台阶总高度超过 0.7m 时，应在临空面采取防护设施。（选项 C 正确）

31. 按《民用建筑设计通则》，在公共建筑人流密集场所应有保护台阶，其高度是：(2013-025)

A. 0.3m B. 0.5m
C. 0.7m D. 0.9m

【答案】C

【解析】同问题 30 解析。

二、建筑设计防火规范

1. 下列不适用于《建筑设计防火规范》的是：(2011-026)

A. 城市交通隧道 B. 地下、半地下建筑
C. 人民防空工程 D. 可燃材料堆放市场

【答案】C

【解析】《建筑设计防火规范》1.0.2：

本规范适用于下列新建、扩建和改建的建筑：1. 厂房；2. 仓库；3. 民用建筑；4. 甲、乙、丙类液体储罐（区）；5. 可燃、助燃气体储罐（区）6. 可燃材料堆场；7. 城市交通隧道。

人民防空工程、石油和天然气工程、石油化工工程和火力发电厂与变电站等的建筑防火设计，当有专门的国家标准时，宜从其规定。

2. 某建筑物室外设计地坪到屋面结构顶板的高度是 **23m**，地下室结构顶板到屋面结构顶板的高度是 **24m**，屋面结构顶板到突出屋面的电梯机房屋面结构顶板的高度是 **4m**，该建筑物的高度是多少？(2019-074)

A. 23m B. 24m
C. 27m D. 28m

【答案】A

【解析】《建筑设计防火规范》附录 A：

A.0.1 建筑高度的计算应符合下列规定：

1. 建筑屋面为坡屋面时，建筑高度应为建筑室外设计地面至其檐口与屋脊的平均高度。

2. 建筑屋面为平屋面（包括有女儿墙的平屋面）时，建筑高度应为建筑室外设计地面至其屋面面层的高度。

3. 同一座建筑有多种形式的屋面时，建筑高度应按上述方法分别计算后，取其中最大值。

4. 对于台阶式地坪，当位于不同高程地坪上的同一建筑之间有防火墙分隔，各自有符合规范规定的安全出口，且可沿建筑的两个长边设置贯通式或尽头式消防车道时，可分别计算各自的建筑高度。否则，应按其中建筑高度最大者确定该建筑的建筑高度。

5. 局部突出屋顶的瞭望塔、冷却塔、水箱间、微波天线间或设施、电梯机房、排风和排烟机房以及楼梯出口小间等辅助用房占屋面面积不大于 1/4 者，可不计入建筑高度。

6. 对于住宅建筑，设置在底部且室内高度不大于 2.2m 的自行车库、储藏室、敞

开空间，室内外高差或建筑的地下或半地下室的顶板面高出室外设计地面的高度不大于1.5m的部分，可不计入建筑高度。

本题中，该建筑物的高度应为建筑室外设计地面至地坪到屋面结构顶板的高度，屋面结构顶板到突出屋面的电梯机房高度不计入，即建筑物高度为23m。故选项A正确。

3. 下图中，屋顶层斜坡的层高计算正确的是：(2018-023)

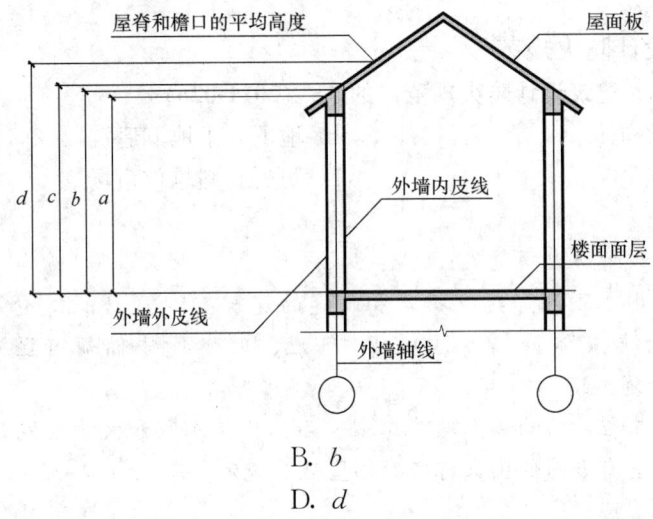

A. *a* B. *b*
C. *c* D. *d*

【答案】D
【解析】同题2解析。

本题中，屋顶层斜坡的高度应为建筑室外设计地面至其檐口与屋脊的平均高度，故选项C正确。

4. 根据《建筑设计防火规范》，下图中住宅的建筑高度应为：(2018-032)

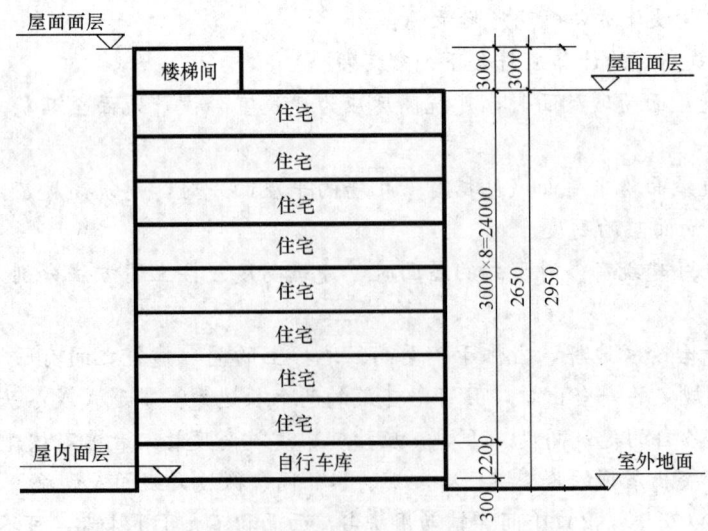

A. 26.50m B. 26.20m

C. 24.00m   D. 29.50m

【答案】C

【解析】因该住宅建筑设置在底部的自行车库室内高度不大于2.2m，则该自行车库不计入建筑高度。故该住宅建筑高度为24m。

5. 下列哪栋建筑属于高层建筑？(2017-031)

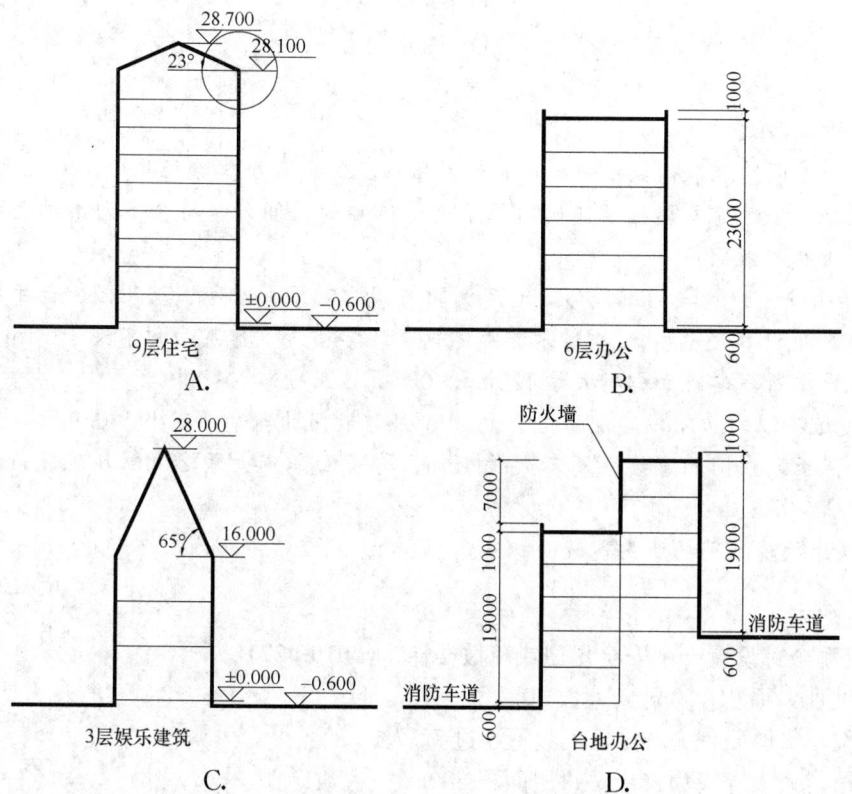

【答案】A

【解析】《建筑设计防火规范》：

2.1.1 高层建筑 high-rise building

建筑高度大于27m的住宅建筑和建筑高度大于24m的非单层厂房、仓库和其他民用建筑。

注：建筑高度的计算应符合本规范附录A的规定。

A.0.1 建筑高度的计算应符合下列规定：

1. 建筑屋面为坡屋面时，建筑高度应为建筑室外设计地面至其檐口与屋脊的平均高度。

2. 建筑屋面为平屋面（包括有女儿墙的平屋面）时，建筑高度应为建筑室外设计地面至其屋面面层的高度。

3. 同一座建筑有多种形式的屋面时，建筑高度应按上述方法分别计算后，取其中最大值。

4. 对于台阶式地坪，当位于不同高程地坪上的同一建筑之间有防火墙分隔，各自有符合规范规定的安全出口,且可沿建筑的两个长边设置贯通式或尽头式消防车道时,可分别计算各自的建筑高度。否则,应按其中建筑高度最大者确定该建筑的建筑高度。

6. 位于两个安全出口之间的中学普通教室,面积不大于多少时可设一个疏散门?(2018-030)

A. 60m² B. 75m²
C. 90m² D. 120m²

【答案】B
【解析】《建筑设计防火规范》5.5.15:

公共建筑内房间的疏散门数量应经计算确定且不应少于2个。除托儿所、幼儿园、老年人照料设施、医疗建筑、教学建筑内位于走道尽端的房间外,符合下列条件之一的房间可设置1个疏散门:

1. 位于两个安全出口之间或袋形走道两侧的房间,对于托儿所、幼儿园、老年人照料设施,建筑面积不大于50m²;对于医疗建筑、教学建筑,建筑面积不大于75m²;对于其他建筑或场所,建筑面积不大于120m²;(选项B正确)

2. 位于走道尽端的房间,建筑面积小于50m²且疏散门的净宽度不小于0.90m,或由房间内任一点至疏散门的直线距离不大于15m、建筑面积不大于200m²且疏散门的净宽度不小于1.40m;

3. 歌舞娱乐放映游艺场所内建筑面积不大于50m²且经常停留人数不超过15人的厅、室。

7. 以下公共建筑哪个可设置一个安全出口或疏散楼梯?(2010-027)

A. 单层的托儿所,面积150m²,人数40人;
B. 二层的医院,每层面积200m²,人数不超过50人
C. 三层的旅馆,耐火等级为二级,每层面积500m²,人数50人
D. 三层的办公楼,耐火等级为三级,每层面积300m²,人数50人

【答案】因规范更新无正确选项
【解析】《建筑设计防火规范》5.5.8:

公共建筑内每个防火分区或一个防火分区的每个楼层,其安全出口的数量应经计算确定,且不应少于2个。设置1个安全出口或1部疏散楼梯的公共建筑应符合下列条件之一:

1. 除托儿所、幼儿园外,建筑面积不大于200m²且人数不超过50人的单层公共建筑或多层公共建筑的首层;

2. 除医疗建筑,老年人照料设施,托儿所、幼儿园的儿童用房,儿童游乐厅等儿童活动场所和歌舞娱乐放映游艺场所等外,符合表5.5.8规定的公共建筑。

表5.5.8 设置1部疏散楼梯的公共建筑

耐火等级	最多层数	每层最大建筑面(m²)	人数
一、二级	3层	200	第二、三层的人数之和不超过50人

续表

耐火等级	最多层数	每层最大建筑面（m²）	人　数
三级	3层	200	第二、三层的人数之和不超过25人
四级	2层	200	第二层的人数不超过15人

8. 下列公共建筑，可在一定条件下设置一个安全出口的是：(2017-026)
   A. 门诊部　　　　　　　　　　B. 老年活动室
   C. 幼儿园的供应用房　　　　　D. 电影放映厅
   【答案】C
   【解析】同题7解析。

9. 多层民用建筑直接通向疏散走道的房间疏散门至最近的安全出口的最大距离与以下哪项因素无关？(2010-028、2011-099)
   A. 建筑层数是2层还是5层　　　B. 建筑使用性质是学校还是旅馆
   C. 建筑外廊是否敞开　　　　　D. 是否设有自动喷水灭火系统
   【答案】A
   【解析】详见《建筑设计防火规范》5.5.17：
   公共建筑的安全疏散距离应符合下列规定：
   1. 直通疏散走道的房间疏散门至最近安全出口的直线距离不应大于表5.5.17的规定。

表5.5.17　直通疏散走道的房间疏散门至最近安全出口的直线距离（m）

名　称			位于两个安全出口之间的疏散门			位于袋形走道两侧或尽端的疏散门		
			一、二级	三级	四级	一、二级	三级	四级
托儿所、幼儿园、老年人建筑			25	20	15	20	15	10
歌舞娱乐放映游艺场所			25	20	15	9	—	—
医疗建筑	单、多层		35	30	25	20	15	10
	高层	病房部分	24	—	—	12	—	—
		其他部分	30	—	—	15	—	—
教学建筑	单、多层		35	30	25	22	20	10
	高层		30	—	—	15	—	—
高层旅馆、展览建筑			30	—	—	15	—	—
其他建筑	单、多层		40	35	25	22	20	15
	高层		40	—	—	20	—	—

注：① 建筑内开向敞开式外廊的房间疏散门至最近安全出口的直线距离可按本表的规定增加5m。
　　② 直通疏散走道的房间疏散门至最近敞开楼梯间的直线距离，当房间位于两个楼梯间之间时，应按本表的规定减少5m；当房间位于袋形走道两侧或尽端时，应按本表的规定减少2m。
　　③ 建筑物内全部设置自动喷水灭火系统时，其安全疏散距离可按本表的规定增加25%。

10. 在下列多层公建袋形走道疏散距离控制中,疏散距离最小的是:(2018-033)
    A. 幼儿园   B. 老年人建筑
    C. 医院病房楼   D. 游艺场所
    【答案】B
    【解析】同题9解析。

11. 下列一、二级多层公共建筑位于袋形走道尽端的疏散门至最近安全出口撤离,控制最严格的是:(2019-027)
    A. 幼儿园   B. 老年人照料设施
    C. 歌舞娱乐放映游艺场所   D. 医疗建筑
    【答案】C
    【解析】同题9解析。

12. 《建筑设计防火规范》中规定,建筑中相邻两个安全出口或疏散出口最近的边缘之间的水平距离不应小于:(2010-029、2011-031、2012-023)
    A. 9m   B. 8m
    C. 6m   D. 5m
    【答案】D
    【解析】《建筑设计防火规范》5.5.2:
    　　建筑内的安全出口和疏散门应分散布置,且建筑内每个防火分区或一个防火分区的每个楼层、每个住宅单元每层相邻两个安全出口以及每个房间相邻两个疏散门最近边缘之间的水平距离不应小于5m。

13. 每个住宅单元每层相邻两个安全出口的最小水平距离是:(2019-028)
    A. 5.00m   B. 6.00m
    C. 8.00m   D. 10.00m
    【答案】A
    【解析】同题12解析。

14. 下列防火墙的构造做法,不正确的是:(2010-030)
    A. 防火墙上可设置固定的乙级防火窗
    B. 当建筑物的外墙为难燃烧体时,防火墙应凸出墙的外表面0.4m以上
    C. 当建筑物的外墙为不燃烧体时,防火墙可不凸出墙的外表面
    D. 当屋顶承重结构和屋面板的耐火极限低于0.5h时,防火墙应高出屋面
    【答案】A
    【解析】《建筑设计防火规范》6.1.5:
    　　防火墙上不应开设门、窗、洞口,确需开设时,应设置不可开启或火灾时能自动关闭的甲级防火门、窗。

15. 下列关于在建筑中布置柴油发电机房描述,不正确的是:(2011-028)
    A. 柴油发电机房应采用耐火极限不低于2.00小时的隔墙和1.50小时的楼板与其他

部位隔开

B. 机房应有两个出入口，其中一个出口的大小应满足搬运机组的要求，门应采取防火、隔声措施，并应向外开启

C. 机房四周墙体及顶棚作吸声体，吸收部分声能，减少由于声波反射产生的混响声

D. 宜布置在建筑物的首层及地下一层至三层

【答案】D

【解析】《建筑设计防火规范》5.4.13：

布置在民用建筑内的柴油发电机房应符合下列规定：

1. 宜布置在首层或地下一、二层。
2. 不应布置在人员密集场所的上一层、下一层或贴邻。
3. 应采用耐火极限不低于2.00h的防火隔墙和1.50h的不燃性楼板与其他部位分隔，门应采用甲级防火门。

《民用建筑设计通则》8.3.3：

3. 发电机间应有两个出入口，其中一个出口的大小应满足运输机组的需要，否则应预留吊装孔；

8. 柴油发电机房应采取机组消声及机房隔声综合治理措施。

依据上述规范条文，A、B、C选项都是正确的，因而选D。

16. 下列建筑幕墙防火设计中，不正确的是：(2011-029)

A. 窗槛墙、窗边墙为填充材料应采用不燃烧体

B. 无窗槛墙和窗边墙，应在每层楼板外设置耐火极限不低于2.0h，高度不低于0.8m的不燃烧实体裙墙（应为耐火极限不低于1.0h）

C. 幕墙与每层楼板，隔墙处沿用的缝隙应采用防火封堵材料封堵（可采用岩棉或矿棉）

D. 当外墙面采用耐火等级不低于1.0h的不燃烧体时，其填充材料可为难燃烧材料

【答案】D

【解析】《建筑设计防火规范》6.2.5：

除本规范另有规定外，建筑外墙上、下层开口之间应设置高度不小于1.2m的实体墙或挑出宽度不小于1.0m、长度不小于开口宽度的防火挑檐；当室内设置自动喷水灭火系统时，上、下层开口之间的实体墙高度不应小于0.8m。当上、下层开口之间设置实体墙确有困难时，可设置防火玻璃墙，但高层建筑的防火玻璃墙的耐火完整性不应低于1.00h，多层建筑的防火玻璃墙的耐火完整性不应低于0.50h。外窗的耐火完整性不应低于防火玻璃墙的耐火完整性要求。

住宅建筑外墙上相邻户开口之间的墙体宽度不应小于1.0m；小于1.0m时，应在开口之间设置突出外墙不小于0.6m的隔板。

实体墙、防火挑檐和隔板的耐火极限和燃烧性能，均不应低于相应耐火等级建筑外墙的要求。

6.2.6 建筑幕墙应在每层楼板外沿处采取符合本规范第6.2.5条规定的防火措施，幕墙与每层楼板、隔墙处的缝隙应采用防火封堵材料封堵。

17. 关于防火分区的防火卷帘设置，不正确的是：(2011-030)
   A. 防火卷帘的耐火极限不应低于3.00h
   B. 不论采取哪种国际判定条件，达到耐火极限的防火卷帘均不用设置自动喷水灭火系统用来保护
   C. 采用多樘防火卷帘分隔一处开口时，应考虑采取必要的控制措施，保证这些卷帘同步动作和同步下落
   D. 防火卷帘应具有防烟性能，与楼板、梁、柱之间的空隙应采取防火封堵材料封堵

【答案】A

【解析】《建筑设计防火规范》：

6.5.3条的第3条：防火卷帘的耐火极限不应低于本规范对所设置部位墙体的耐火极限要求。

6.5.3条文说明

（4）有关防火卷帘的耐火时间，由于设置部位不同，所处防火分隔部位的耐火极限要求不同，如在防火墙上设置或需设置防火墙的部位设置防火卷帘，则卷帘的耐火极限就需要至少达到3.00h；如是在耐火极限要求为2.00h的防火隔墙处设置，则卷帘的耐火极限就不能低于2.00h。如采用防火冷却水幕保护防火卷帘时，水幕系统的火灾延续时间也需按上述方法确定。

依据上述规范条文，选项A是错误的。

当防火卷帘的耐火极限符合现行国家标准《门和卷帘的耐火试验方法》GB/T 7633有关耐火完整性和耐火隔热性的判定条件时，可不设置自动喷水灭火系统保护。

当防火卷帘的耐火极限仅符合现行国家标准《门和卷帘的耐火试验方法》GB/T 7633有关耐火完整性的判定条件时，应设置自动喷水灭火系统保护。自动喷水灭火系统的设计应符合现行国家标准《自动喷水灭火系统设计规范》GB 50084的规定，但火灾延续时间不应小于该防火卷帘的耐火极限。

依据上述规范条文，在满足耐火完整性和隔热性的前提下，选项B是正确的。

6.5.3条的第4条：防火卷帘应具有防烟性能，与楼板、梁、墙、柱之间的空隙应采用防火封堵材料封堵。

6.5.3条文说明（4）采用多樘防火卷帘分隔一处开口时，还要考虑采取必要的控制措施，保证这些卷帘能同时动作和同步下落。

依据上述规范条文，选项C、选项D是正确的。

18. 甲级、乙级、丙级的防火门的耐火极限：(2013-031)
   A. 4.0h、2.5h、1.0h   B. 2.5h、1.5h、0.9h
   C. 1.5h、1.2h、0.9h   D. 1.2h、0.9h、0.6h

【答案】无正确答案（甲级防火门不小于1.5小时；乙级防火门不小于1.0小时；丙级防火门不小于0.5小时。）

【解析】《防火门》GB 12955—2008：

4.4 按耐火性能分类及代号

防火门按耐火性能的分类及代号见表1。

表1 按耐火性能分类

名　称	耐火性能	代　号
隔热防火门（A类）	耐火隔热性≥0.50h 耐火完整性≥0.50h	A 0.50（丙级）
	耐火隔热性≥1.00h 耐火完整性≥1.00h	A 1.00（乙级）
	耐火隔热性≥1.50h 耐火完整性≥1.50h	A 1.50（甲级）

19. 丙类仓库内的防火墙，其耐火极限不应低于：（2018-027）

　　A. 3.00h　　　　　　　　　　　　B. 3.50h

　　C. 4.00h　　　　　　　　　　　　D. 4.50h

【答案】C

【解析】《建筑设计防火规范》3.2.9：

　　甲、乙类厂房和甲、乙、丙类仓库内的防火墙，其耐火极限不应低于4.00h。

20. 下列说法中，错误的是：（2018-028）

　　A. 办公室、休息室不应设置在甲、乙类厂房内

　　B. 办公室休息室设置在丙类厂房内时，应采用耐火极限不低于2.50h的防火隔墙和1.00h的楼板与其他部位分隔，并应至少设置一个独立的安全出口

　　C. 员工宿舍严禁设置在厂房内

　　D. 员工宿舍设置在丁、戊类仓库内时，应采用耐火极限不低于2.50h的防火隔墙和1.00h的楼板与其他部位分隔，并应设置独立的安全出口

【答案】D

【解析】《建筑设计防火规范》：

3.3.5 员工宿舍严禁设置在厂房内。（选项C正确）

　　办公室、休息室等不应设置在甲、乙类厂房内，确需贴邻本厂房时，其耐火等级不应低于二级，并应采用耐火极限不低于3.00h的防爆墙与厂房分隔，且应设置独立的安全出口。（选项A正确）

　　办公室、休息室设置在丙类厂房内时，应采用耐火极限不低于2.50h的防火隔墙和1.00h的楼板与其他部位分隔，并应至少设置1个独立的安全出口。如隔墙上需开设相互连通的门时，应采用乙级防火门。（选项C正确）

3.3.9 员工宿舍严禁设置在仓库内。

　　办公室、休息室等严禁设置在甲、乙类仓库内，也不应贴邻。

　　办公室、休息室设置在丙、丁类仓库内时，应采用耐火极限不低于2.50h的防火隔墙和1.00h的楼板与其他部位分隔，并应设置独立的安全出口。隔墙上需开设相互连通的门时，应采用乙级防火门。（选项D错误）

21. 下列采用封闭式外廊或内廊布局的多层建筑，可采用敞开式楼梯间的建筑是：（2018-029）

　　A. 5层旅馆　　　　　　　　　　　B. 2层社区医院

C. 4层教学楼   D. 6层办公楼

【答案】C

【解析】《建筑设计防火规范》5.5.13：

下列多层公共建筑的疏散楼梯，除与敞开式外廊直接相连的楼梯间外，均应采用封闭楼梯间：

1. 医疗建筑、旅馆及类似使用功能的建筑；
2. 设置歌舞娱乐放映游艺场所的建筑；
3. 商店、图书馆、展览建筑、会议中心及类似使用功能的建筑；
4. 6层及以上的其他建筑。

22. 下列对封闭楼梯间的要求，说法错误的是：(2018-031)

A. 封闭楼梯间不应设置卷帘
B. 封闭楼梯间必须满足自然通风的要求
C. 除楼梯间的出入口和外窗外，封闭楼梯间的墙上不应开设其他门、窗、洞口
D. 商场的封闭楼梯间门应采用乙级防火门，并应向疏散方向开启

【答案】B

【解析】《建筑设计防火规范》6.4.2：

封闭楼梯间除应符合本规范第6.4.1条的规定外，尚应符合下列规定：

1. 不能自然通风或自然通风不能满足要求时，应设置机械加压送风系统或采用防烟楼梯间；
2. 除楼梯间的出入口和外窗外，楼梯间的墙上不应开设其他门、窗、洞口；(选项B错误)
3. 高层建筑、人员密集的公共建筑、人员密集的多层丙类厂房、甲、乙类厂房，其封闭楼梯间的门应采用乙级防火门，并应向疏散方向开启；其他建筑，可采用双向弹簧门；
4. 楼梯间的首层可将走道和门厅等包括在楼梯间内形成扩大的封闭楼梯间，但应采用乙级防火门等与其他走道和房间分隔。

23. 两层独立建造非木结构的老年人照料设施，需满足的最低耐火等级为：(2019-026)

A. 一级   B. 二级
C. 三级   D. 四级

【答案】C

【解析】《建筑设计防火规范》5.1.3A：

除木结构建筑外，老年人照料设施的耐火等级不应低于三级。

24. 关于地下室、半地下室耐火等级的描述，正确的是：(2017-028)

A. 都不应低于二级
B. 都不应低于一级
C. 地下室的耐火等级不应低于一级，半地下室的耐火等级不应低于二级
D. 都不应低于其地上建筑的耐火等级

【答案】B

【解析】《建筑设计防火规范》5.1.3：

民用建筑的耐火等级应根据其建筑高度、使用功能、重要性和火灾扑救难度等确定，并应符合下列规定：

1. 地下或半地下建筑（室）和一类高层建筑的耐火等级不应低于一级；
2. 单、多层重要公共建筑和二类高层建筑的耐火等级不应低于二级。

25. 关于消防总平面布置中"当建筑物的占地面积总和不大于 2500m² 时，可成组布置，但组内建筑物之间的间距不宜小于 4m"的限定条件，错误的是：(2017-029)

    A. 高度只限于单、多层 B. 只限于住宅、办公建筑
    C. 耐火等级不能低于二级 D. 建筑内部要设置自动喷水灭火系统

【答案】D

【解析】《建筑设计防火规范》5.2.4：

除高层民用建筑外，数座一、二级耐火等级的住宅建筑或办公建筑，当建筑物的占地面积总和不大于 2500m² 时，可成组布置，但组内建筑物之间的间距不宜小于 4m。组与组或组与相邻建筑物的防火间距不应小于本规范第 5.2.2 条的规定。

26. 每层为两个防火分区的两层仓库，在满足消防技术要求前提下，消防救援人员进入的窗口数量最少应为：(2019-029)

    A. 1个 B. 2个
    C. 4个 D. 8个

【答案】D

【解析】《建筑设计防火规范》7.2.5：

供消防救援人员进入的窗口的净高度和净宽度均不应小于 1.0m，下沿距室内地面不宜大于 1.2m，间距不宜大于 20m 且每个防火分区不应少于 2 个，设置位置应与消防车登高操作场地相对应。窗口的玻璃应易于破碎，并应设置可在室外易于识别的明显标志。

27. 下列厂房中，属于丙类厂房的是：(2018-026)

    A. 油浸变压器室 B. 锅炉房
    C. 金属铸造厂房 D. 混凝土构件制作厂房

【答案】A

【解析】《建筑设计防火规范》3 厂房和仓库：

表 3.1.1 生产的火灾危险性分类举例（部分）

丙类	1. 闪点大于或等于 60℃ 的油品和有机液体的提炼、回收工段及其抽送泵房，香料厂的松油醇部位和乙酸松油脂部位，苯甲酮厂房，苯乙酮厂房，焦化厂焦油厂房，甘油、桐油的制备厂房，油浸变压器室，机器油或变压器灌桶间，润滑油再生部位，配电室（每台装油量大于 60kg 的设备），沥青加工厂房，植物油加工厂的精炼部位； 2. 煤、焦炭、油母页岩的筛分、转运工段和栈桥或储仓，木工厂房，竹、藤加工厂房，橡胶制品的压延、成型和硫化厂房，针织品厂房，纺织、印染、化纤生产的干燥部位，服装加工厂房，棉花加工和打包厂房，造纸厂备料、干燥车间，印染厂成品厂房，麻纺厂煮麻车间，谷物加工房，卷烟厂的切丝、卷制、包装车间，印刷厂的印刷车间，毛涤厂选毛车间，电视机、收音机装配厂房，显像管厂装配工段烧枪间，磁带装配厂房，集成电路厂的氧化扩散间，光刻间，泡沫塑料厂的发泡、成型、印片压花部位，饲料加工厂房，畜（禽）屠宰、分割及加工车间，鱼加工车间

28. 消防控制室地面采用装修材料的燃烧性能等级不应低于：(2019-030)

　　A. A 级　　　　　　　　　　　　B. B_1 级

　　C. B_2 级　　　　　　　　　　　D. B_3 级

【答案】B

【解析】《建筑内部装修设计防火规范》4.0.10：

　　消防控制室等重要房间，其顶棚和墙面应采用 A 级装修材料，地面及其他装修应采用不低于 B_1 级的装修材料。

三、汽车库、修车库、停车场设计防火规范

1. 以下关于车库耐火等级的说法，正确的是：(2010-031)

　　A. 汽车库、修车库耐火等级共分为 4 级

　　B. 地下车库耐火等级不能低于二级

　　C. Ⅰ、Ⅱ、Ⅲ类汽车库、修车库耐火等级不应低于二级

　　D. Ⅳ类汽车库、修车库耐火等级不应低于四级

【答案】因规范更新无正确选项

【解析】《汽车库、修车库、停车场设计防火规范》：

3.0.2 汽车库、修车库的耐火等级应分为一级、二级和三级。

3.0.3 汽车库和修车库的耐火等级应符合下列规定：

　　1. 地下、半地下和高层汽车库应为一级；

　　2. 甲、乙类物品运输车的汽车库、修车库和Ⅰ类汽车库、修车库，应为一级；

　　3. Ⅱ、Ⅲ类汽车库、修车库的耐火等级不应低于二级；

　　4. Ⅳ类汽车库、修车库的耐火等级不应低于三级。

2. 汽车库室内最远工作地点至楼梯间不应超过的距离为：(2010-032)

　　Ⅰ. 当没有自动灭火系统时为 30m　　　Ⅱ. 当没有自动灭火系统时为 45m

　　Ⅲ. 当设有自动灭火系统时为 60m　　　Ⅳ. 当设有自动灭火系统时可增加 50％

　　A. Ⅰ、Ⅱ　　　　　　　　　　　　B. Ⅱ、Ⅲ

　　C. Ⅰ、Ⅳ　　　　　　　　　　　　D. Ⅱ、Ⅳ

【答案】B

【解析】《汽车库、修车库、停车场设计防火规范》6.0.6：

　　汽车库室内任一点至最近人员安全出口的疏散距离不应大于 45m，当设置自动灭火系统时，其距离不应大于 60m。对于单层或设置在建筑首层的汽车库，室内任一点至室外最近出口的疏散距离不应大于 60m。

3. 关于汽车库楼梯的设置，错误的是：(2017-030)

　　A. 住宅地下车库的人员疏散可借用住宅部分的疏散楼梯

　　B. 室内无车道且无人员停留的机械式汽车库可不设置任何楼梯间

　　C. 与室外地坪高差在 10m 内的地下汽车库，疏散楼梯应采用封闭楼梯间

　　D. 建筑高度大于 32m 的高层汽车库，疏散楼梯应采用防烟楼梯间

【答案】B

【解析】《汽车库、修车库、停车场设计防火规范》：

6.0.3 汽车库、修车库的疏散楼梯应符合下列规定：

　　1. 建筑高度大于32m的高层汽车库、室内地面与室外出入口地坪的高差大于10m的地下汽车库应采用防烟楼梯间，其他汽车库、修车库应采用封闭楼梯间；……

6.0.7 与住宅地下室相连通的地下汽车库、半地下汽车库，人员疏散可借用住宅部分的疏散楼梯；当不能直接进入住宅部分的疏散楼梯间时，应在汽车库与住宅部分的疏散楼梯之间设置连通走道，走道应采用防火隔墙分隔，汽车库开向该走道的门均应采用甲级防火门。

6.0.8 室内无车道且无人员停留的机械式汽车库可不设置人员安全出口，但应按下列规定设置供灭火救援用的楼梯间。

4. 满足楼板耐火极限及分设疏散楼梯和安全出口的条件时，下列哪类建筑的地下部分仍不允许设置汽车库？(2017-027)

　　A. 幼儿园　　　　　　　　　　B. 中小学校的教学楼
　　C. 医院病房楼　　　　　　　　D. 乙类库房

【答案】D

【解析】《汽车库、修车库、停车场设计防火规范》：

4.1.3 汽车库不应与火灾危险性为甲、乙类的厂房、仓库贴邻或组合建造。

4.1.4 汽车库不应与托儿所、幼儿园，老年人建筑，中小学校的教学楼，病房楼等组合建造。当符合下列要求时，汽车库可设置在托儿所、幼儿园，老年人建筑，中小学校的教学楼，病房楼等的地下部分：

　　1 汽车库与托儿所、幼儿园，老年人建筑，中小学校的教学楼，病房楼等建筑之间，应采用耐火极限不低于2.00h的楼板完全分隔；

　　2 汽车库与托儿所、幼儿园，老年人建筑，中小学校的教学楼，病房楼等的安全出口和疏散楼梯应分别独立设置。

5. 在一定条件下，汽车库与建筑满足组合要求的是：(2019-031)

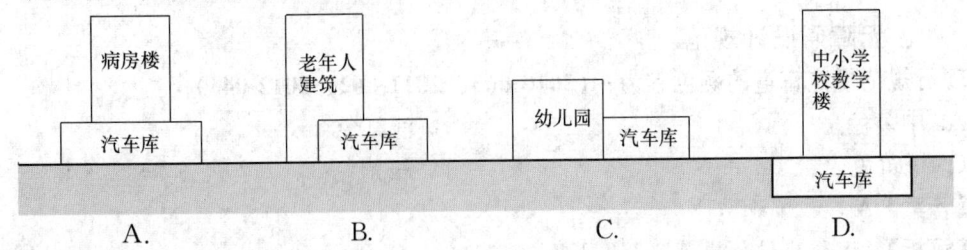

【答案】D

【解析】同题4解析。

6. 下列关于汽车库消防车道的设置，说法正确的是：(2018-056)

　　A. ≤50辆的单层汽车库可不设置消防车道
　　B. 51～100辆的单层汽车库可沿建筑的一边设置消防车道
　　C. 101～150辆的多层汽车库可沿建筑一个长边设置消防车道

D. 151～200辆的多层汽车库可沿建筑一个长边和另一边设置消防车道

【答案】无正确选项

【解析】《汽车库、修车库、停车场设计防火规范》：

4.3.2 消防车道的设置应符合下列要求：

　　1. 除Ⅳ类汽车库和修车库以外，消防车道应为环形，当设置环形车道有困难时，可沿建筑物的一个长边和另一边设置；

　　2. 尽头式消防车道应设回车道或回车场，回车场的面积不应小于12m×12m；

　　3. 消防车道的宽度不应小于4m。

3.0.1 汽车库、修车库、停车场的分类应根据停车（车位）数量和总建筑面积确定，并应符合表3.0.1的规定。

表3.0.1 汽车库、修车库、停车场的分类

名称		Ⅰ	Ⅱ	Ⅲ	Ⅳ
汽车库	停车数量（辆）	>300	151～300	51～150	≤50
	总建筑面积S（m²）	$S>10000$	$5000<S≤10000$	$2000<S≤5000$	$S≤2000$
修车库	车位数（个）	>15	6～15	3～5	≤2
	总建筑面积S（m²）	$S>3000$	$1000<S≤3000$	$500<S≤1000$	$S≤500$
停车场	停车数量（辆）	>400	251～400	101～250	≤100

注：1. 当屋面露天停车场与下部汽车库共用汽车坡道时，其停车数量应计算在汽车库的车辆总数内。

　　2. 室外坡道、屋面露天停车场的建筑面积可不计入汽车库的建筑面积之内。

　　3. 公交汽车库的建筑面积可按本表的规定值增加2.0倍。

由表3.0.1可知，选项A描述的≤50辆的单层汽车库Ⅳ类汽车库，消防车道应为环形，当设置环形车道有困难时，可沿建筑物的一个长边和另一边设置。并非可不设置消防车道。因此选项A错误。

根据规范4.3.2条，选项B、C、D描述的汽车库消防车道应为环形。故选项B、C、D错误。

四、无障碍设计规范

1. 现行规范规定盲道的颜色宜为：(2010-063、2011-062、2012-047)

A. 中黄色　　　　　　　　B. 浅红色

C. 橙黄色　　　　　　　　D. 浅紫色

【答案】A

【解析】《无障碍设计规范》3.2.1：

盲道应符合下列规定：

　　1. 盲道按其使用功能可分为行进盲道和提示盲道；

　　2. 盲道的纹路应凸出路面4mm高；

　　3. 盲道铺设应连续，应避开树木（穴）、电线杆、拉线等障碍物，其他设施不得占用盲道；

　　4. 盲道的颜色宜与相邻的人行道铺面的颜色形成对比，并与周围景观相协调，宜

采用中黄色；

5. 盲道型材表面应防滑。

2. 关于建筑物无障碍实施范围的规定，不正确的是：(2010-064)

A. 企事业办公建筑必须设无障碍厕所
B. 图书馆建筑的阅览室必须设置无障碍设施
C. 大型百货商场的建筑基地（包括人行通道、停车位）必须设置无障碍设施
D. 观演和体育建筑的观众席必须设轮椅坐席

【答案】B
【解析】《无障碍设计规范》8.7.3：

4. 县、市级以上图书馆应设盲人专用图书室（角），在无障碍入口、服务台、楼梯间和电梯间入口、盲人图书室前应设行进盲道和提示盲道。

3. 下列对高层住宅无障碍设计要求正确的是：(2010-065)

A. 建筑入口平台最小宽度不少于1.8m
B. 有台阶的入口处，残疾人坡道净宽不小于1.2m
C. 电梯候梯厅进深不小于1.5m
D. 公共走道宽度不小于1.4m

【答案】C
【解析】《住宅设计规范》：

6.4.6 候梯厅深度不应小于多台电梯中最大轿箱的深度，且不应小于1.50m

6.6.3 7层及7层以上住宅建筑入口平台宽度不应小于2.00m，7层以下住宅建筑入口平台宽度不应小于1.50m。

6.6.4 供轮椅通行的走道和通道净宽不应小于1.20m。

4. 无障碍平推出入口的坡度不应大于多少？(2018-059)

A. 1∶15   B. 1∶20
C. 1∶25   D. 1∶50

【答案】B
【解析】《无障碍设计规范》3.3.3：

无障碍出入口的轮椅坡道及平坡出入口的坡度应符合下列规定：

1. 平坡出入口的地面坡度不应大于1∶20，当场地条件比较好时，不宜大于1∶30；

2. 同时设置台阶和轮椅坡道的出入口，轮椅坡道的坡度应符合本规范第3.4节的有关规定。

5. 下列关于无障碍升降平台的设置，错误的是：(2018-061)

A. 室内外高差大于1.50m的出入口应设置升降平台
B. 垂直升降平台的基坑应采用防止误入的安全防护措施
C. 垂直升降平台的深度不应小于1.20m，宽度不应小于900mm，应设扶手、挡板及呼叫控制按钮

D. 垂直升降平台的传送装置应有可靠的安全防护装置

【答案】A

【解析】《无障碍设计规范》3.7.3：

升降平台应符合下列规定：

1. 升降平台只适用于场地有限的改造工程；
2. 垂直升降平台的深度不应小于1.20m，宽度不应小于900mm，应设扶手、挡板及呼叫控制按钮；(选项C正确)
3. 垂直升降平台的基坑应采用防止误入的安全防护措施；(选项B正确)
4. 斜向升降平台宽度不应小于900mm，深度不应小于1.00m，应设扶手和挡板；
5. 垂直升降平台的传送装置应有可靠的安全防护装置。(选项D正确)

6. 公共厕所内的无障碍厕位的尺寸是：(2018-060)
   A. 大型 1.80m×1.30m，小型 1.60m×0.80m
   B. 大型 1.90m×1.40m，小型 1.70m×0.90m
   C. 大型 2.00m×1.50m，小型 1.80m×1.00m
   D. 大型 2.10m×1.60m，小型 1.90m×1.10m

【答案】C

【解析】《无障碍设计规范》3.9.2：

无障碍厕位应符合下列规定：

1. 无障碍厕位应方便乘轮椅者到达和进出，尺寸宜做到2.00m×1.50m，不应小于1.80m×1.00m。

7. 残疾人客房卫生间的布置，正确的是：(2011-063)
   A. 1200×1200
   B. 1200×1500
   C. 1500×1300
   D. 1500×1500

【答案】D

【解析】《无障碍设计规范》：

3.11.4 无障碍客房卫生间内应保证轮椅进行回转，回转直径不小于1.50m，卫生器具应设置安全抓杆，其地面、门、内部设施应符合本规范第3.9.3条、第3.10.2条及第3.10.3条的有关规定。

8. 下列主要供残疾人使用的走道与墙面，不正确的是：(2011-065)
   A. 走道转变处的阳角应为圆弧墙面或切角墙面
   B. 走道至少应单侧设置扶手
   C. 走道及室内墙面应平整，并应选用遇水不滑的地面材料
   D. 走道两侧墙面应设高0.35m的护墙板

【答案】B

【解析】此题源自老规范《城市道路和建筑物无障碍设计规范》7.3.7条；新规范《无障碍设计规范》第3.5.2条对无障碍通道的规定如下：

1. 无障碍通道应连续，其地面应平整、防滑、反光小或无反光，并不宜设置厚地毯；

2. 无障碍通道上有高差时，应设置轮椅坡道；

3. 室外通道上的雨水箅子的孔洞宽度不应大于15mm；

4. 固定在无障碍通道的墙、立柱上的物体或标牌距地面的高度不应小于2.00m；如小于2.00m时，探出部分的宽度不应大于100mm；如突出部分大于100mm，则其距地面的高度应小于600mm；

5. 斜向的自动扶梯、楼梯等下部空间可以进入时，应设置安全挡牌。

9. 以下坡度的无障碍坡道，单跑允许最大坡度最高的是：(2012-049)

A. 1：20　　　　　　　　　　B. 1：16

C. 1：12　　　　　　　　　　D. 1：10

【答案】A

【解析】《无障碍设计规范》3.4.4：

轮椅坡道的最大高度和水平长度应符合表3.4.4的规定。

表3.4.4　轮椅坡道的最大高度和水平长度

坡度	1：20	1：16	1：12	1：10	1：8
最大高度（m）	1.20	0.90	0.75	0.60	0.30
水平长度（m）	24.00	14.40	9.00	6.00	2.40

注：其他坡度可用插入法进行计算。

10. 中、高层居住建筑无障碍设计范围不包括：(2011-064、2012-050)

A. 建筑入口　　　　　　　　B. 楼梯

C. 公共走道　　　　　　　　D. 电梯轿厢

【答案】B

【解析】《无障碍设计规范》第7.4.2条文说明：

第1款　居住建筑出入口的无障碍坡道，不仅能满足行为障碍者的使用，推婴儿车、搬运行李的正常人也能从中得到方便，使用率很高。入口平台、公共走道和设置无障碍电梯的候梯厅的深度，都要满足轮椅的通行要求。通廊式居住建筑因连通户门间的走廊很长，首层会设置多个出入口，在条件许可的情况下，尽可能多地设置无障碍出入口，以满足使用人群出行的方便，减少绕行路线。

11. 建筑物做无障碍设计时，需在入口、通道、无障碍卫生间等处考虑的主要问题是：(2017-056)

A. 在坡度、宽度、高度上以及地面材质、扶手形式等方面方便行动障碍者

B. 在艺术上要美观、大方、不落俗套，满足行动障碍者的审美需求

C. 在视觉上要有冲击力，为行动障碍者提供视觉享受

D. 要考虑智能技术，为行动障碍者提供良好的帮助

【答案】A

【解析】《无障碍设计规范》：

2.0.5　无障碍出入口　accessible entrance

在坡度、宽度、高度上以及地面材质、扶手形式等方面方便行动障碍者通行的出入口。

2.0.9 无障碍通道 accessible route

在坡度、宽度、高度、地面材质、扶手形式等方面方便行动障碍者通行的通道。

2.0.16 无障碍厕所 individual washroom for wheelchair users

出入口、室内空间及地面材质等方面方便行动障碍者使用且无障碍设施齐全的小型无性别厕所。

12. 关于室内无障碍通道的说法，错误的是：(2019-060)

　　A. 无障碍通道应连续

　　B. 无障碍通道地面应平整、防滑

　　C. 室内走道宽度不应小于1.00m

　　D. 无障碍通道上有高差时，应设置轮椅坡道

【答案】C

【解析】《无障碍设计规范》：

3.5.1　无障碍通道的宽度应符合下列规定：

　　1. 室内走道不应小于1.20m，人流较多或较集中的大型公共建筑的室内走道宽度不宜小于1.80m；（选项C错误）

　　2. 室外通道不宜小于1.50m；

　　3. 检票口、结算口轮椅通道不应小于900mm。

3.5.2　无障碍通道应符合下列规定：

　　1. 无障碍通道应连续，其地面应平整、防滑、反光小或无反光，并不宜设置厚地毯；（选项A、B正确）

　　2. 无障碍通道上有高差时，应设置轮椅坡道。（选项D正确）

13. 下列中小学校多层教学楼无障碍设施的设置，正确的是：(2019-063)

　　A. 主要出入口为无障碍出入口

　　B. 应设一台无障碍电梯

　　C. 楼梯均为无障碍楼梯

　　D. 每层均设男女无障碍厕位各1处

【答案】B

【解析】《无障碍设计规范》：

8.3.2　教育建筑的无障碍设施应符合下列规定：

　　1. 凡教师、学生和婴幼儿使用的建筑物主要出入口应为无障碍出入口，宜设置为平坡出入口；（选项A说法过于绝对）

　　2. 主要教学用房应至少设置1部无障碍楼梯；（选项C错误）

　　3. 公共厕所至少有1处应满足本规范第3.9.1条的有关规定。

3.9.1　公共厕所的无障碍设计应符合下列规定：

　　1. 女厕所的无障碍设施包括至少1个无障碍厕位和1个无障碍洗手盆；男厕所的无障碍设施包括至少1个无障碍厕位、1个无障碍小便器和1个无障碍洗手盆。（选项D说法不全面）

14. 某居住小区配有 **200** 个机动车停车位,应至少配置无障碍机动车停车位的数量为:(2019-062)

A. 1 个　　　　　　　　　　　B. 2 个

C. 3 个　　　　　　　　　　　D. 4 个

【答案】A

【解析】《无障碍设计规范》7.3.3:

停车场和车库应符合下列规定:

1. 居住区停车场和车库的总停车位应设置不少于 0.5% 的无障碍机动车停车位;若设有多个停车场和车库,宜每处设置不少于 1 个无障碍机动车停车位。

因此,该居住小区至少配置无障碍机动车停车位的数量=200×0.5%=1(个)。

15. 图示提示盲道砖不应设置在盲道的部位是:(2019-061)

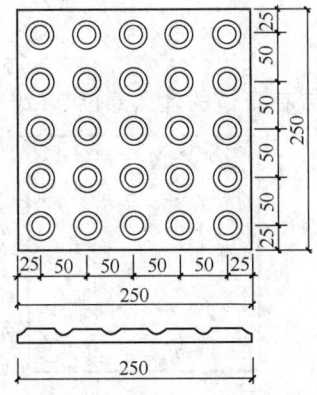

A. 起点　　　　　　　　　　　B. 中间段

C. 转弯处　　　　　　　　　　D. 终点

【答案】C

【解析】《无障碍设计规范》3.2.3:

提示盲道应符合下列规定:

1. 行进盲道在起点、终点、转弯处及其他有需要处应设提示盲道,当盲道的宽度不大于 300mm 时,提示盲道的宽度应大于行进盲道的宽度;

2. 提示盲道的触感圆点规格应符合表 3.2.3 的规定。

表 3.2.3　提示盲道的触感圆点规格

部位	尺寸要求(mm)
表面直径	25
底面直径	35
圆点高度	4
圆点中心距	50

16. 人行道的盲道上,下面图案的正确含义是:(2012-049)

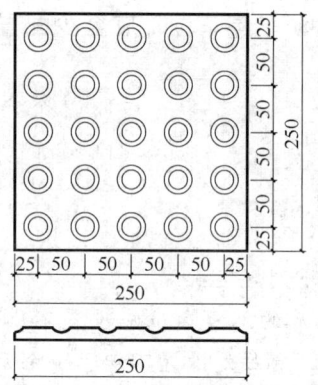

A. 终点盲道砖 B. 行进盲道砖
C. 提示盲道砖 D. 拐弯盲道砖
【答案】C
【解析】同题 15 解析。

17. 下图所示的盲道砖不应设置在盲道的什么部位？（2017-057）

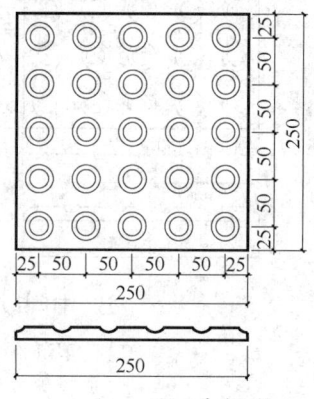

A. 起点 B. 中间段
C. 转弯处 D. 终点
【答案】B
【解析】同题 15 解析。

18. 某建筑物无障碍出入口高差≤300m，拟设计坡度≤1∶20 的轮椅坡道，下列关于坡道扶手的设置要求，正确的是：（2017-058）
A. 可不设置扶手 B. 应至少在一侧设置扶手
C. 两侧均应设置扶手 D. 扶手设置与否与建筑性质有关
【答案】A
【解析】《无障碍设计规范》第 3.4.3 条文说明：
　　当轮椅坡道的高度在 300mm 及以内时，或者坡度小于或等于 1∶20 时，乘轮椅者及其他行动不便的人基本上可以不使用扶手；但当高度超过 300mm 且坡度大于 1∶20 时，则行动上需要借助扶手才更为安全，因此这种情况坡道的两侧都需要设置扶手。

五、绿色建筑

1. 不属于"绿色建筑"概念的是：（2017-065）

A. 节约资源   B. 保护环境

C. 减少污染   D. 降低造价

【答案】D

【解析】《绿色建筑评价标准》2.0.1：

绿色建筑 green building

在全寿命期内，节约资源、保护环境、减少污染，为人们提供健康、适用、高效的使用空间，最大限度地实现人与自然和谐共生的高质量建筑。

2. 根据《绿色建筑评价标准》，在满足标准中所有控制项的条件下，二星级绿色建筑的每类指标的评分项得分和总得分应分别达到多少分？（2018-062）

A. 40，50   B. 40，60

C. 45，65   D. 45，70

【答案】因规范更新无正确选项

【解析】此题源自2014年的老规范。

根据2019版的《绿色建筑评价标准》：

3.2.5 绿色建筑划分应为基本级、一星级、二星级、三星级4个等级。

3.2.7 当满足全部控制项要求时，绿色建筑等级应为基本级。

3.2.8 绿色建筑星级等级应按下列规定确定：

1. 一星级、二星级、三星级3个等级的绿色建筑均应满足本标准全部控制项的要求，且每类指标的评分项得分不应小于其评分项满分值的30%；

2. 一星级、二星级、三星级3个等级的绿色建筑均应进行全装修，全装修工程质量、选用材料及产品质量应符合国家现行有关标准的规定；

3. 当总得分分别达到60分、70分、85分且应满足表3.2.8的要求时，绿色建筑等级分别为一星级、二星级、三星级。

新版的《绿色建筑评价标准》已于2019年6月1日施行。新规范中未对每类指标的评分项给出具体分值。故本题已过时，无正确选项。

3. 一栋六层已竣工验收的住宅，申报绿色建筑运行评价的时间是：（2017-064）

A. 投入使用的同时   B. 投入使用1年后

C. 投入使用2年后   D. 投入使用3年后

【答案】因规范更新无正确选项

【解析】此题源自2014年的老规范。

2019版的《绿色建筑评价标准》对绿色建筑的评价修订为：

3.1.1 绿色建筑评价应以单栋建筑或建筑群为评价对象。评价对象应落实并深化上位法定规划及相关专项规划提出的绿色发展要求；涉及系统性、整体性的指标，应基于建筑所属工程项目的总体进行评价。

3.1.2 绿色建筑评价应在建筑工程竣工后进行。在建筑工程施工图设计完成后，可进行预评价。

3.2.1 条文说明：此次修订，以"四节一环保"为基本约束，遵循以人民为中心的发展理念，构建了新的绿色建筑评价指标体系，将绿色建筑的评价指标体系调整为安全耐久、健康舒适、生活便利、资源节约、环境宜居 5 类指标，升级本标准 2014 年版的指标体系，重新构建了绿色建筑的评价指标体系。

　　2019 版的新规范不再规定建筑工程运行评价时间，故本题无正确选项。

4. 一栋已竣工验收的教学楼，申请绿色建筑运行评价的时间是：（2019-065）
　　A. 投入使用的同时　　　　　　　　B. 投入使用 1 年后
　　C. 投入使用 2 年后　　　　　　　　D. 投入使用 3 年后
　　【答案】因规范更新无正确选项
　　【解析】同题 3 解析。

5. 开展绿色建筑设计评价的基本条件是：（2019-064）
　　A. 方案设计文件审查通过后　　　　B. 初步设计文件审查通过后
　　C. 施工图设计文件审查通过后　　　D. 竣工图文件编制完成后
　　【答案】因规范更新无正确选项
　　【解析】同题 3 解析。

　　2019 版的新规范不再规定开展绿色建筑设计评价的条件，故本题无正确选项。

6. 对绿色建筑进行设计评价的阶段是：（2017-061）
　　A. 方案设计审查通过后　　　　　　B. 初步设计审查通过后
　　C. 扩大初步设计审查通过后　　　　D. 施工图设计审查通过后
　　【答案】因规范更新无正确选项
　　【解析】同题 3 解析。

7. 作为绿色居住建筑，纯装饰性构件的造价不应超过所在单栋建筑总造价的多少？（2018-065）
　　A. 0.5%　　　　　　　　　　　　　B. 1%
　　C. 2%　　　　　　　　　　　　　　D. 3%
　　【答案】C
　　【解析】《绿色建筑评价标准》7.1.9：
　　建筑造型要素应简约，应无大量装饰性构件，并应符合下列规定：
　　1. 住宅建筑的装饰性构件造价占建筑总造价的比例不应大于 2%；
　　2. 公共建筑的装饰性构件造价占建筑总造价的比例不应大于 1%。

8. 绿色设计应体现的理念是：（2017-063）
　　A. 优化流程、增加内涵　　　　　　B. 共享、平衡、集成
　　C. 创新方法实现集成　　　　　　　D. 全面审视、综合权衡
　　【答案】B
　　【解析】《民用建筑绿色设计规范》3.0.2：
　　绿色设计应体现共享、平衡、集成的理念。在设计过程中，规划、建筑、结构、

给水排水、暖通空调、燃气、电气与智能化、室内设计、景观、经济等各专业应紧密配合。

9. 民用建筑应有绿色设计专篇的阶段是：(2017-060)
    A. 绿色设计策划   B. 概念设计
    C. 方案设计   D. 施工图设计
【答案】C
【解析】《民用建筑绿色设计规范》3.0.5：
    方案和初步设计阶段的设计文件应有绿色设计专篇，施工图设计文件中应注明对绿色建筑施工与建筑运营管理的技术要求。

10. 绿色设计方案优先采用的是：(2017-062)
    A. 被动设计策略   B. 集成技术体系
    C. 高性能建筑产品   D. 高性能的设备
【答案】A
【解析】《民用建筑绿色设计规范》4.2.4：
    绿色设计方案的确定宜符合下列要求：
    1. 优先采用被动设计策略；
    2. 选用适宜、集成技术；
    3. 选用高性能建筑产品和设备；
    4. 当实际条件不符合绿色建筑目标时，可采取调整、平衡和补充措施。

11. 下列关于体形系数的叙述，不正确的是：(2011-025)
    A. 严寒、寒冷地区的居住建筑根据层数不同，体形系数限值也不同
    B. 严寒、寒冷地区的居住建筑，当体形系数大于限值时，必须进行外围结构热工性能的权衡判断
    C. 夏热冬冷地区采暖空调建筑中条形建筑的体系系数就小于0.35
    D. 夏热冬冷地区采暖空调建筑中点式建筑的体系系数就小于0.45
【答案】D
【解析】《严寒和寒冷地区居住建筑节能设计标准》4.1.3：
    严寒和寒冷地区居住建筑的体形系数不应大于表4.1.3规定的限值。当体形系数大于表4.1.3规定的限值时，必须按本标准第4.3节的规定进行围护结构热工性能的权衡判断。

表 4.1.3 严寒和寒冷地区居住建筑的体型系数限值

气候区	建筑层数	
	≤3层	≥4层
严寒地区（1区）	0.55	0.30
寒冷地区（2区）	0.57	0.33

    与上一版相比，2019年的《严寒和寒冷地区居住建筑节能设计标准》将表4.1.3中的建筑层数的划分简化为两类。
    《夏热冬冷地区居住建筑节能标准》JGJ 134对夏热冬冷地区采暖空调建筑的体形

系数规定如下:"条形建筑物的体形系数不应超过0.35,点式建筑物的体形系数不应超过0.40。"从我国采暖地区和夏热冬冷地区的居住建筑设计来看,上述两个规范对建筑设计的约束较大。这样就要求建筑师在执行规范要求下进行建筑创作。(选项D错误)

12. 中国建筑热工分区中不包括以下哪项?(2013-021)

  A. 严寒地区   B. 过渡地区

  C. 温和地区   D. 夏热冬暖地区

【答案】B

【解析】《民用建筑热工设计规范》:

4.1 热工设计分区中

  中国建筑热工分区包括:①严寒地区;②寒冷地区;③夏热冬冷地区;④夏热冬暖地区;⑤温和地区。

13. 建筑各朝向的窗墙面积比均不应大于以下哪项?(2013-036)

  A. 0.85   B. 0.80

  C. 0.75   D. 0.70

【答案】D

【解析】《公共建筑节能设计标准》3.2.2:

  严寒地区甲类公共建筑各单一立面窗墙面积比(包括透光幕墙)均不宜大于0.60;其他地区甲类公共建筑各单一立面窗墙面积比(包括透光幕墙)均不宜大于0.70。

14. 根据《公共建筑节能设计标准》,单栋建筑面积大于多少的为甲类公共建筑?(2018-063)

  A. 300m²   B. 1000m²

  C. 5000m²   D. 10000m²

【答案】A

【解析】《公共建筑节能设计标准》3.1.1:

  公共建筑分类应符合下列规定:

  1. 单栋建筑面积大于300m²的建筑,或单栋建筑面积小于或等于300m²但总建筑面积大于1000m²的建筑群,应为甲类公共建筑;

  2. 单栋建筑面积小于或等于300m²的建筑,应为乙类公共建筑。

15. 下列公共建筑单一立面窗面积比的计算,说法错误的是:(2018-064)

  A. 凸凹立面朝向应按其各自所在的立面朝向计算

  B. 楼梯间和电梯间的外墙和外窗均应参与计算

  C. 外凸窗的顶部、底部和侧墙的面积不应计入外墙面积

  D. 当凸窗顶部和侧面透光时,外凸窗面积按窗洞口面积计算

【答案】D

【解析】《公共建筑节能设计标准》3.2.3:

单一立面窗墙面积比的计算应符合下列规定：

1. 凸凹立面朝向应按其所在立面的朝向计算；（选项 A 正确）
2. 楼梯间和电梯间的外墙和外窗均应参与计算；（选项 B 正确）
3. 外凸窗的顶部、底部和侧墙的面积不应计入外墙面积；（选项 C 正确）
4. 当外墙上的外窗、顶部和侧面为不透光构造的凸窗时，窗面积应按窗洞口面积计算；当凸窗顶部和侧面透光时，外凸窗面积应按透光部分实际面积计算。（选项 D 错误）

第二节　居住类建筑规范

一、住宅设计规范

1. 居住区绿地率计算中的绿地由哪几类绿地组成？(2018-021)

　　A. 公共绿地、宅旁绿地、公共服务设施所属绿地、道路绿地
　　B. 公共绿地、宅旁绿地、组团绿地、道路绿地
　　C. 公共绿地、水面、组团绿地、道路绿地
　　D. 居住区公园、小游园、组团绿地、水面

【答案】A

【解析】《城市居住区规划设计规范》（已废止，被《城市居住区规划设计标准》GB 50180—2018 替代）7.0.1：

　　居住区内绿地，应包括公共绿地、宅旁绿地、配套公建所属绿地和道路绿地，其中包括了满足当地植树绿化覆土要求、方便居民出入的地下或半地下建筑的屋顶绿地。

2. 新建城市居住区内绿地率不应低于多少？(2010-021)

　　A. 25%　　　　　　　　　　　　B. 30%
　　C. 35%　　　　　　　　　　　　D. 40%

【答案】B

【解析】《城市居住区规划设计规范》7.0.2.3：

　　绿地率：新区建设不应低于 30%；旧区改建不宜低于 25%。

3. 住宅内双人卧室的使用面积不应小于多少？(2010-034)

　　A. 10m²　　　　　　　　　　　　B. 12m²
　　C. 14m²　　　　　　　　　　　　D. 16m²

【答案】因规范更新无正确选项

【解析】《住宅设计规范》5.2.1：

　　卧室的使用面积应符合下列规定：

　　1. 双人卧室不应小于 9m²；
　　2. 单人卧室不应小于 5m²；
　　3. 兼起居的卧室不应小于 12m²。

4. 下列有关住宅的最小使用面积的表述错误的有：(2012-024)

A. 单人卧室为 6m²   B. 双人卧室为 9m²
C. 兼起居的卧室为 12m²   D. 双人卧室为 10m²

【答案】A、D

【解析】同题 3 解析。

5. 住宅的卧室，起居室的室内净高不应低于 **2.40m**，局部净高不应低于 **2.10**。局部净高的室内面积不应大于室内使用面积的多少？（2018-034）

A. 1/2   B. 1/3
C. 1/4   D. 1/5

【答案】B

【解析】《住宅设计规范》5.5.2：

卧室、起居室（厅）的室内净高不应低于 2.40m，局部净高不应低于 2.10m，且局部净高的室内面积不应大于室内使用面积的 1/3。

6. 住宅建筑中，可布置在地下室的房间是：（2019-032）

A. 卧室   B. 厨房
C. 卫生间   D. 起居室

【答案】C

【解析】《住宅建筑规范》：

5.4.1 住宅的卧室、起居室（厅）、厨房不应布置在地下室。当布置在半地下室时，必须采取采光、通风、日照、防潮、排水及安全防护措施。

《住宅设计规范》：

6.9.1 卧室、起居室（厅）、厨房不应布置在地下室；当布置在半地下室时，必须对采光、通风、日照、防潮、排水及安全防护采取措施，并不得降低各项指标要求。

6.9.2 除卧室、起居室（厅）、厨房以外的其他功能房间可布置在地下室，当布置在地下室时，应对采光、通风、防潮、排水及安全防护采取措施。

7. 每套住宅卫生间至少应配置的卫生设备是：（2019-034）

A. 便器一件卫生设备
B. 便器、洗面器两件卫生设备
C. 便器、洗面器、洗浴器三件卫生设备
D. 便器、洗面器、洗浴器和小便器四件卫生设备

【答案】C

【解析】《住宅设计规范》5.4.1：

每套住宅应设卫生间，应至少配置便器、洗浴器、洗面器三件卫生设备或为其预留设置位置及条件。三件卫生设备集中配置的卫生间的使用面积不应小于 2.50m²。

8. 住宅套内楼梯踏步最小宽度和最大高度，正确的是：（2019-033）

A. 0.27m 和 0.175m   B. 0.26m 和 0.17m
C. 0.25m 和 0.18m   D. 0.22m 和 0.20m

【答案】D

【解析】《住宅设计规范》5.7.4：

　　套内楼梯的踏步宽度不应小于0.22m；高度不应大于0.20m，扇形踏步转角距扶手中心0.25m处，宽度不应小于0.22m。

9. 以下住宅建筑中不需要设置电梯的是：(2010-035)

　　A. 7层住宅

　　B. 一、二层为商业服务网点，六层地面标高为16.2m的6层住宅

　　C. 一层为架空车库，上面为6层住宅

　　D. 入户层在三层的8层坡地住宅

【答案】D

【解析】《住宅设计规范》6.4.1：

　　属下列情况之一时，必须设置电梯：

　　1. 7层及7层以上住宅或住户入口层楼面距室外设计地面的高度超过16m时；

　　2. 底层作为商店或其他用房的6层及6层以下住宅，其住户入口层楼面距该建筑物的室外设计地面高度超过16m时；

　　3. 底层做架空层或贮存空间的6层及6层以下住宅，其住户入口层楼面距该建筑物的室外设计地面高度超过16m时；

　　4. 顶层为两层一套的跃层住宅时，跃层部分不计层数，其顶层住户入口层楼面距该建筑物室外设计地面的高度超过16m时。

10. 住宅建筑上下相邻套房开口部位的防火构造做法，不正确的是：(2010-036)

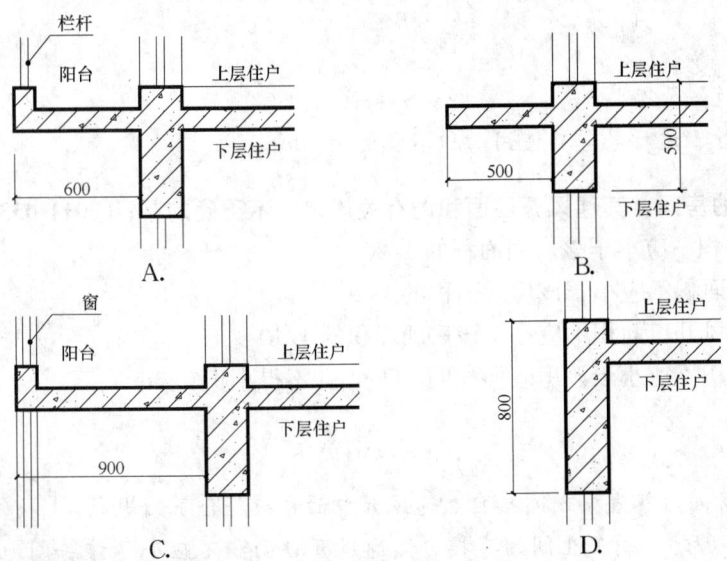

【答案】无正确选项

【解析】依据《住宅建筑规范》9.4.1：

　　住宅建筑上下相邻套房开口部位间应设置高度不低于0.8m的窗槛墙或设置耐火极限不低于1.00h的不燃性实体挑檐，其出挑宽度不应小于0.5m，长度不应小于开口宽度。

则选项 C 正确。

但依据《建筑设计防火规范》6.2.5：

除本规范另有规定外，建筑外墙上、下层开口之间应设置高度不小于 1.2m 的实体墙或挑出宽度不小于 1.0m、长度不小于开口宽度的防火挑檐；当室内设置自动喷水灭火系统时，上、下层开口之间的实体墙高度不应小于 0.8m。当上、下层开口之间设置实体墙确有困难时，可设置防火玻璃墙，但高层建筑的防火玻璃墙的耐火完整性不应低于 1.00h，多层建筑的防火玻璃墙的耐火完整性不应低于 0.50h。外窗的耐火完整性不应低于防火玻璃墙的耐火完整性要求。

因此，本题 4 个选项均不正确。

11. 住宅入口处地坪与室外地面的高差，不应小于：(2010-037)

A. 0.10m B. 0.15m
C. 0.30m D. 0.45m

【答案】A

【解析】《住宅设计规范》6.3.3：

楼梯平台净宽不应小于楼梯梯段净宽，且不得小于 1.20m。楼梯平台的结构下缘至人行通道的垂直高度不应低于 2.00m。入口处地坪与室外地面应有高差，并不应小于 0.10m。

12. 住宅设计中无直接采光的餐厅、过厅等，其使用面积不宜大于：(2011-032)

A. $10m^2$ B. $11m^2$
C. $12m^2$ D. $15m^2$

【答案】A

【解析】《住宅设计规范》5.2.4：

无直接采光的餐厅、过厅等，其使用面积不宜大于 $10m^2$。

13. 住宅中采用自然通风的房间，其通风开口面积的有关规定，不正确的是：(2011-033)

A. 卧室的通风开口面积不应小于该房间面积的 1/20
B. 卫生间的通风开口面积不应小于该房间面积的 1/20
C. 起居室（厅）的通风开口面积不应小于该房间面积的 1/10
D. 厨房的通风开口面积不应小于该房间面积的 1/10，并不得小于 $0.6m^2$

【答案】C

【解析】《住宅设计规范》7.2.4：

采用自然通风的房间，其直接或间接自然通风开口面积应符合下列规定：

1. 卧室、起居室（厅）、明卫生间的直接自然通风开口面积不应小于该房间地板面积的 1/20；当采用自然通风的房间外设置阳台时，阳台的自然通风开口面积不应小于采用自然通风的房间和阳台地板面积总和的 1/20；

2. 厨房的直接自然通风开口面积不应小于该房间地板面积的 1/10，并不得小于 $0.60m^2$；当厨房外设置阳台时，阳台的自然通风开口面积不应小于厨房和阳台地板面积总和的 1/10，并不得小于 $0.60m^2$。

14. 关于《住宅建筑规范》GB 50368—2005 的叙述，正确的是：(2011-034)
    A. 全部条文为一般性条文，必须严格执行
    B. 全部条文为强制性条文，必须严格执行
    C. 规范中黑体字部分为强制性条文，必须严格执行
    D. 《住宅建筑规范》也称为《住宅设计规范》

【答案】B

【解析】《住宅建筑规范》：
    建设部关于发布国家标准《住宅建筑规范》的公告：
    现批准《住宅建筑规范》为国家标准，编号为 GB 50368—2005，自 2006 年 3 月 1 日起实施。本规范全部条文为强制性条文，必须严格执行。

15. 下列哪个选项是每户住宅套型设计中必须设置的？(2013-034)
    A. 储藏室　　　　　　　　　　B. 阳台
    C. 晾晒衣物的设施　　　　　　D. 洗衣机的位置

【答案】D

【解析】《住宅设计规范》：

5.1.1 住宅应按套型设计，每套住宅应设卧室、起居室（厅）、厨房和卫生间等基本功能空间。

5.4.6 每套住宅应设置洗衣机的位置及条件。

5.6.1 每套住宅宜设阳台或平台。

16. 下列具有公共功能的管道可设置在住宅室内空间的是：(2013-035)
    A. 给水总立管　　　　　　　　B. 排水立管
    C. 雨水立管　　　　　　　　　D. 采暖供回水立管

【答案】B

【解析】《住宅建筑规范》：

8.1.4 住宅的给水总立管、雨水立管、消防立管、采暖供回水总立管和电气、电信干线（管），不应布置在套内。公共功能的阀门、电气设备和用于总体调节和检修的部件，应设在共用部位。

8.2.7 住宅厨房和卫生间的排水立管应分别设置。排水管道不得穿越卧室。

17. 12 层及 12 层以上的多单元住宅每单元只设置一部电梯时，从第十二层起相邻住宅单元上下联系廊之间的间隔不应超过多少层？(2017-034)
    A. 2 层　　　　　　　　　　　B. 3 层
    C. 4 层　　　　　　　　　　　D. 5 层

【答案】D

【解析】《住宅设计规范》6.4.3：
    12 层及 12 层以上的住宅每单元只设置一部电梯时，从第十二层起应设置与相邻住宅单元联通的联系廊。联系廊可隔层设置，上下联系廊之间的间隔不应超过五层。联系廊的净宽不应小于 1.10m，局部净高不应低于 2.00m。

18. 根据《住宅设计规范》住宅套内楼梯梯段净宽为0.90m，当梯段两侧都有墙时，以下关于楼梯扶手设置的规定，正确的是：(2018-037)

    A. 可不设扶手

    B. 应在其中一侧设置扶手

    C. 应在两侧均设置扶手

    D. 没有明确的规定，视工程具体情况确定

【答案】B

【解析】《住宅设计规范》5.7.3：

　　套内楼梯当一边临空时，梯段净宽不应小于0.75m；当两侧有墙时，墙面之间净宽不应小于0.90m，并应在其中一侧墙面设置扶手。

二、宿舍建筑设计规范

1. 宿舍是指：(2011-035)

    A. 有集中管理且供单身人士或小家庭使用的居住建筑

    B. 有分散管理且供单身人士或小家庭使用的居住建筑

    C. 有集中管理且供单身人士使用的居住建筑

    D. 有分散管理且供单身人士使用的居住建筑

【答案】C

【解析】《宿舍建筑设计规范》2.0.1：

　　宿舍：有集中管理且供单身人士使用的居住建筑。

2. 宿舍建筑的公共厕所及公共盥洗室与最远的居室的距离不应大于：(2010-033)

    A. 40m　　　　　　　　　　B. 30m

    C. 25m　　　　　　　　　　D. 20m

【答案】C

【解析】《宿舍建筑设计规范》：

4.3.1　公用厕所应设前室或经公用盥洗室进入，前室或公用盥洗室的门不宜与居室门相对。公用厕所、公用盥洗室不应布置在居室的上方。除附设卫生间的居室外，公用厕所及公用盥洗室与最远居室的距离不应大于25m。

3. 宿舍居室与卫生间的距离不大于：(2011-036)

    A. 15m　　　　　　　　　　B. 18m

    C. 20m　　　　　　　　　　D. 25m

【答案】D

【解析】同题2解析。

4. 宿舍建筑内公用厕所与未附设卫生间居室的最远距离是：(2019-035)

    A. 20m　　　　　　　　　　B. 25m

    C. 30m　　　　　　　　　　D. 50m

【答案】B

【解析】同题 3 解析。

5. 在一定条件下，可以和宿舍居室紧邻布置的房间是：(2018-036)
   A. 电梯井 B. 空调机房
   C. 变电所 D. 公共盥洗室
   【答案】D
   【解析】《宿舍建筑设计规范》5.2.2：
   　　居室不应与电梯、设备机房紧邻布置；居室与公共楼梯间、公共盥洗室等有噪声的房间紧邻布置时，应采取隔声减振措施，其隔声量应达到国家相关规范要求。（选项 D 正确）

6. 下列不属于宿舍建筑内每层楼宜设置的房间是：(2019-036)
   A. 清洁间 B. 垃圾收集间
   C. 公共活动室 D. 开水间
   【答案】B
   【解析】《宿舍建筑设计规范》：
   4.3.8　宿舍建筑内的公共活动室（空间）宜每层设置，人均使用面积宜为 $0.30m^2$，公共活动室（空间）的最小使用面积不宜小于 $30m^2$。
   4.3.10　宿舍建筑内每层宜设置开水设施或开水间。
   4.3.12　宿舍建筑应设置垃圾收集间，垃圾收集间宜设置在入口层或架空层。
   4.3.13　宿舍建筑内每层宜设置清洁间。
   垃圾收集间宜设置在入口层或架空层，而非每层设置，选项 B 错误。

7. 在条件不允许时，宿舍建筑内可不直接自然通风和采光的是：(2012-028)
   A. 走廊 B. 公共活动室
   C. 居室 D. 公共浴室
   【答案】A
   【解析】《宿舍建筑设计规范》6.1.1：
   　　宿舍内的居室、公用盥洗室、公用厕所、公共浴室、晾衣空间和公共活动室、公用厨房应有天然采光和自然通风，走廊宜有天然采光和自然通风。

8. 每栋宿舍内必须设置的功能空间不包括以下哪个？(2013-037)
   A. 公共厨房 B. 管理室
   C. 公共活动室 D. 晾晒空间
   【答案】A
   【解析】《宿舍建筑设计规范》4.1.2：
   　　每栋宿舍应设置管理室、公共活动室和晾晒衣物空间。公共用房的设置应防止对居室产生干扰。

9. 下列哪个不是每栋宿舍中必须设置的功能空间？(2017-032)
   A. 管理室 B. 公共洗衣房

C. 公共活动室　　　　　　　　　D. 晾晒空间

【答案】B

【解析】《宿舍建筑设计规范》4.1.2：

每栋宿舍应设置管理室、公共活动室和晾晒衣物空间。公共用房的设置应防止对居室产生干扰。

三、养老社区

1. 我国的养老发展模式中，养老方式的基础是：(2017-048)

   A. 社会养老　　　　　　　　　B. 机构养老

   C. 社区养老　　　　　　　　　D. 家庭养老

   【答案】D

   【解析】2013年8月，国务院召开常务会议，确定深化改革加快发展养老服务业的任务措施。会议要求，到2020年全面建成以居家养老为基础、社区为依托、机构为支撑的覆盖城乡的多样化养老服务体系。

2. 新建绿色适老住区绿地率应：(2017-059)

   A. 大于20%　　　　　　　　　B. 大于25%

   C. 大于30%　　　　　　　　　D. 大于35%

   【答案】因规范更新无正确选项

   【解析】此题源自2016版的《老年人居住建筑设计规范》。该规范已被《老年人照料设施建筑设计标准》JGJ 450—2018替代。

   新规范未对老年人居住建筑用地的绿地率作具体规定。

3. 关于老年人照料设施楼梯的设置，符合要求的是：(2019-052)

   A. 弧形楼梯　　　　　　　　　B. 扇形楼梯

   C. 螺旋楼梯　　　　　　　　　D. 平行双跑楼梯

   【答案】B、D

   【解析】《老年人照料设施建筑设计标准》5.6.6：

   老年人使用的楼梯严禁采用弧形楼梯和螺旋楼梯。

   新规范未对扇形楼梯作要求，因此选项B、D正确。

第三节　公建类建筑规范

公共建筑的类型非常广泛，包括教育福利类（幼儿园、中小学）、行政管理类（办公）、文化科学类（电影院、文化馆、图书馆）、医疗卫生类（医院、疗养院）、商业服务类（商店、餐厅、旅馆）、公用事业设施（车库、火车站、客运站、公交站）。涉及的规范众多。

一、托儿所、幼儿园建筑设计规范

1. 以下关于幼儿园幼儿生活用房的设置，正确的是：(2018-048)

   A. 生活用房中的厕所、盥洗室分隔设置

B. 厕所采用蹲便器，地面上设置台阶
C. 活动室地面采用耐磨防滑的水磨石地面
D. 寝室内设置双层床

【答案】A

【解析】《托儿所、幼儿园建筑设计规范》（2019年版）：

4.3.7 活动室、寝室、多功能活动室等幼儿使用的房间应做暖性、有弹性的地面，儿童使用的通道地面应采用防滑材料。（选项C错误）

4.3.9 寝室应保证每一幼儿设置一张床铺的空间，不应布置双层床。床位侧面或端部距外墙距离不应小于0.60m。（选项D错误）

4.3.10 卫生间应由厕所、盥洗室组成，并宜分间或分隔设置。无外窗的卫生间，应设置防止回流的机械通风设施。（选项A正确）

4.3.14 厕所、盥洗室、淋浴室地面不应设台阶，地面应防滑和易于清洗。（选项B错误）

2. 托儿所、幼儿园服务用房的设置，正确的是：(2010-042)
   A. 医疗保健室与幼儿生活用房应贴邻设置
   B. 隔离室与幼儿生活用房应贴邻设置
   C. 医疗保健室应设置上下水和独立的厕所
   D. 隔离室应设置独立的厕所

【答案】D

【解析】此题源自1987年的老规范，新的《托儿所、幼儿园建筑设计规范》（2019年版）更新为晨检室和保健观察室，已没有了隔离室。

4.4.4 保健观察室设置应符合下列规定：
   1. 应设有一张幼儿床的空间；
   2. 应与幼儿生活用房有适当的距离，并应与幼儿活动路线分开；
   3. 宜设单独出入口；
   4. 应设给水、排水设施；
   5. 应设独立的厕所，厕所内应设幼儿专用蹲位和洗手盆。

3. 幼儿园出入口台阶侧面临空，需设置防护设施的高度为：(2019-043)
   A. 超过0.13m   B. 超过0.15m
   C. 超过0.20m   D. 超过0.30m

【答案】D

【解析】《托儿所、幼儿园建筑设计规范》（2019年版）4.1.16：
出入口台阶高度超过0.30m，并侧面临空时，应设置防护设施，防护设施净高不应低于1.05m。

4. 下列关于幼儿园活动室、寝室门窗的说法，正确的是：(2018-046)
   A. 房门的净宽不应小于0.90m
   B. 房门均应向疏散方向开启，且不妨碍走道疏散通行
   C. 窗台距楼地面高度不应小于0.90m

D. 不应设置内悬窗和内平开窗

【答案】B

【解析】《托儿所、幼儿园建筑设计规范》(2019年版)：

4.1.5 托儿所、幼儿园建筑窗的设计应符合下列规定：

    1. 活动室、多功能活动室的窗台面距地面高度不宜大于0.60m；(选项C错误)

    2. 当窗台面距楼地面高度低于0.90m时，应采取防护措施，防护高度应从可踏部位顶面起算，不应低于0.90m；

    3. 窗距离楼地面的高度小于或等于1.80m的部分，不应设内悬窗和内平开窗扇；(选项D错误)

    4. 外窗开启扇均应设纱窗。

4.1.6 活动室、寝室、多功能活动室等幼儿使用的房间应设双扇平开门，门净宽不应小于1.20m。(选项A错误)

4.1.8 幼儿出入的门应符合下列规定：

    1. 距离地面1.20m以下部分，当使用玻璃材料时，应采用安全玻璃；

    2. 距离地面0.60m处宜加设幼儿专用拉手；

    3. 门的双面均应平滑、无棱角；

    4. 门下不应设门槛；平开门距离楼地面1.20m以下部分应设防止夹手设施；

    5. 不应设置旋转门、弹簧门、推拉门，不宜设金属门；

    6. 生活用房开向疏散走道的门均应向人员疏散方向开启，开启的门扇不应妨碍走道疏散通行；(选项B正确)

    7. 门上应设观察窗，观察窗应安装安全玻璃。

5. 关于托儿所、幼儿园门的设置，不正确的是：(2010-043)

    A. 活动室应设双扇平开门，其宽度不应小于1.2m

    B. 寝室应设双扇平开门，其宽度不应小于1.2m

    C. 音体活动室应设双扇平开门，其宽度不应小于1.2m

    D. 楼梯间可设双扇平开门或弹簧门，其宽度不应小于1.2m

【答案】D

【解析】同题4解析。

6. 6班幼儿园室外共用游戏场地的面积应为：(2011-046)

    A. 260m²   B. 270m²

    C. 280m²   D. 290m²

【答案】C

【解析】此题源自1987年的老规范。

    新的《托儿所、幼儿园建筑设计规范》(2019年版)3.2.3条对托儿所、幼儿园应设室外活动场地的规定如下：

    1. 幼儿园每班应设专用室外活动场地，人均面积不应小于2m²，各班活动场地之间宜采取分隔措施；

    2. 幼儿园应设全园共用活动场地，人均面积不应小于2m²；

3. 地面应平整、防滑、无障碍、无尖锐突出物，并宜采用软质地坪；

4. 共用活动场地应设置游戏器具、沙坑、30m跑道、洗手池等，宜设戏水池，储水深度不应超过0.30m；游戏器具下面及周围应设软质铺装，宜设洗手池、洗脚池；

5. 室外活动场地应有1/2以上的面积在标准建筑日照阴影线之外。

7. 关于幼儿园卫生间的设置，不正确的是：(2011-047)

A. 幼儿园卫生间有直接的自然通风

B. 保育人员使用的厕所应就近集中设置，不得在班内分隔设置

C. 幼儿园卫生间应临近活动室和寝室设置

D. 寄宿制幼儿园的卫生间应每班独立设置

【答案】A

【解析】《托儿所、幼儿园建筑设计规范》(2019年版)：

4.3.10 卫生间应由厕所、盥洗室组成，并宜分间或分隔设置。无外窗的卫生间，应设置防止回流的机械通风设施。

4.3.12 卫生间应临近活动室或寝室，且开门不宜直对寝室或活动室。盥洗室与厕所之间应有良好的视线贯通。

4.3.15 夏热冬冷和夏热冬暖地区，托儿所、幼儿园建筑的幼儿生活单元内宜设淋浴室；寄宿制幼儿生活单元内应设置淋浴室，并应独立设置。

8. 下列托幼建筑可设在居住建筑底层的是：(2012-036)

A. 三个班以下的托儿所、幼儿园

B. 所有的小型幼儿园（包括托幼合建的）

C. 所有单独的托儿所

D. 所有单独的幼儿园

【答案】A

【解析】《托儿所、幼儿园建筑设计规范》(2019年版) 3.2.2：

四个班及以上的托儿所、幼儿园建筑应独立设置。三个班及以下时，可与居住、养老、教育、办公建筑合建，但应符合下列规定：

1. 应设独立的疏散楼梯和安全出口；

2. 出入口处应设置人员安全集散和车辆停靠的空间；

3. 应设独立的室外活动场地，场地周围应采取隔离措施；

4. 建筑出入口及室外活动场地范围内应采取防止物体坠落措施。

9. 对于小区内的两个班的幼儿园，下列设计原则正确的是：(2017-043)

A. 必须独立设置，不得与其他建筑合建

B. 可与社区配套公共服务设施合建，但幼儿生活用房不应设置在二层以上

C. 可与居住建筑合建，但幼儿生活用房应设在居住建筑的底层

D. 室外活动场地可不单独设置，与小区公共绿地合用

【答案】C

【解析】同题8解析。

10. 幼儿园可与居住建筑合建的最大规模为：(2019-044)
   A. 2班   B. 3班
   C. 4班   D. 5班

【答案】B

【解析】同题8解析。

11. 关于幼儿园生活用房外窗的设置要求，不正确的是：(2012-037)
   A. 幼儿卧室、活动室外窗台距地面都不应低于800mm
   B. 活动室外窗距地面1.3m内不应设平开窗
   C. 幼儿活动室无室外阳台时，外窗应设护栏
   D. 活动室的外窗应有遮光设施

【答案】因规范更新无正确选项

【解析】《托儿所、幼儿园建筑设计规范》（2019年版）4.1.5：

托儿所、幼儿园建筑窗的设计应符合下列规定：

1. 活动室、多功能活动室的窗台面距地面高度不宜大于0.60m；
2. 当窗台面距楼地面高度低于0.90m时，应采取防护措施，防护高度应从可踏部位顶面起算，不应低于0.90m；
3. 窗距离楼地面的高度小于或等于1.80m的部分，不应设内悬窗和内平开窗扇；
4. 外窗开启扇均应设纱窗。

12. 关于幼儿园室外游戏场地的说法，正确的是：(2013-046)
   A. 必须设置各班专用的室外游戏场地
   B. 大、中、小班级各自应有相对集中的室外游戏场地
   C. 室外共用游戏场地可借用绿化用地
   D. 室外共用游戏场地面积与班数无关，是个定值

【答案】A

【解析】《托儿所、幼儿园建筑设计规范》（2019年版）3.2.3：

托儿所、幼儿园应设室外活动场地，并应符合下列规定：

1. 幼儿园每班应设专用室外活动场地，人均面积不应小于2m²，各班活动场地之间宜采取分隔措施；
2. 幼儿园应设全园共用活动场地，人均面积不应小于2m²；
3. 地面应平整、防滑、无障碍、无尖锐突出物，并宜采用软质地坪；
4. 共用活动场地应设置游戏器具、沙坑、30m跑道、洗手池等，宜设戏水池，储水深度不应超过0.30m；游戏器具下面及周围应设软质铺装。宜设洗手池、洗脚池；
5. 室外活动场地应有1/2以上的面积在标准建筑日照阴影线之外。

13. 关于幼儿园幼儿使用的楼梯设置要求中，正确的是：(2017-041)
   A. 楼梯踏步高度宜为0.13m，宽度宜为0.26m
   B. 楼梯除设成人扶手外，应在梯段一侧设幼儿扶手
   C. 楼梯如采用扇形踏步，踏步上、下两级所形成的平面角度不应大于10°

D. 首层楼梯间距室外出口的距离不应大于 15m

【答案】A

【解析】《托儿所、幼儿园建筑设计规范》（2019 年版）4.1.11：

楼梯、扶手和踏步等应符合下列规定：

1. 楼梯间应有直接的天然采光和自然通风；
2. 楼梯除设成人扶手外，应在梯段两侧设幼儿扶手，其高度宜为 0.60m；
3. 供幼儿使用的楼梯踏步高度宜为 0.13m，宽度宜为 0.26m；
4. 严寒地区不应设置室外楼梯；
5. 幼儿使用的楼梯不应采用扇形、螺旋形踏步；
6. 楼梯踏步面应采用防滑材料，踏步踢面不应漏空，踏步面应做明显警示标识；
7. 楼梯间在首层应直通室外。

14. 在设计幼儿园同一个班的活动室与寝室时，下列方式正确的是：(2017-044)

A. 活动室和寝室均为使用面积 60m² 的房间
B. 寝室布置在活动室的上一层
C. 活动室和寝室合并布置成使用面积 120m² 的房间
D. 活动室和寝室其中一个满足日照标准冬至日 3h

【答案】B

【解析】《托儿所、幼儿园建筑设计规范》（2019 年版）：

3.2.8 托儿所、幼儿园的活动室、寝室及具有相同功能的区域，应布置在当地最好朝向，冬至日底层满窗日照不应小于 3h。

4.3.3 幼儿园生活单元房间的最小使用面积不应小于表 4.3.3 的规定，当活动室与寝室合用时，其房间最小使用面积不应小于 105m²。

表 4.3.3 幼儿生活单元房间的最小使用面积（m²）

房间名称		房间最小使用面积
活动室		70
寝室		60
卫生间	厕所	12
	盥洗室	8
	衣帽储藏间	9

4.3.6 同一个班的活动室与寝室应设置在同一楼层内。

15. 幼儿园生活单元中，活动室使用面积不应小于 70m²，寝室使用面积不应小于 60m²。当活动室与寝室合用时，其房间最小使用面积是：(2018-047)

A. 100m² B. 110m²
C. 105m² D. 130m²

【答案】C

【解析】同题 14 解析。

二、中小学校设计规范

1. 关于学校跑道的设置，不正确的是：(2010-045)

  A. 小学应设不小于 200m 的环形跑道

  B. 中学应设不小于 300m 的环形跑道

  C. 中学应设不小于一组 60m 的直跑道

  D. 中学应设不小于一组 100m 的直跑道

【答案】因规范更新无正确选项

【解析】《中小学校设计规范》4.2.5：

  中小学校的体育用地应包括体操项目及武术项目用地、田径项目用地、球类用地和场地间的专用甬路等。设 400m 环形跑道时，宜设 8 条直跑道。

2. 中小学校教学楼内的教学用房，其内廊走道和外廊走道的净宽分别不应小于：(2012-031、2010-046、2011-040)

  A. 1.80m，1.50m   B. 2.00m，1.80m

  C. 2.40m，1.80m   D. 2.40m，2.00m

【答案】C

【解析】《中小学校设计规范》8.2.3：

  中小学校建筑的安全出口、疏散走道、疏散楼梯和房间疏散门等处每 100 人的净宽度应按表 8.2.3 计算。同时，教学用房的内走道净宽度不应小于 2.40m，单侧走道及外廊的净宽度不应小于 1.80m。

3. 以下化学实验室的设置要求，正确的是：(2010-047)

  A. 实验室内应在外墙靠屋顶处设排风扇

  B. 实验室应设置在一层，窗宜西向布置

  C. 实验室应设置一个事故急救冲洗水嘴

  D. 实验室内不应设置煤气管道

【答案】C

【解析】此题源自 1986 年的老规范，新的《中小学校设计规范》对化学实验室的要求如下：

5.3.7 化学实验室宜设在建筑物首层。除符合本规范第 5.3.1 条规定外，化学实验室并应附设药品室。化学实验室、化学药品室的朝向不宜朝西或西南。

5.3.8 每一化学实验桌的端部应设洗涤池；岛式实验桌可在桌面中间设通长洗涤槽。每一间化学实验室内应至少设置一个急救冲洗水嘴，急救冲洗水嘴的工作压力不得大于 0.01MPa。

5.3.9 化学实验室的外墙至少应设置 2 个机械排风扇，排风扇下沿应在距楼地面以上 0.10m～0.15m 高度处。在排风扇的室内一侧应设置保护罩，采暖地区应为保温的保护罩。在排风扇的室外一侧应设置挡风罩。实验桌应有通风排气装置，排风口宜设在桌面以上。药品室的药品柜内应设通风装置。

5.3.10 化学实验室、药品室、准备室宜采用易冲洗、耐酸碱、耐腐蚀的楼地面做法，并装设密闭地漏。

4. 中小学校化学实验室的外墙至少应设置2个机械排风扇,排风扇下沿应距楼地面以上多高?(2017-042、2011-044)

A. 0.10~0.15m
B. 0.30~0.35m
C. 1.80~1.90m
D. 2.5m以上

【答案】A

【解析】同题3解析。

5. 下列中小学建筑中的楼梯梯段宽度设计,错误的是:(2018-045)

A. 1.20m
B. 1.35m
C. 1.50m
D. 1.80m

【答案】C

【解析】《中小学校设计规范》8.7.2:

中小学校教学用房的楼梯梯段宽度应为人流股数的整数倍。梯段宽度不应小于1.20m,并应按0.60m的整数倍增加梯段宽度。每个梯段可增加不超过0.15m的摆幅宽度。

6. 关于中小学教学楼楼梯的设置,正确的是:(2011-041)

A. 楼梯间可以没有直接天然采光,但要设置通风设施
B. 楼梯踏面可采用最窄处不小于220mm的扇形踏步
C. 楼梯的梯段与梯段之间,不应设置遮挡视线的隔墙
D. 当楼梯井的宽度超过200mm时,必须采取安全保护措施

【答案】C

【解析】《中小学校设计规范》:

8.7.4 疏散楼梯不得采用螺旋楼梯和扇形踏步。

8.7.5 楼梯两梯段间楼梯井净宽不得大于0.11m,大于0.11m时,应采取有效的安全防护措施。两梯段扶手间的水平净距宜为0.10m~0.20m。

8.7.8 中小学校的楼梯两相邻梯段间不得设置遮挡视线的隔墙。

8.7.9 教学用房的楼梯间应有天然采光和自然通风。

7. 关于中小学教学楼走道的规定,正确的是:(2011-042)

A. 走道内不得有高差变化
B. 走道内可以高差变化,但不得设置台阶,可通过扇形踏步
C. 有高差变化必须设置台阶时,踏步不得少于2级
D. 有高差变化必须设置台阶时,应设于明显且有天然采光处

【答案】D

【解析】《中小学校设计规范》:

8.6.2 中小学校的建筑物内,当走道有高差变化应设置台阶时,台阶处应有天然采光或照明,踏步级数不得少于3级,并不得采用扇形踏步。当高差不足3级踏步时,应设置坡道。坡道的坡度不应大于1:8,不宜大于1:12。

8. 中小学教学楼走道的台阶踏步设置,正确的是:(2012-034)

A. 走道内不应有高差变化

B. 走道高差变化处不应设置台阶踏步，应设置不大于1∶8的坡道

C. 走道高差变化处台阶踏步不得少于2级

D. 走道高差变化处台阶踏步不得少于3级

【答案】D

【解析】同题7解析。

9. 下列中小学校教学用房门窗的设计，正确的是：(2011-043)

A. 教室的后墙的门宜设观察孔

B. 教室在外廊一侧，因通行安全的原因不应开窗

C. 小学教室的窗台因安全原因，高度均在1100mm以上

D. 教室的窗间墙的宽度不应大于1800mm

【答案】A

【解析】《中小学校设计规范》：

5.1.8 各教室前端侧窗窗端墙的长度不应小于1.00m。窗间墙宽度不应大于1.20m。

5.1.10 炎热地区的教学用房及教学辅助用房中，可在内外墙设置可开闭的通风窗。通风窗下沿宜设在距室内楼地面以上0.10m～0.15m高度处。

5.1.11 教学用房的门应符合下列规定：

    1. 除音乐教室外，各类教室的门均宜设置上亮窗；

    2. 除心理咨询室外，教学用房的门扇均宜附设观察窗。

8.1.5 临空窗台的高度不应低于0.90m。

10. 关于中小学校教学用房门窗的规定，不正确的是：(2013-043)

A. 外窗开启扇均不得内开

B. 门均应向疏散方向开启

C. 临空窗台的高度不应低于0.9m

D. 疏散通道上不得使用弹簧门、旋转门

【答案】A

【解析】《中小学校设计规范》：

8.1.5 临空窗台的高度不应低于0.90m。

8.1.8 教学用房的门窗设置应符合下列规定：

    1. 疏散通道上的门不得使用弹簧门、旋转门、推拉门、大玻璃门等不利于疏散通畅、安全的门；

    2. 各教学用房的门均应向疏散方向开启，开启的门扇不得挤占走道的疏散通道；

    3. 靠外廊及单内廊一侧教室内隔墙的窗开启后，不得挤占走道的疏散通道，不得影响安全疏散；

    4. 二层及二层以上的临空外窗的开启扇不得外开。

11. 中小学校关于教学用房临空外窗开启方式的规定，正确的是：(2018-044)

A. 无论层数均不得外开　　　　　　B. 二层及以上不得外开

  C. 三层及以上不得外开　　　　　　D. 可外开也可内开

【答案】B

【解析】同题 10 解析。

12. 下列关于自然教室向阳面的室内窗台宽度的表述，正确的是：(2011-045)

  A. >200mm　　　　　　　　　　B. >250mm
  C. >300mm　　　　　　　　　　D. >350mm

【答案】D

【解析】《中小学校设计规范》5.3.19：

  部分生物课程要求学生直接接触植物的栽培和生长过程，故实验室的朝向宜为南或东南，并在有阳光直射的一侧设置室外阳台或宽度不小于 0.35m 的室内窗台，以放置盆栽植物。

13. 下列学校建筑的间距要求错误的是：(2012-032)

  A. 普通教室的间距应满足相应的日照要求
  B. 主要教学用房外窗与铁路的距离有相应要求
  C. 各类教室外窗与相对的教学用房有最小距离要求
  D. 教室外窗与运动场地之间没有距离要求

【答案】D

【解析】《中小学校设计规范》：

4.1.6　学校教学区的声环境质量应符合现行国家标准《民用建筑隔声设计规范》GB 50118 的有关规定。学校主要教学用房设置窗户的外墙与铁路路轨的距离不应小于 300m，与高速路、地上轨道交通线或城市主干道的距离不应小于 80m。当距离不足时，应采取有效的隔声措施。

4.3.3　普通教室冬至日满窗日照不应少于 2h。

4.3.7　各类教室的外窗与相对的教学用房或室外运动场地边缘间的距离不应小于 25m。

14. 一般情况下中小学主要教学用房设置窗户的外墙，距城市主干道的最小距离：(2018-042)

  A. 50m　　　　　　　　　　　　B. 60m
  C. 70m　　　　　　　　　　　　D. 80m

【答案】D

【解析】同题 13 解析。

15. 中小学校教室的外窗与室外运动场地边缘间的最小距离是：(2019-041)

  A. 10m　　　　　　　　　　　　B. 15m
  C. 20m　　　　　　　　　　　　D. 25m

【答案】D

【解析】同题 13 解析。

16. 小学教学楼不超过：(2012-033)

A. 3 层　　　　　　　　　　　B. 4 层
C. 5 层　　　　　　　　　　　D. 6 层

【答案】B

【解析】《中小学校设计规范》4.3.2：

　　各类小学的主要教学用房不应设在四层以上，各类中学的主要教学用房不应设在五层以上。

17. 下列不属于中学教学用房的是：(2012-035)

　　A. 普通教室　　　　　　　B. 专用教室
　　C. 图书室　　　　　　　　D. 广播室

【答案】D

【解析】《中小学校设计规范》：

5.1.1　中小学校的教学及教学辅助用房应包括普通教室、专用教室、公共教学用房及其各自的辅助用房。

5.1.3　中小学校的公共教学用房应包括合班教室、图书室、学生活动室、体质测试室、心理咨询室、德育展览室等及任课教师办公室。

18. 根据《中小学校建筑设计规范》，中小学校用地中不包括：(2013-041)

　　A. 绿化用地　　　　　　　B. 课外活动用地
　　C. 运动用地　　　　　　　D. 建筑用地

【答案】B

【解析】《中小学校设计规范》4.2.1：

　　中小学校用地应包括建筑用地、体育用地、绿化用地、道路及广场、停车场用地。有条件时宜预留发展用地。

19. 关于中小学校音乐教室的设置，不正确的是：(2013-042)

　　A. 应附设乐器存放室　　　B. 讲台上应布置教师用琴的位置
　　C. 应设置五线谱黑板　　　D. 门应设置上亮窗

【答案】D

【解析】《中小学校设计规范》：

5.1.11　教学用房的门应符合下列规定：

　　1. 除音乐教室外，各类教室的门均宜设置上亮窗。

5.8.1　音乐教室应附设乐器存放室。

5.8.3　音乐教室讲台上应布置教师用琴的位置。

5.8.5　音乐教室应设置五线谱黑板。

5.8.6　音乐教室的门窗应隔声。墙面及顶棚应采取吸声措施。

20. 中小学校建筑墙面及顶棚应采取吸声措施的房间是：(2019-042)

　　A. 音乐教室　　　　　　　B. 计算机室
　　C. 史地教室　　　　　　　D. 书法教室

【答案】A

【解析】《中小学校设计规范》5.8.6：
音乐教室的门窗应隔声。墙面及顶棚应采取吸声措施。

21. 中小学校的普通教室必须配备的教学设备中，不包含：(2018-035)
    A. 投影仪接口　　　　　　B. 显示屏
    C. 展示园地　　　　　　　D. 储物柜
【答案】C
【解析】《中小学校设计规范》：
10.4.5　中小学校视听教学系统应包括控制中心机房设备和各教室内视听教学设备。
10.4.5　条文说明
中小学校视听教学系统控制中心的设备包括计算机、服务器、控制器、音视频节目源、数字硬盘录像机等设备和控制软件。
教室内视听教学设备包括教室智能控制器、显示器、计算机、实物投影仪、扬声器等。

22. 下列用房中，不属于中小学主要教学用房的是：(2018-043)
    A. 演示实验室　　　　　　B. 标本陈列室
    C. 合班教室　　　　　　　D. 报刊阅览室
【答案】B
【解析】《中小学校设计规范》7.1.1：
主要教学用房的使用面积指标应符合表7.1.1的规定。

表7.1.1　主要教学用房的使用面积指标（m²/每座）

房间名称	小学	中学	备注
普通教室	1.36	1.39	—
科学教室	1.78	—	
实验室	—	1.92	
综合实验室	—	2.88	
演示实验室	—	1.44	若容纳2个班，则指标为1.20
史地教室	—	1.92	
计算机教室	2.00	1.92	
语言教室	2.00	1.92	
美术教室	2.00	1.92	
书法教室	2.00	1.92	
音乐教室	1.70	1.64	
舞蹈教室	2.14	3.15	宜和体操教室共用
合班教室	0.89	0.90	—
学生阅览室	1.80	1.90	—
教师阅览室	2.30	2.30	—
视听阅览室	1.80	2.00	
报刊阅览室	1.80	2.30	可不集中设置

如表 7.1.1 所示，中小学主要教学用房不包含标本陈列室。

23. 中小学校按教学用房中照度标准最高的是：（2013-045）

A. 普通教室 　　　　　　　　B. 绘图室
C. 实验室 　　　　　　　　　D. 美术教室

【答案】D

【解析】《中小学校设计规范》9.3.1：

主要用房桌面或地面的照明设计值不应低于表 9.3.1 的规定，其照度均匀度不应低于 0.7，且不应产生眩光。

表 9.3.1 教学用房的照明标准

房间名称	规定照度的平面	维持平均照度（lx）	统一眩光值 UGR	显色指数 Ra
普通教室、史地教室、书法教室、音乐教室、语言教室、合班教室、阅览室	课桌面	300	19	80
科学教室、实验室	实验桌面	300	19	80
计算机教室	机台面	300	19	80
舞蹈教室	地面	300	19	80
美术教室	课桌面	500	19	90
风雨操场	地面	300	—	65
办公室、保健室	桌面	300	19	80
走道、楼梯间	地面	100	—	—

24. 中小学普通教室满窗日照不应少于多少？（2017-040）

A. 大寒日 2h 　　　　　　　　B. 大寒日 3h
C. 冬至日 2h 　　　　　　　　D. 冬至日 3h

【答案】C

【解析】《中小学校设计规范》：

4.3.3 普通教室冬至日满窗日照不应少于 2h。

三、办公建筑设计标准

1. 办公建筑设计分类的主要依据是：（2019-040）

A. 使用功能的重要性 　　　　B. 建筑造型
C. 民用建筑耐火等级 　　　　D. 设计使用年限

【答案】A

【解析】《办公建筑设计标准》1.0.3：

办公建筑设计应依据使用要求分类，并应符合表 1.0.3 的规定：

表 1.0.3　办公建筑分类

类别	示例	设计使用年限
A类	特别重要的办公建筑	100年或50年
B类	重要办公建筑	50年
C类	普通办公建筑	25年或50年

条文说明 1.0.3　办公建筑的分类主要依据使用功能的重要性而定。本条文对办公建筑的主体结构的设计使用年限作了相应的规定。故选项A正确。

2. 办公建筑走道长度大于 **40m** 且双面布房时，走道的最小净宽为：(2010-039)

A. 1.5m　　　　　　　　　　B. 1.8m
C. 2.0m　　　　　　　　　　D. 2.1m

【答案】B

【解析】《办公建筑设计标准》4.1.9：

办公建筑的走道应符合下列要求：

1. 宽度应满足防火疏散要求，最小净宽应符合表4.1.9的规定：

表 4.1.9　走道最小净宽

走道长度 (m)	走道净宽 (m)	
	单面布房	双面布房
≤40	1.30	1.50
>40	1.50	1.80

注：高层内筒结构的回廊式走道净宽最小值同单面布房走道。

3. 关于综合楼内办公部分的疏散出入口，正确的是：(2010-040)
A. 不应与同一楼内的住宅部分共用，可以与商场、餐饮共用
B. 不应与同一楼内对外的商场部分共用，可以与娱乐、餐饮共用
C. 不应与同一楼内对外的娱乐部分共用，可以与餐饮共用
D. 不应与同一楼内对外的商场、娱乐、餐饮等人员密集场所共用

【答案】D

【解析】《办公建筑设计标准》5.0.3：

办公综合楼内办公部分的安全出口不应与同一楼层内对外营业的商场、营业厅、娱乐、餐饮等人员密集场所的安全出口共用。

4. 如条件有限，办公区的人员与同在一栋楼内的哪种功能区的人员可共用？(2017-039)

A. 餐饮　　　　　　　　　　B. 公寓
C. 裙房商场　　　　　　　　D. 文化娱乐

【答案】B

【解析】同题3解析。

5. 办公室可开启窗面积不应小于窗面积的：(2011-038)
A. 30%　　　　　　　　　　B. 35%

99

C. 40%　　　　　　　　　　　　D. 45%

【答案】A

【解析】《办公建筑设计标准》4.1.6：

办公建筑的窗应符合下列要求：

外窗可开启面积应按国家标准《公共建筑节能设计标准》GB 50189 的有关规定执行，外窗应有良好的气密性、水密性和保温隔热性能，满足节能要求。依据《公共建筑节能设计标准》第 3.2.8 条可知，选项 A 符合题意。

6. 下列关于办公室建筑室内走道净高的表述正确的是：(2011-039)

A. ≥2.0 m　　　　　　　　　　B. ≥2.1m
C. ≥2.2 m　　　　　　　　　　D. ≥2.4m

【答案】C

【解析】《办公建筑设计标准》4.1.11 第 5 款：

走道净高不应低于 2.20m，储藏间净高不宜低于 2.00m。

7. 办公建筑中有会议桌的中小会议室，每人最小使用面积指标为：(2018-041)

A. 1.10m²　　　　　　　　　　B. 1.30m²
C. 1.50m²　　　　　　　　　　D. 1.80m²

【答案】D

【解析】《办公建筑设计标准》4.3.2：

会议室应符合下列要求：

1. 根据需要可分设中、小会议室和大会议室。
2. 中、小会议室可分散布置。小会议室使用面积不宜小于 30m²，中会议室使用面积不宜小于 60m²。中小会议室每人使用面积：有会议桌的不应小于 2.00m²，无会议桌的不应小于 1.00m²。

依据旧规范，此题选 D；依据新规范，无正确答案。

8. 办公面积为 20000m² 的多层办公建筑，至少应设置的电梯数为：(2012-030)

A.3 台　　　　　　　　　　　B.4 台
C.5 台　　　　　　　　　　　D.6 台

【答案】B

【解析】《办公建筑设计标准》：

4.1.4　电梯数量应满足使用要求，按办公建筑面积每 5000m² 至少设置 1 台。超高层办公建筑的乘客电梯应分层分区停靠。

9. 办公建筑内，公共厕所与最远工作点的距离不应大于：(2013-039、2018-039)

A. 60m　　　　　　　　　　　B. 50m
C. 40m　　　　　　　　　　　D. 30m

【答案】B

【解析】《办公建筑设计标准》4.3.5：

公用厕所应符合下列要求：

1. 公用厕所服务半径不宜大于50m。

10. 《办公建筑设计规范》，开放式、半开放式办公室其室内任何一点至最近安全出口直线距离不应超过30m，此处距离是指：(2013-040、2017-038)
    A. 至安全疏散用的楼梯间、室外楼梯出入口的距离
    B. 至直通室内外安全区域出口的距离
    C. 至房间开向疏散走道出口的距离
    D. 套间的门至疏散走道出口的距离
    【答案】C
    【解析】"安全出口"是指房间开向疏散走道的出口。大空间办公室内套小房间时，小房间的门不能算安全出口。因此，距离应从小房间的最远点进行计算。

11. 办公建筑的采光标准可采用窗地面积比进行估算，对其计算条件没有影响的是：(2017-037)
    A. 建筑地处的光气候区　　　　B. 外窗采用的玻璃层数
    C. 外窗采用的玻璃品种　　　　D. 外窗朝向
    【答案】D
    【解析】《办公建筑设计标准》：

    6.2.3 办公建筑的采光标准可采用窗地面积比进行估算。依据表6.2.3的注可知，窗地面积比的计算条件不包括外窗朝向。

12. 办公建筑中，房间窗地面积比值最大的房间是：(2019-038)
    A. 绘图室　　　　　　　　　　B. 办公室
    C. 复印室　　　　　　　　　　D. 卫生间
    【答案】A
    【解析】依据《办公建筑设计标准》表6.2.3可知，选项A符合题意。

13. 办公建筑中，不属于服务用房的房间是：(2019-039)
    A. 计算机房　　　　　　　　　B. 文秘室
    C. 图书阅览室　　　　　　　　D. 会议室
    【答案】D
    【解析】《办公建筑设计标准》：

    4.1.1 办公建筑应根据使用性质、建设规模与标准的不同，确定各类用房。办公建筑由办公室用房、公共用房、服务用房和设备用房等组成。

    4.3.1 公共用房宜包括会议室、对外办事厅、接待室、陈列室、公用厕所、开水间、健身场所等。

    4.4.1 服务用房应包括一般性服务用房和技术性服务用房。一般性服务用房为档案室、资料室、图书阅览室、员工更衣室、汽车库、非机动车库、员工餐厅、厨房、卫生管理设施间、快递储物间等。技术性服务用房为消防控制室、电信运营商机房、电子信息机房、打印机房、晒图室等。

    选项D会议室属于公共用房，不属于服务用房。

14. 使用燃气的公寓式办公楼的厨房，应满足的条件是：(2018-040)

A. 有直接采光
B. 有自然通风
C. 有机械通风措施
D. 有直接采光和自然通风

【答案】D

【解析】依据旧规范《办公建筑设计规范》4.2.3：

普通办公室应符合下列要求：

1. 宜设计成单间式办公室、开放式办公室或半开放式办公室；特殊需要可设计成单元式办公室、公寓式办公室或酒店式办公室。

2. 开放式和半开放式办公室在布置吊顶上的通风口、照明、防火设施等时，宜为自行分隔或装修创造条件，有条件的工程宜设计成模块式吊顶。

3. 使用燃气的公寓式办公楼的厨房应有直接采光和自然通风；电炊式厨房如无条件直接对外采光通风，应有机械通风措施，并设置洗涤池、案台、炉灶及排油烟机等设施或预留位置。新规范已取消这条。

四、图书馆建筑设计规范

1. 图书馆的中心出纳台的设置，不正确的是：(2010-050)

A. 应毗邻基本书库设置
B. 通往库房的门不得设置门槛
C. 与基本书库之间的通道不应设置高差
D. 平开防火门应向中心出纳台方向开启

【答案】C

【解析】《图书馆建筑设计规范》4.4.6：

中心出纳台（总出纳台）应毗邻基本书库设置。出纳台与基本书库之间的通道不应设置踏步；当高差不可避免时，应采用坡度不大于1∶8的坡道。书库通往出纳台的门应向出纳台方向开启，其净宽不应小于1.40m，并不应设置门槛，门外1.40m范围内应平坦、无障碍物。

2. 关于图书馆书库的设计，错误的是：(2019-048)

A. 书库的室外场地应排水通畅，防止积水倒灌
B. 书库底层地面基层应采用架空地面或其他防潮措施
C. 书库室内应防止地面、墙身返潮，不得出现结露现象
D. 书库屋里排水方式为有组织外排法时，水箱可直接放置在书库的屋面上

【答案】D

【解析】《图书馆建筑设计规范》：

5.3.1 书库的室外场地应排水通畅，防止积水倒灌；室内应防止地面、墙身返潮，不得出现结露现象；屋面雨水宜采用有组织外排法，不得在屋面上直接放置水箱等蓄水设施。

5.3.2 书库底层地面基层应采用架空地面或其他防潮措施。

3. 图书馆中的开架书库的最大允许防火分区面积与下列哪一功能的要求是一样的？

(2018-052)

A. 特藏书库　　　　　　　　B. 典藏室
C. 阅览室　　　　　　　　　D. 藏阅合一的开架阅览室

【答案】A

【解析】《图书馆建筑设计规范》6.2.2：
对于未设置自动灭火系统的一、二级耐火等级的基本书库、特藏书库、密集书库、开架书库的防火分区最大允许建筑面积，单层建筑不应大于1500m²；建筑高度不超过24m的多层建筑不应大于1200m²；高度超过24m的建筑不应大于1000m²；地下室或半地下室不应大于300m²。

4. 按《图书馆建筑设计规范》的有关规定，下列图书馆的库房不能只设一个安全出口的是：(2013-052)

A. 建筑面积不超过100m²的特藏库、胶片库
B. 建筑面积不超过100m²的珍善本书库
C. 建筑面积不超过100m²的地下室或半地下室书库
D. 占地面积不超过350m²的多层书库

【答案】D

【解析】《图书馆建筑设计规范》：

6.4.2 书库的每个防火分区安全出口不应少于两个，但符合下列条件之一时设一个安全出口：
1. 占地面积不超过300m²的多层书库；
2. 建筑面积不超过100m²的地下、半地下书库。

6.4.3 建筑面积不超过100m²的特藏书库，可设一个疏散门，并应为甲级防火门。

五、文化馆建筑设计规范

1. 文化馆的观演厅规模超过多少座时，应符合《剧场建筑设计规范》和《电影院建筑设计规范》的有关规定？(2010-049)

A. 200座　　　　　　　　　B. 300座
C. 400座　　　　　　　　　D. 500座

【答案】B

【解析】《文化馆建筑设计规范》4.2.5：
排演厅应符合下列规定：……
3. 当观众厅规模超过300座时，观众厅的座位排列、走道宽度、视线及声学设计、放映室及舞台设计，应符合国家现行标准《剧场建筑设计规范》JGJ 57、《剧场、电影院和多用途厅堂建筑声学设计规范》GB/T 50356的有关规定。

2. 文化馆建筑的组成不包括以下哪个部分？(2011-048)

A. 群众活动部分　　　　　　B. 学习辅导部分
C. 展示销售部分　　　　　　D. 专业工作部分

【答案】 C

【解析】 此题源自1987年的老规范，新的《文化馆建筑设计规范》对功能用房的划分如下：

4.1.2 文化馆建筑宜由群众活动用房、业务用房和管理及辅助用房组成，且各类用房可根据文化馆的规模和使用要求进行增减或合并。

3. 下列文化馆建筑的用房中，不属于群众活动用房的是：(2018-049)

   A. 交流展示　　　　　　　　B. 经营性游艺娱乐
   C. 辅导培训　　　　　　　　D. 图书阅览

   【答案】 B

   【解析】《文化馆建筑设计规范》4.2.1：

   群众活动用房宜包括门厅、展览陈列用房、报告厅、排演厅、文化教室、计算机与网络教室、多媒体视听教室、舞蹈排练室、琴房、美术书法教室、图书阅览室、游艺用房等。

4. 下列用房中，属于文化馆静态功能的房间是：(2018-050)

   A. 多媒体视听教室　　　　　B. 计算机与网络教室
   C. 美术书法教室　　　　　　D. 音乐创作室

   【答案】 C

   【解析】《文化馆建筑设计规范》3.2.2条文说明：

   按文化馆的规模不同、建设地域不同，功能用房配置不同，一般划分原则为：

   1. 静态功能区：图书阅览室、美术书法教室、录音录像室、美术工作室、文学创作室、调查研究室、档案资料室、文化遗产整理室及各类办公室、接待室等。

   2. 动态功能区：门厅、排演厅、报告厅、展览陈列厅、多媒体视听教室、舞蹈排练室、琴房、计算机与网络教室、音乐教室、语言教室、文化教室、音乐创作室、辅助用房及设备用房等。

5. 下列群众文化馆美术书法教室的设置方式中，哪项是正确的？(2013-051)

   A. 教室宜南向侧窗采光　　　B. 教室内设置洗涤池
   C. 教室内不设讲台、黑板　　D. 与普通教室的面积和容纳人数相同

   【答案】 B

   【解析】《文化馆建筑设计规范》4.2.11：

   美术书法教室设计应符合下列规定：

   1. 美术教室应为北向或顶部采光，并应避免直射阳光；人体写生的美术教室，应采取遮挡外界视线的措施；

   2. 教室墙面应设挂镜线，且墙面宜设置悬挂投影幕的设施。室内应设洗涤池；

   3. 教室的使用面积不应小于2.8m²/人，教室容纳人数不宜超过30人，准备室的面积宜为25 m²；

   4.2.6 文化教室应包括普通教室（小教室）和大教室，并应符合下列规定：

   1. 普通教室宜按每40人一间设置，大教室宜按每80人一间设置，且教室的使用面积不应小于1.4m²/人。

6. 文化馆内的美术教室应布置在下列哪个朝向？(2017-045)

  A. 南向   B. 北向

  C. 东向   D. 西向

【答案】B

【解析】同题 5 解析。

7. 关于文化馆建筑美术教室窗的设计，正确的是：(2019-047)

  A. 应为东向或顶部采光   B. 应为南向或顶部采光

  C. 应为西向或顶部采光   D. 应为北向或顶部采光

【答案】D

【解析】同题 5 解析。

六、博物馆建筑规范

1. 大、中型博物馆耐久年限不应小于：(2010-051)

  A. 100 年   B. 70 年

  C. 50 年   D. 25 年

【答案】A

【解析】《博物馆》10.1.1：

  特大型、大型、大中型博物馆建筑及主管部门确定的重要博物馆建筑的主体结构的设计使用年限宜取为 100 年，其安全等级宜为一级；中型及小型博物馆建筑主体结构的设计使用年限宜取为 50 年，其安全等级宜为二级。

2. 下列博物馆总平面布置中不符合要求的是：(2012-039)

  A. 大型博物馆独立建造

  B. 场地条件有限时，中型博物馆可与其他建筑合建，单独设置出入口

  C. 小型博物馆可与其他建筑合建，单独设置出入口

  D. 若博物馆区建筑与职工生活用房毗邻布置，场地应分隔，并各设直通外部道路的出入口

【答案】B

【解析】《博物馆》3.1.3：

  博物馆建筑宜独立建造。当与其他类型建筑合建时，博物馆建筑应自成一区。

七、电影院、剧场建筑设计规范

1. 电影院基地沿城市道路方向的长度应按建筑规模和疏散人数确定，并不应小于基地周长的：(2010-048)

  A. 1/6   B. 1/5

  C. 1/4   D. 1/3

【答案】A

【解析】《电影院建筑设计规范》3.1.2：

  基地选择应符合下列规定：

3. 基地沿城市道路方向的长度应按建筑规模和疏散人数确定，并不应小于基地周长的 1/6。

2. 根据《电影院建筑设计规范》(JGJ 58—2008) 的规定，贴近以下哪项的电影院观众厅应采取隔声，减噪等措施：(2011-049)
　　A. 楼梯间　　　　　　　　　　B. 自动扶梯
　　C. 小卖部　　　　　　　　　　D. 主门厅

【答案】B

【解析】《电影院建筑设计规范》4.1.8：
　　电影院设置电梯或自动扶梯不宜贴邻观众厅设置。当贴邻设置时，应采取隔声、减振等措施。

3. 电影院观众厅的疏散门应采用：(2012-038)
　　A. 有门槛的隔音门　　　　　　B. 乙级防火门
　　C. 甲级防火门　　　　　　　　D. 弹簧门

【答案】C

【解析】《电影院建筑设计规范》：

6.2.2 观众厅疏散门不应设置门槛，在紧靠门口 1.40m 范围内不应设置踏步。疏散门应为自动推闩式外开门，严禁采用推拉门、卷帘门、折叠门、转门等。

6.2.3 观众厅疏散门的数量应经计算确定，且不应少于 2 个，门的净宽度应符合现行国家标准《建筑设计防火规范》GB 50016 及《高层民用建筑设计防火规范》GB 50045 的规定，且不应小于 0.90m。应采用甲级防火门，并应向疏散方向开启。

4. 电影院直跑楼梯中间平台深度的最小尺寸是：(2019-049)
　　A. 0.90m　　　　　　　　　　B. 1.20m
　　C. 1.50m　　　　　　　　　　D. 2.00m

【答案】B

【解析】《电影院建筑设计规范》6.2.5：
　　疏散楼梯应符合下列规定：
　　1. 对于有候场需要的门厅，门厅内供入场使用的主楼梯不应作为疏散楼梯；
　　2. 疏散楼梯踏步宽度不应小于 0.28m，踏步高度不应大于 0.16m，楼梯最小宽度不得小于 1.20m，转折楼梯平台深度不应小于楼梯宽度；直跑楼梯的中间平台深度不应小于 1.20m；
　　3. 疏散楼梯不得采用螺旋楼梯和扇形踏步；当踏步上下两级形成的平面角度不超过 10°，且每级离扶手 0.25m 处踏步宽度超过 0.22m 时，可不受此限；
　　4. 室外疏散梯净宽不应小于 1.10m；下行人流不应妨碍地面人流。

5. 关于电影院观众厅后墙的声学设计，正确的是：(2018-051)
　　A. 采取扩散反射措施　　　　　B. 采取全频带强吸声措施
　　C. 采取吸声措施　　　　　　　D. 采取一般装修措施

【答案】B

【解析】《电影院建筑设计规范》：

5.1.4 观众厅的后墙应采用防止回声的全频带强吸声结构。

5.1.5 银幕后墙面应做吸声处理。

6. 电影院普遍采用的银幕画幅制式配置不包括下列哪种？（2017-046）

　　A. 等高法　　　　　　　　　B. 等宽法

　　C. 等距法　　　　　　　　　D. 等面积法

【答案】C

【解析】《电影院建筑设计规范》第4.2.4中规定：

　　银幕画幅制式配置包括"等高法"画幅制式配置、"等宽法"画幅制式配置及"等面积法"画幅制式配置。

7. 剧场建筑根据使用性质及观演条件分为三类，其中不包括下列哪项：（2011-050）

　　A. 电影　　　　　　　　　　B. 歌舞

　　C. 话剧　　　　　　　　　　D. 戏曲

【答案】A

【解析】《剧场建筑设计规范》1.0.4：

　　根据使用性质及观演条件，剧场建筑可用于歌舞剧、话剧、戏曲等三类戏剧演出。当剧场为多用途时，其技术要求应按其主要使用性质确定，其他用途应适当兼顾。

八、综合医院建筑设计规范

1. 医院总平面设计要求中，下列哪项不正确？（2010-052）

　　A. 功能分区合理，洁污路线清楚　　B. 病房楼可不考虑朝向

　　C. 应留有发展或改扩建余地　　　　D. 应有完整的绿化规划

【答案】B

【解析】《综合医院建筑设计规范》4.2.1：

　　总平面设计应符合下列要求：

　　1. 合理进行功能分区，洁污、医患、人车等流线组织清晰，并应避免院内感染风险；

　　2. 建筑布局紧凑，交通便捷，并应方便管理、减少能耗；

　　3. 应保证住院、手术、功能检查和教学科研等用房的环境安静；

　　4. 病房宜能获得良好朝向；

　　5. 宜留有可发展或改建、扩建的用地；

　　6. 应有完整的绿化规划；

　　7. 对废弃物的处理作出妥善的安排，并应符合有关环境保护法令、法规的规定。

2. 医院利用走道两侧候诊者，净宽不应小于：（2010-053）

　　A. 2.1m　　　　　　　　　　B. 2.4m

　　C. 2.7m　　　　　　　　　　D. 3.0m

【答案】D

【解析】《综合医院建筑设计规范》5.2.3：

候诊用房设置应符合下列要求：

2. 利用走道单侧候诊时，走道净宽不应小于2.40m，两侧候诊时，走道净宽不应小于3.00m。

3. 医院通行推床的通道最小净宽度为：(2018-053)
   A. 1.80m					B. 2.10m
   C. 2.40m					D. 2.70m
   【答案】C
   【解析】《综合医院建筑设计规范》：
   　　通行推床的通道，净宽不应小于2.40m。有高差者应用坡道相接，坡道坡度应按无障碍坡道设计。

4. 三层及三层以上的医疗用房应设置电梯的最少数量是：(2019-051)
   A. 1台					B. 2台
   C. 3台					D. 4台
   【答案】B
   【解析】《综合医院建筑设计规范》5.1.4：
   　　电梯的设置应符合下列规定：
   　　1. 二层医疗用房宜设电梯；三层及三层以上的医疗用房应设电梯，且不得少于2台。（选项B正确）
   　　2. 供患者使用的电梯和污物梯，应采用病床梯。
   　　3. 医院住院部宜增设供医护人员专用的客梯、送餐和污物专用货梯。
   　　4. 电梯井道不应与有安静要求的用房贴邻。

5. 医院建筑的耐火等级不应低于：(2019-050)
   A. 1级					B. 2级
   C. 3级					D. 4级
   【答案】B
   【解析】《综合医院建筑设计规范》5.1.4：
   　　医院建筑耐火等级不应低于二级。

6. 下列关于医院病房的规定，不正确的是：(2011-051)
   A. 半数以上的病房应有良好日照
   B. 传染病科的病房应单独设置护理单元，不得与其他科室合并
   C. 儿科病房的窗和散热片应有安全防护措施
   D. 病房楼可与门诊合并设置出入口，但不得与急诊合用出入口
   【答案】D
   【解析】《综合医院建筑设计规范》：
   5.1.7　50%以上的病房日照应符合现行国家标准《民用建筑设计通则》GB 50352的有关规定。
   　　《民用建筑设计通则》

5.1.3 建筑日照标准应符合下列要求：

4. 老年人住宅、残疾人住宅的卧室、起居室，医院、疗养院半数以上的病房和疗养室，中小学半数以上的教室应能获得冬至日不小于2h的日照标准。

依据上述规范条文，A选项是正确的。

5.5.1 条文说明：住院部是医院中最基本、最重要的组成部门之一，也是患者起居生活的地方。安静的环境利于患者治疗和康复。为方便患者出入院、患者家属探望及医院管理，可根据医院工艺流程和功能布局的要求，单独设置或共用出入口。每天很多住院患者需在医技部、手术部借助各种医疗仪器和设备进行检查、治疗或手术；很多急诊患者需直接住院治疗，所以住院部与医技部、手术部和急诊部应有便捷的联系。

依据上述规范条文，D选项是错误的。

5.5.3 每个护理单元规模应符合本规范第3.2.1条的规定，专科病房或因教学科研需要可根据具体情况确定。设传染病房时，应单独设置，并应自成一区。

5.5.12 第5点：窗和散热器等设施应采取安全防护措施。

依据上述规范条文，B选项、C选项是正确的。

7. 综合医院的住院部应与其他部分有便捷的联系，下列哪个部门除外？（2017-047）

A. 门诊部　　　　　　　　B. 医技部
C. 手术部　　　　　　　　D. 急诊部

【答案】A

【解析】《综合医院建筑设计规范》5.5.1：

住院部应自成一区，设置单独或共用出入口，并应设在医院环境安静、交通方便处，与医技部、手术部和急诊部应有便捷的联系，同时应靠近医院的能源中心、营养厨房、洗衣房等辅助设施。

8. 医院门诊部，可不设单独出入口的科室是：（2013-053）

A. 妇产科　　　　　　　　B. 外科
C. 儿科　　　　　　　　　D. 肠道科

【答案】B

【解析】《综合医院建筑设计规范》

5.2.5 妇科、产科和计划生育用房设置应符合下列要求：

1. 应自成一区，可设单独出入口。

5.2.6 儿科用房设置应符合下列要求：

1. 应自成一区，可设单独出入口。

5.4.1 消化道、呼吸道等感染疾病门诊均应自成一区，并应单独设置出入口。

9. 医院用房中的护士室到最远的病房门口不应超过：（2013-054）

A. 50m　　　　　　　　　B. 40m
C. 30m　　　　　　　　　D. 20m

【答案】C

【解析】《综合医院建筑设计规范》5.5.6：

护士站宜以开敞空间与护理单元走道连通，并应与治疗室以门相连，护士站宜通视护理单元走廊，到最远病房门口的距离不宜超过 30m。

九、疗养院建筑设计规范

1. 下列用房中，不属于疗养院每个护理单元内必须设置的房间是：(2018-054)

　　A. 疗养员活动室　　　　　　B. 护士站
　　C. 医生办公室　　　　　　　D. 理疗室

【答案】D

【解析】《疗养院建筑设计标准》：

5.1.1　疗养院建筑应由疗养用房、理疗用房、医技门诊用房、公共活动用房、管理及后勤保障用房等构成。（理疗室属于理疗用房，选项D错误）

5.2.1　疗养用房宜由疗养室、疗养员活动室、医护用房、清洁间、库房、饮水设施、公共卫生间和服务员工作间等组成，并宜按病种或疗养员床位数分成若干个互不干扰的疗养单元。（选项A正确）

5.2.8　医护用房宜由医师办公室、护理站、处置室、治疗室、护理值班室、医护人员专用更衣室及淋浴和卫生间组成，且宜集中设置。如疗养院未设有门诊用房，宜根据需要设观察室、监护室和主任医师办公室。（选项B、C正确）

2. 疗养院疗养室每间床位数最多不应超过多少？(2010-054)

　　A. 6床　　　　　　　　　　B. 4床
　　C. 3床　　　　　　　　　　D. 2床

【答案】因规范更新无正确选项

【解析】此题源自 1987 年的老规范。

新的《疗养院建筑设计标准》5.2.5 条对疗养室床位数的规定如下：

疗养室单排床位数不宜超过 3 床，床位两侧应留出护理操作所需的空间，临墙床的长边距墙面的间距不小于 0.6m，两床长边的间距不应小于 0.85m。

新规范仅对疗养室单排床位数的设置做出要求，未规定每间疗养室的具体床位数。故本题已过时，无正确选项。

3. 疗养院内人流使用集中的楼梯，其净宽不应小于多少？(2010-055、2017-049)

　　A. 1.25m　　　　　　　　　B. 1.4m
　　C. 1.5m　　　　　　　　　 D. 1.65m

【答案】D

【解析】《疗养院建筑设计标准》5.7.3：

安全出口应符合下列规定：

1. 每个疗养单元应有 2 个不同方向的安全出口；

2. 当尽端式疗养单元，或自成一区的疗养、理疗、医技门诊用房，其最远一个房间门至外部安全出口的距离和房间内最远一点到房门的距离，均未超过现行国家标准《建筑设计防火规范》GB 50016 规定时，可设 1 个安全出口；

3. 在疗养、理疗、医技门诊用房的建筑物内人流使用集中的楼梯，至少有一部其净宽不宜小于1.65m。

4. 电睡眠室治疗床之间应分隔，隔间的净宽不应小于：(2011-052)

A. 1.0m B. 1.5m
C. 1.8m D. 2.1m

【答案】C

【解析】《疗养院建筑设计规范》第5.3.5条 电疗用房：

　　4. 电睡眠室应有遮光隔声措施，相邻两治疗床长边之间隔间净宽不宜小于1.8m，以方便安置设备和轮椅通行。

5. 疗养院宜采用的阳台净深不宜：(2011-053)

A. <900mm B. <1000mm
C. <1200mm D. <1500mm

【答案】D

【解析】《疗养院建筑设计标准》5.2.5：

　　疗养室基本参数及设施应符合下列规定：

　　1. 疗养室应为每位疗养员设独立使用的储物空间；

　　2. 疗养室宜设阳台，净深不宜小于1.5m，长廊式阳台可根据需要分隔；（选项D正确）

　　3. 疗养室室内过道净宽不应小于1.2m；

　　4. 疗养室的门，净宽不宜小于1.1m，其上宜设观察窗；

　　5. 疗养室单排床位数不宜超过3床，床位两侧应留出护理操作所需的空间，临墙床的长边距墙面的间距不应小于0.6m，两床长边的间距不应小于0.85m；

　　6. 疗养室室内宜设餐厨、晾衣设施。

6. 关于疗养院建筑电梯设置的规定，正确的是：(2012-040)

A. 二级及以上的疗养院均应设置电梯

B. 疗养院根据规模要求设置电梯，中型以上的必须设置电梯

C. 高级疗养院必须设置电梯

D. 四层以上的疗养院必须设置电梯

【答案】因规范更新无正确选项

【解析】此题源自1987年的老规范。

　　新的《疗养院建筑设计标准》5.1.4条对疗养院建筑的电梯规定如下：
供疗养员使用的建筑超过两层应设置电梯，且不宜少于2台，其中1台宜为医用电梯。电梯井道不得与疗养室和有安静要求的用房贴邻。

　　因疗养院建筑由疗养用房、理疗用房、医技门诊用房、公共活动用房、管理及后勤保障用房等构成，新规范仅对供疗养员使用的建筑设置电梯要求。故本题已过时，无正确选项。

7. 关于疗养院的采光要求，不正确的是：(2012-041)

A. 疗养院的窗地比要求比住宅卧室的窗地比要求高
B. 疗养院活动室的窗地比要求比住宅起居室的窗地比要求高
C. 疗养室窗地比不应小于 1/5
D. 疗养室必须要有直接天然采光

【答案】C

【解析】《疗养院建筑设计规范》5.1.3：

疗养、理疗、医技门诊、公共活动用房应有良好的自然通风和采光，其主要功能房间窗地比不宜小于表 5.1.3 的规定。

表 5.1.3 主要功能房间窗地比

主要功能房间名称	窗地比
疗养员活动室、换药室	1/4～1/5
疗养室、调剂制剂室、医护办公室、治疗、诊断、检查等用房	1/5～1/6
理疗用房（不包括水疗和泥疗）、公共活动室	1/6～1/7

注：房间窗地比指房间采光窗洞口面积与该房间地板面积之比。

由表 5.1.3 可以看出，疗养室窗地比不应小于 1/6。选项 C 的说法错误。

十、商店建筑设计规范

1. 根据现行《商店建筑设计规范》，小型商店建筑是指单体建筑中，商店总面积小于多少的建筑？(2018-057)

A. 1000m² 　　　　　　　B. 3000m²
C. 5000m² 　　　　　　　D. 10000m²

【答案】C

【解析】《商店建筑设计规范》1.0.4：

商店建筑的规模应按单项建筑内的商店总建筑面积进行划分，并应符合表 1.0.4 的规定。

表 1.0.4 商店建筑的规模划分

规模	小型	中型	大型
总建筑面积	<5000m²	5000m²～20000m²	>20000m²

2. 下列不属于商店建筑按使用的功能划分的种类是：(2011-058)

A. 营业　　　　　　　　　B. 休息
C. 仓储　　　　　　　　　D. 辅助

【答案】B

【解析】《商店建筑设计规范》4.1.1：

商店建筑可按使用功能分为营业区、仓储区和辅助区等三部分。商店建筑的内外均应做好交通组织设计，人流与货流不得交叉，并应按现行国家标准《建筑设计防火规范》GB 50016 的规定进行防火和安全分区。

3. **下列关于商店内设置自动扶梯和自动人行道的要求，说法正确的是：（2018-058、1-2019-057）**

   A. 自动扶梯倾斜角度不应大于30°，自动人行道倾斜角度不应大于15°
   B. 当提升高度不超过6m时，自动扶梯倾斜角度不应大于35°，自动人行道倾斜角度不应大于12°
   C. 自动扶梯、自动人行道上下两端水平距离3m范围内应保持畅通，不得兼作他用
   D. 扶手带中心线与平行墙面或楼板开口边缘间距应大于0.40m

   【答案】C

   【解析】《商店建筑设计规范》4.1.8：
   　　商店建筑内设置的自动扶梯、自动人行道除应符合现行国家标准《民用建筑设计通则》GB 50352的有关规定外，还应符合下列规定：
   　　1. 自动扶梯倾斜角度不应大于30°，自动人行道倾斜角度不应超过12°；（选项A、B错误）
   　　2. 自动扶梯、自动人行道上下两端水平距离3m范围内应保持畅通，不得兼作他用；（选项C正确）
   　　3. 扶手带中心线与平行墙面或楼板开口边缘间的距离、相邻设置的自动扶梯或自动人行道的两梯（道）之间扶手带中心线的水平距离应大于0.50m，否则应采取措施，以防对人员造成伤害。（选项D错误）

4. **下列商店营业部分公用楼梯的设置规定，正确的是：（2010-061）**

   A. 室内楼梯的每梯段净宽不应小于1.5m
   B. 室内楼梯的踏步高度不应大于0.15m
   C. 室内楼梯踏步宽度不应小于0.3m
   D. 当只设单向自动扶梯时，附近应设置相配的楼梯

   【答案】D

   【解析】《商店建筑设计规范》4.1.6：
   　　商店建筑的公用楼梯、台阶、坡道、栏杆应符合下列规定：
   　　1. 楼梯梯段最小净宽、踏步最小宽度和最大高度应符合表4.1.6的规定；

   表4.1.6　楼梯梯段最小净宽、踏步最小宽度和最大高度

楼梯类别	梯段最小净宽（m）	踏步最小宽度（m）	踏步最大高度（m）
营业区的公用楼梯	1.40	0.28	0.16
专用疏散楼梯	1.20	0.26	0.17
室外楼梯	1.40	0.30	0.15

   6.8.2　自动扶梯、自动人行道应符合下列规定：
   　　7. 自动扶梯和层间相通的自动人行道单向设置时，应就近布置相匹配的楼梯。

5. **步行商业街的长度不宜大于：（2011-059）**

   A. 200m　　　　　　　　　　　　B. 300m
   C. 400m　　　　　　　　　　　　D. 500m

【答案】D

【解析】《商店建筑设计规范》3.3.3：

步行商业街除应符合现行国家标准《建筑设计防火规范》GB 50016 的相关规定外，还应符合下列规定：

3. 车辆限行的步行商业街长度不宜大于 500m。

6. 商业营业部分公共楼梯的净宽不应小于：(2012-045)

A. 1.2m　　　　　　　　　　　B. 1.4m

C. 1.6m　　　　　　　　　　　D. 1.8m

【答案】B

【解析】《商店建筑设计规范》5.2.3：

商店营业厅的疏散门应为平开门，且应向疏散方向开启，其净宽不应小于 1.40m，并不宜设置门槛。

7. 与商店普通营业厅内通道最小净宽度无关的因素是：(2012-046)

A. 通道的位置（是位于柜台之间还是柜台墙之间）

B. 通道两侧柜台的长度

C. 通道内是否有陈列物

D. 通道所在层数

【答案】D

【解析】《商店建筑设计规范》：

4.2.2 营业厅内通道的最小净宽度应符合表 4.2.2 的规定。

表 4.2.2　营业厅内通道的最小净宽度

通道位置		最小净宽度（m）
通道在柜台或货架与墙面或陈列窗之间		2.20
通道在两个平行柜台或货架之间	每个柜台或货架长度小于 7.50m	2.20
	一个柜台或货架长度小于 7.50m 另一个柜台或货架长度小于 7.50m~15.00m	3.00
	每个柜台或货架长度为 7.50m~15.00m	3.70
	每个柜台或货架长度大于 15.00m	4.00
通道一端设有楼梯时		上下两个梯段宽度之和再加 1.00m
柜台或货架边与开敞楼梯最近踏步间距离		4.00m，并不小于楼梯间净宽度

注：1. 当通道内设有陈列物时，通道最小净宽度应增加该陈列物的宽度；
　　2. 无柜台营业厅的通道最小净宽可根据实际情况，在本表的规定基础上酌减，减小量不应大于 20%；
　　3. 菜市场营业厅的通道最小净宽宜在本表的规定基础上再增加 20%。

8. 下列对商店凸出的招牌，广告的装修高度的描述正确的是：(2011-060)

A. ≥3.0　　　　　　　　　　　B. ≥4.0

C. ≥5.0　　　　　　　　　　　D. ≥6.0

【答案】C

【解析】《商店建筑设计规范》4.1.3：

商店建筑外部的招牌、广告等附着物应与建筑物之间牢固结合，且凸出的招牌、广告等的底部至室外地面的垂直距离不应小于5m。招牌、广告的设置除应满足当地城市规划的要求外，还应与建筑外立面相协调，且不得妨碍建筑自身及相邻建筑的日照、采光、通风、环境卫生等。

9. 商店建筑外部凸出的招牌、广告的底部至室外地面的垂直距离不应小于：(2017-055)
    A. 2.5m B. 3.0m
    C. 4.0m D. 5.0m

【答案】D

【解析】同题8解析。

十一、饮食建筑设计标准

1. 下列饮食建筑表述中，不正确的是：(2010-062)
    A. 餐饮建筑分为二级
    B. 餐厅等级越高，每座最小面积指标越高
    C. 同为100座以上，餐馆的餐厨比例高于食堂的餐厨比例
    D. 就餐者专用厕所位置应隐蔽，其前室入口不应靠近餐厅或与餐厅相对

【答案】A（题目过时）

【解析】此题源自1989年的老规范，新的《饮食建筑设计标准》与上述选项相关的内容现列明如下：

1.0.4 饮食建筑按建筑规模可分为特大型、大型、中型和小型。

4.1.2 用餐区域每座最小使用面积宜符合表4.1.2的规定。

表4.1.2 用餐区域每座最小使用面积（m²/座）

分类	餐馆	快餐店	饮品店	食堂
指标	1.3	1.0	1.5	1.0

注：快餐店每座最小使用面积可以根据实际需要适当减少。

4.1.4 厨房区域和食品库房面积之和与用餐区域面积之比宜符合表4.1.4的规定。

表4.1.4 厨房区域和食品库房面积之和与用餐区域面积之比

分类	建筑规模	厨房区域和食品库房面积之和与用餐区域面积之比
餐馆	小型	≥1:2.0
	中型	≥1:2.2
	大型	≥1:2.5
	特大型	≥1:3.0
快餐店、饮品店	小型	≥1:2.5
	中型及中型以上	≥1:3.0

续表

分　类	建筑规模	厨房区域和食品库房面积之和与用餐区域面积之比
食堂	小型	厨房区域和食品库房面积之和不小于 30m²
	中型	厨房区域和食品库房面积之和在 30m² 的基础上按照服务 100 人以上每增加 1 人增加 0.3m²
	大型及特大型	厨房区域和食品库房面积之和在 300m² 的基础上按照服务 1000 人以上每增加 1 人增加 0.2m²

注：1. 表中所示面积为使用面积。
　　2. 使用半成品加工的饮食建筑以及单纯经营火锅、烧烤等的餐馆，厨房区域和食品库房面积之和与用餐区域面积之比可根据实际需要确定。

4.2.5-1 公共卫生间宜设置前室，卫生间的门不宜直接开向用餐区域，卫生洁具应采用水冲式。

2. 下列餐厅厨房的操作间中，哪个必须设置单间？（2017-054）
　　A. 精加工间　　　　　　　　B. 细加工间
　　C. 烹调热加工间　　　　　　D. 冷荤成品加工间
【答案】D
【解析】《饮食建筑设计标准》4.3.1：
　　餐馆、快餐店和食堂的厨房区域可根据使用功能选择设置下列各部分：
　　3. 厨房专间——包括冷荤间、生食海鲜间、裱花间等，厨房专间应单独设置隔间。

3. 饮食建筑中可不需要单独设置隔间的是：（2019-059）
　　A. 备餐间　　　　　　　　　B. 冷荤间
　　C. 裱花间　　　　　　　　　D. 生食海鲜间
【答案】D
【解析】同题 2 解析。

4. 饮食建筑在采取一定措施后，下列功能房间布置正确的是：（2019-058）
　　A. 浴室可布置在厨房的直接上层　　B. 卫生间可布置在厨房的直接上层
　　C. 盥洗室可布置在厨房的直接上层　　D. 盥洗室可布置在用餐区域的直接上层
【答案】D
【解析】《饮食建筑设计标准》4.1.6：
　　建筑物的厕所、卫生间、盥洗室、浴室等有水房间不应布置在厨房区域的直接上层，并应避免布置在用餐区域的直接上层。确有困难布置在用餐区域直接上层时应采取同层排水和严格的防水措施。

十二、旅馆建筑设计规范

1. 旅馆建筑的建筑等级中最高级的应为：（2010-038）
　　A. 六级　　　　　　　　　　B. 五级
　　C. 一级　　　　　　　　　　D. 特级

【答案】B

【解析】《旅馆建筑设计规范》1.0.3：

旅馆建筑等级按由低到高的顺序可划分为一级、二级、三级、四级和五级。

2. 下列旅馆建筑可不设电梯的是：(2011-037)

    A. 2层的一、二级旅馆
    B. 4层的三级旅馆
    C. 6层的四级旅馆
    D. 7层的五、六级旅馆（新规范已无六级旅馆）

【答案】A

【解析】《旅馆建筑设计规范》4.1.11：

电梯及电梯厅设置应符合下列规定：

1. 2层的四级、五级旅馆建筑宜设乘客电梯，3层及3层以上的应设乘客电梯。3层的一级、二级、三级旅馆建筑宜设乘客电梯，4层及4层以上的应设乘客电梯。

3. 下列关于旅馆客房卫生间的设置正确的是：(2012-029)

    A. 卫生间不应向客房开窗，面向走道可开高窗
    B. 卫生间设在餐厅、厨房、变配电室的直接上层，须有相应的技术处理
    C. 客房上下层直通的管道井，不应在卫生间内开设检修门
    D. 客房附设卫生间内卫生器具不得小于3件（洗脸盆、大便器、淋浴器）

【答案】C

【解析】《旅馆建筑设计规范》：

4.2.5 客房附设卫生间不应小于表4.2.5的规定。

表4.2.5 客房附设卫生间

旅馆建筑等级	一级	二级	三级	四级	五级
净面积（m²）	2.5	3.0	3.0	4.0	5.0
占客房总数百分比（%）	—	50	100	100	100
卫生器具（件）		2		3	

注：2件指大便器、洗面盆，3件指大便器、洗面盆、浴盆或淋浴间（开放式卫生间除外）。

4.2.7 公共卫生间和浴室不宜向室内公共走道设置可开启的窗户，客房附设的卫生间不应向室内公共走道设置窗户。

4.2.8 上下楼层直通的管道井，不宜在客房附设的卫生间内开设检修门。

《民用建筑设计通则》6.5.1

厕所、盥洗室、浴室应符合下列规定：

1. 建筑物的厕所、盥洗室、浴室不应直接布置在餐厅、食品加工、食品贮存、医药、医疗、变配电等有严格卫生要求或防水、防潮要求用房的上层；除本套住宅外，住宅卫生间不应直接布置在下层的卧室、起居室、厨房和餐厅的上层。

4. 各级旅馆中必需设置的公共设施不包括：(2013-038)

    A. 商店
    B. 餐厅

C. 康乐设施　　　　　　　　D. 门厅

【答案】C

【解析】《旅馆建筑设计规范》：

4.3.2 旅馆建筑应根据性质、等级、规模、服务特点和附近商业饮食设施条件设置餐厅。

4.3.4 旅馆建筑应按等级、需求等配备商务、商业设施。三级至五级旅馆建筑宜设商务中心、商店或精品店；一级和二级旅馆建筑宜设零售柜台、自动售货机等设施。

4.3.5 健身、娱乐设施应根据旅馆建筑类型、等级和实际需要进行设置，四级和五级旅馆建筑宜设健身、水疗、游泳池等设施。

5. 旅馆门厅（大堂）内，下列哪一项不是必须设置的功能？(2018-038)

A. 商务中心　　　　　　　　B. 旅客休息区
C. 公共卫生间　　　　　　　D. 物品寄存处

【答案】A

【解析】《旅馆建筑设计规范》4.3.1：

旅馆建筑门厅（大堂）应符合下列规定：

1. 旅馆建筑门厅（大堂）内各功能分区应清晰、交通流线应明确，有条件时可设分门厅；

2. 旅馆建筑门厅（大堂）内或附近应设总服务台、旅客休息区、公共卫生间、行李寄存空间或区域；

3. 总服务台位置应明显，其形式应与旅馆建筑的管理方式、等级、规模相适应，台前应有等候空间，前台办公室宜设在总服务台附近；

4. 乘客电梯厅的位置应方便到达，不宜穿越客房区域。

6. 关于旅馆房间的客房净面积，描述正确的是：(2017-036)

A. 包含客房阳台、卫生间面积
B. 包含卫生间、门内出入口小走道面积
C. 包含客房阳台、卫生间及门内出入口小走道面积
D. 除客房阳台、卫生间和门内出入口小走道（门廊）以外的房间内面积

【答案】D

【解析】《旅馆建筑设计规范》第4.2.4表 客房净面积备注：

客房净面积是指除客房阳台、卫生间和门内出入口小走道（门廊）以外的房间内面积（公寓式旅馆建筑的客房除外）。

十三、车库建筑设计规范

1. 大、中型汽车库的出入口不应设在：(2012-043)

A. 城市支路上　　　　　　　B. 城市主干道上
C. 城市次干道上　　　　　　D. 小区道路上

【答案】B

【解析】《车库建筑设计规范》3.1.6：

车库基地出入口的设计应符合下列规定：

1. 基地出入口的数量和位置应符合现行国家标准《民用建筑设计通则》GB 50352的规定及城市交通规划和管理的有关规定；

2. 基地出入口不应直接与城市快速路相连接，且不宜直接与城市主干路相连接。

2. 中型汽车库出入口的设置要求，不正确的是：(2010-057)

A. 应设于城市次干道，不应直接与主干道连接
B. 出入口距离城市道路的规划红线不应小于 7.5m
C. 出入口不应少于 2 个
D. 各汽车出入口之间的净距应大于 10m

【答案】D

【解析】《车库建筑设计规范》：

3.1.6 车库基地出入口的设计应符合下列规定：

2. 基地出入口不应直接与城市快速路相连接，且不宜直接与城市主干路相连接；

7. 相邻机动车库基地出入口之间的最小距离不应小于 15m，且不应小于两出入口道路转弯半径之和。

依据上述规范条文，A 选项描述不准确，D 选项错误。

《民用建筑设计通则》：

4.2.6 机动车库出入口和车道数量应符合表 4.2.6 的规定，且当车道数量大于等于 5 且停车当量大于 3000 辆时，机动车出入口数量应经过交通模拟计算确定。

表 4.2.6 机动车库出入口和车道数量

出入口和车到数量	特大型	大型		中型		小型	
	≥1000	501~1000	301~500	101~300	51~100	25~50	<25
机动车出入口数量	≥3	≥2		≥2	≥1	≥1	
非居住建筑出入口车道数量	≥5	≥4	≥3	≥2	≥2		≥1
居住建筑出入口车道数量	≥3	≥2	≥2	≥2	≥2		≥1

依据上述规范条文，C 选项是不准确的。

5.2.4 建筑基地内地下车库的出入口设置应符合下列要求：

1. 地下车库出入口距基地道路的交叉路口或高架路的起坡点不应小于 7.50m；

2. 地下车库出入口与道路垂直时，出入口与道路红线应保持不小于 7.50m 安全距离；

3. 地下车库出入口与道路平行时，应经不小于 7.50m 长的缓冲车道汇入基地道路。

依据上述规范条文，B 选项是正确的。

3. 汽车库内小型车直线坡道的最大坡道不应大于多少？(2010-058)

A. 15%   B. 12.5%
C. 10%   D. 8%

【答案】A

【解析】《车库建筑设计规范》4.2.10：

坡道式出入口应符合下列规定：

3. 坡道的最大纵向坡度应符合表 4.2.10-2 的规定。

表 4.2.10-2　坡道的最大纵向坡度

车型	直线坡道		曲线坡道	
	百分比（%）	比值（高：长）	百分比（%）	比值（高：长）
微型车 小型车	15.0	1：6.67	12	1：8.3
轻型车	13.3	1：7.5	10	1：10
中型车	12.0	1：8.3		
大型客车 大型货车	10.0	1：10	8	1：12.5

4. 小型机动车的最小拐弯半径是：（2019-056）

　　A. 4.50m　　　　　　　　　　B. 6.00m

　　C. 9.00m　　　　　　　　　　D. 12.00m

【答案】B

【解析】《车库建筑设计规范》4.1.3：

机动车最小转弯半径应符合表 4.1.3 的规定。

表 4.1.3　机动车最小转弯半径

车型	最小转弯半径 r_1（m）	车型	最小转弯半径 r_1（m）
微型车	4.50	中型车	7.20～9.00
小型车	6.00	大型车	9.00～10.50
轻型车	6.00～7.20		

5.《汽车库建筑设计规范》中，对汽车库内通车坡道作了有关规定，以下哪个不符合规范要求？（2013-032）

　　A. 当通车道纵向坡度大于 12% 时，坡道上下端均应设缓坡

　　B. 通车道直线缓坡段的水平长度不应小于 3.6m

　　C. 通车道缓坡坡度应为坡道坡度的 1/2

　　D. 通车道曲线缓坡段的水平长度不应小于 2.4m，曲线的半径不应小于 20m

【答案】A

【解析】《车库建筑设计规范》4.2.10：

坡道式出入口应符合下列规定：

4. 当坡道纵向坡度大于 10% 时，坡道上、下端均应设缓坡坡段，其直线缓坡段的水平长度不应小于 3.6m，缓坡坡度应为坡道坡度的 1/2；曲线缓坡段的水平长度不应小于 2.4m，曲率半径不应小于 20m，缓坡段的中心为坡道原起点或止点；大型车的坡道应根据车型确定缓坡的坡度和长度。

6. 汽车库汽车坡道的纵向坡度大于多少时，坡道上、下端均应设置缓坡段？（2018-055）

　　A. 8%　　　　　　　　　　　　B. 10%

C. 12％ D. 15％

【答案】B

【解析】同题 5 解析。

7. 对于地下二层的机动车库停车区域地面排水的规定，正确的是：(2017-051)

    A. 可不设置排水设施
    B. 应有排水设施，对排水坡度不作硬性规定
    C. 应有排水设施，最小坡度不应小于 0.5％
    D. 应有排水设施，最小坡度不应小于 1％

【答案】C

【解析】《车库建筑设计规范》4.4.3：

机动车库的楼地面应采用强度高、具有耐磨防滑性能的不燃材料，并应在各楼层设置地漏或排水沟等排水设施。地漏（或集水坑）的中距不宜大于 40m。敞开式车库和有排水要求的停车区域应设不小于 0.5％的排水坡度和相应的排水系统。

8. 停车数量（以自行车计算）为 800 辆的非机动车库，车辆出入口最少应设置几个？(2017-052)

    A. 1 个 B. 2 个
    C. 3 个 D. 4 个

【答案】B

【解析】《车库建筑设计规范》6.2.1：

非机动车库停车当量数量不大于 500 辆时，可设置一个直通室外的带坡道的车辆出入口；超过 500 辆时应设两个或以上出入口，且每增加 500 辆宜增设一个出入口。

十四、交通客运站建筑设计规范

1. 公交车辆进、出站口距公园、学校、托幼建筑及人员密集场所的主要出入口距离不应小于多少？(2010-056)

    A. 15m B. 20m
    C. 30m D. 50m

【答案】B

【解析】《交通客运站建筑设计规范》4.0.4：

汽车进站口、出站口应满足营运车辆通行要求，并应符合下列规定：……

3. 汽车进站口、出站口与公园、学校、托幼、残障人使用的建筑及人员密集场所的主要出入口距离不应小于 20.0m。

2. 汽车客运站的汽车进站口与学校主要出入口的距离不应小于多少米？(2017-053)

    A. 15m B. 20m
    C. 50m D. 70m

【答案】B

【解析】同题 1 解析。

3. 汽车客运站站址的选择，哪条是错误的？(2011-054)

　　A. 符合城市规划的总体交通要求
　　B. 与城市主干道不应密切联系，但应流向合理及出入方便
　　C. 地点适中，方便旅客乘坐及换乘其他交通
　　D. 具有必要的水源、电源、消防、通信、排污等条件

【答案】B

【解析】《交通客运站建筑设计规范》4.0.1：

　　交通客运站选址应符合城镇总体规划的要求，并应符合下列规定：

　　1. 站址应有供水、排水、供电和通信等条件；
　　2. 站址应避开易发生地质灾害的区域；
　　3. 站址与有害物品、危险品等污染源的防护距离，应符合环境保护、安全和卫生等国家现行有关标准的规定；
　　4. 港口客运站选址应具有足够的水域和陆域面积，适宜的码头岸线和水深。

　　过时规范《汽车客运站建筑设计规范》JGJ 60—99

3.1.1 汽车客运站站址选择应符合下列规定：

　　1. 符合城市规划的总体交通要求；
　　2. 与城市干道联系密切 流向合理及出入方便；
　　3. 地点适中，方便旅客集散和换乘其他交通；
　　4. 具有必要的水源、电源、消防、通信、疏散及排污等条件。

4. 汽车客运站内发车位和停车区前的出车通道净宽不应小于：(2011-055)

　　A. 9m　　　　　　　　　　B. 10m
　　C. 11m　　　　　　　　　 D. 12m

【答案】D

【解析】《交通客运站建筑设计规范》6.7.4：

　　汽车客运站发车位和停车区前的出车通道净宽不应小于12.0m。

5. 汽车客运站的普通旅客候车厅使用面积的计算依据是：(2019-055)

　　A. 旅客最高聚集人数　　　B. 年平均日旅客发送量
　　C. 汽车客运站的站级　　　D. 发车位数量

【答案】A

【解析】《交通客运站建筑设计规范》6.2.2：

　　候乘厅的设计应符合下列规定：

　　1. 普通旅客候乘厅的使用面积应按旅客最高聚集人数计算，且每人不应小于 $1.1m^2$。

6. 汽车客运站调度室应邻近的功能空间是：(2019-053)

　　A. 售票厅　　　　　　　　B. 补票室
　　C. 医务室　　　　　　　　D. 发车位

【答案】D

【解析】《交通客运站建筑设计规范》6.5.6：

汽车客运站调度室应邻近站场和发车位，并应设外门。一、二级汽车客运站的调度室使用面积不宜小于 20.0m²；三、四级汽车客运站的调度室使用面积不宜小于 10.0m²。

7. 关于港口客运站售票用房的设计，错误的是：(2011-056)

A. 售票厅宜单独设置，三、四级站可与候船厅合并
B. 售票厅应充分利用天然采光
C. 售票厅应承有采光、通风、隔声和安全措施
D. 售票用房应由售票厅、售票室、票据库等组成

【答案】A

【解析】《交通客运站建筑设计规范》：

6.3.1 售票用房宜由售票厅、票务用房等组成。

6.3.2 售票厅的位置应方便旅客购票。四级及以下站级的客运站，售票厅可与候乘厅合用，其余站级的客运站宜单独设置售票厅，并应与候乘厅、行包托运厅联系方便。

6.3.7 票据室应独立设置，使用面积不宜小于 9.0m²，并应有通风、防火、防盗、防鼠、防水和防潮等措施。

十五、铁路旅客车站建筑设计规范

1. 铁路旅客车站建筑的规模划分为：(2011-057)

A. 特级、一级、二级、三级　　B. 一级、二级、三级、四级
C. 特大型、大型、中型、小型　　D. 大型、中型、小型

【答案】C

【解析】《铁路旅客车站建筑设计规范》1.0.5：

客货共线和客运专线铁路旅客车站的建筑规模，应分别根据最高聚集人数和高峰小时发送量按表1.0.5-1和表1.0.5-2确定。

表 1.0.5-1　客货共线铁路旅客车站建筑规模

建筑规模	最高聚集人数 H（人）
特大型	$H \geq 10000$
大型	$3000 \leq H < 10000$
中型	$600 < H < 3000$
小型	$H \leq 600$

表 1.0.5-2　客运专线铁路旅客车站建筑规模

建筑规模	高峰小时发送量 pH（人）
特大型	$pH \geq 10000$
大型	$5000 \leq pH < 10000$
中型	$1000 \leq pH < 5000$
小型	$pH \leq 1000$

2. 铁路客运站旅客地道的最小净高度不应小于多少?（2010-059）

　　A. 3.5m　　　　B. 3.0m　　　　C. 2.5m　　　　D. 2.2m

【答案】C

【解析】《铁路旅客车站建筑设计规范》6.2.2：

　　旅客用地道、天桥的宽度和高度应通过计算确定，最小净宽度和最小净高度应符合表 6.2.2 的规定。

表 6.2.2　地道、天桥的最小净宽度和最小净高度（m）

项　目	旅客用地道、天桥		行李包裹地道
	特大型、大型站	中型、小型站	
最小净宽度	8.0	6.0	5.2
最小净高度	2.5 (3.0)		3.0

　　注：表中括号内的数值为封闭式天桥的尺寸。

十六、城市道路公共交通站、场、厂工程设计规范

1. 城市公共电汽车首末站的规划用地面积，每辆标准用地 90～100m² 中包含：（2012-042）

　　A. 停车坪　　　　　　　　　　B. 回车场

　　C. 候车廊　　　　　　　　　　D. 车队办公用地

【答案】A

【解析】此题源自 1987 年老规范，新的《城市道路公共交通站、场、厂工程设计规范》对规划用地面积的规定详见 2.1.3 条：

　　首末站的规模应按线路所配运营的车辆总数确定。并应符合下列规定：

　　2. 每辆标准车首末站用地面积应按 100m²～120m² 计算；其中回车道、行车道和候车亭用地应按每辆标准车 20m² 计算；办公用地含管理、调度、监控及职工休息、餐饮等，应按每辆标准车 2m²～3m² 计算；停车坪用地不应小于每辆标准车 58m²；绿化用地不宜小于用地面积的 20%。用地狭长或高低错落等情况下，首末站用地面积应乘以 1.5 倍以上的用地系数。

2. 城市公共交通站的首站，必须设置的设施里不包括下列哪一项?（2017-050）

　　A. 站牌　　　　　　　　　　　B. 候车亭

　　C. 自行车存放处　　　　　　　D. 座椅

【答案】D

【解析】《城市道路公共交通站、场、厂工程设计规范》2.1.7：

　　首末站设施应符合表 2.1.7 的要求。

表 2.1.7　首末站设施

设　施		配　　置	
		首站	末站
信息设施	站牌	√	√
	区域地图、公交线路图	○	○
	公交时刻表	○	○
	实时动态信息	○	○

续表

设 施		配 置	
		首 站	末 站
便利设施	无障碍设施	√	√
	候车亭	√	○
	站 台	√	○
	座 椅	○	—
	非机动车存放	√	○
	机动车停车换乘	○	—
安全环保	候车廊	○	○
	照 明	√	√
	监 控	○	—
	消 防	√	○
	绿 化	√	○
运营管理	站场管理室	○	○
	线路调度室	√	○
	智能监控室	○	○
	司机休息室	√	—
	卫生间	√	○
	餐饮间	○	○
	清洁用具杂务间	○	○
	停车坪	√	○
	回车道	√	√
	小修和低保	√	—

注："√"表示应有的设施，"○"表示可选择的设施，"—"表示不设的设施。

第三章 经 济

考试大纲关于经济方面的考核要求是:"了解基本建设费用的组成;了解工程项目概、预算内容及编制方法;了解一般建筑工程的技术经济指标和土建工程分部分项单价;了解建筑材料的价格信息,能估算一般建筑工程的单方造价;掌握建筑面积的计算规则。"所涉及的规范、标准见表3-0-1。

建筑经济类规范列表 表3-0-1

类别	名 称	编 号	施 行
经济类规范	市政工程投资估算编制办法	建标[2007]164号	2007年12月1日
	市政工程投资概算编制办法	建标[2011]1号	2011年05月1日
	建设工程造价咨询规范	GB/T 51095—2015	2015年11月1日
	建设工程工程量清单计价规范	GB 50500—2013	2013年07月1日
	建筑工程建筑面积计算规范	GB/T 50353—2013	2014年07月1日

第一节 建设程序和工程造价的确定

一、要点综述

1. 建设项目及其组成

基本建设:是指国民经济各部门用投资方式来实现以扩大生产能力和工程效益为目的新建、扩建、改建工程的固定资产投资及其相关的管理活动。

建设项目:指在一个总体设计或初步设计范围内,由一个或若干个互相有内在联系的单向工程所组成的,建设中经济上实行统一核算,行政上有独立的组织形式,实行统一管理的建设工程总体。

单项工程:是指建设项目的组成部分,一个建设项目可以是一个或几个单项工程组成,是具有独立的设计文件、建成后可独立发挥生产能力或效益的工程。

单位工程:是指单项工程的组成部分,一般是指不能独立发挥生产能力,但有独立设计,具有独立施工条件的工程。

分部工程:是按专业性质、工程部位等划分的单位工程的组成部分。按照工程部位、设备种类和型号、使用材料的不同,可将一个单位工程分解为若干个分部工程。如地基基础工程、建筑屋面工程等。

分项工程：是按不同工种、不同施工方法、不同材料等划分的分部工程的组成部分。如土方开挖工程、土方回填工程、钢筋工程、混凝土工程等。

2. 基本建设程序

工程建设程序是指建设项目从策划决策、勘察设计、建设准备、施工、生产准备、竣工验收，直至考核评价的整个建设工程中，各项工作必须遵循的先后顺序（图 3-1-1）。

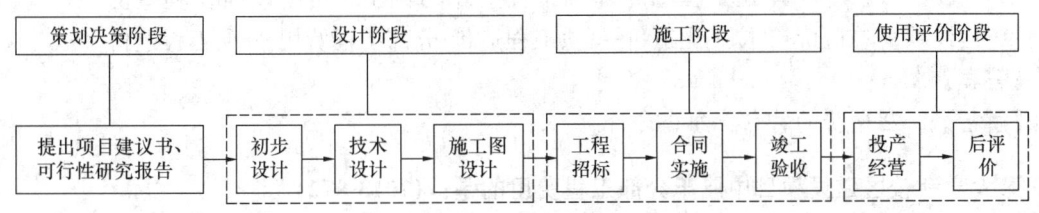

图 3-1-1　工程项目建设顺序

3. 建设工程造价确定

建设工程造价是指工程项目从筹建到竣工交付使用的整个建设过程所花费的全部固定资产投资费用。其主要特点是单件性计价、多次性计价、组合计价。

①单件性计价：每个工程项目的用途、建筑、结构、建设地点都不同，因而只能单独设计、单独建设、单独计价。

②多次性计价：工程计价是一个由粗到细直到最终确定工程实际造价的过程（图 3-1-2）。

③组合计价：工程造价的计算过程是逐步组合的、从细部到整体的计价过程，计价顺序为：分部分项工程造价→单位工程造价→单项工程造价→项目总造价。

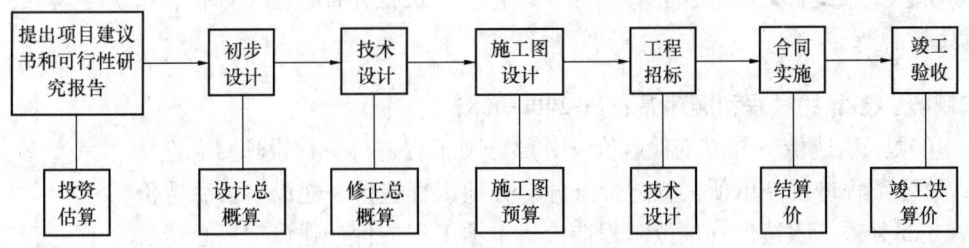

图 3-1-2　工程多次性计价示意图

经批准的设计总概算是建设项目造价控制的最高限额，一般应控制在立项批准的投资控制额以内；如果设计概算值超过控制额，必须修改设计或重新立项审批。

二、真题解析

1. 在一个建设项目中，具有独立的设计文件，且建成后可以独立发挥生产能力或效益的工程是：（2019-066）
   A. 单项工程　　　　　　　　B. 单位工程
   C. 分部工程　　　　　　　　D. 分项工程

   【答案】A

   【解析】单项工程是建设项目的组成部分，一个建设项目可以是一个或几个单项工程组成。单项工程是具有独立的设计文件、建成后可独立发挥生产能力或效益的工程。选项 A 正确。

2. 下列工程造价由总体到局部的组成划分中，正确的是：（2010-069、1-2010-007）
　　A. 建设项目总造价-单项工程造价-单位工程造价-分部工程费用-分项工程造价
　　B. 建设项目总造价-单项工程造价-单位工程造价-分项工程费用-分部工程造价
　　C. 建设项目总造价-单位工程造价-单项工程造价-分项工程费用-分部工程造价
　　D. 建设项目总造价-单位工程造价-单项工程造价-分部工程费用-分项工程造价
【答案】A
【解析】工程造价的特点：组合计价。

3. 某大学新校区建设项目中属于分部工程费用的是：（2013-072）
　　A. 土方开挖、运输与回填的费用　　B. 屋面防水工程费用
　　C. 教学楼土建工程费用　　　　　　D. 教学楼基础工程
【答案】D
【解析】分部工程：是按专业性质、工程部位等划分的单位工程的组成部分。如地基基础工程、建筑屋面工程等。

4. 下列不属于工程造价计价特征的是：（1-2006-007）
　　A. 单件性　　　　　　　　　B. 一次性
　　C. 组合性　　　　　　　　　D. 依据的复杂性
【答案】B
【解析】工程造价的特点包括：单件性计价、多次性计价、组合计价、依据复杂性、方法多样性。

5. 编制概、预算的过程和顺序是：（1-2006-008）
　　A. 单项工程造价→单位工程造价→分部分项工程造价→建设项目总造价
　　B. 单位工程造价→单项工程造价→分部分项工程造价→建设项目总造价
　　C. 分部分项工程造价→单位工程造价→单项工程造价→建设项目总造价
　　D. 单位工程造价→分部分项工程造价→单位工程造价→建设项目总造价
【答案】C
【解析】建设项目的计价过程和计价顺序：分部分项工程造价→单位工程造价→单项工程造价→建设项目总造价。

6. 下列与建设项目各阶段相对应的投资测算，哪项正确：（2013-069）
　　A. 在可行性研究阶段编制投资估算　　B. 在项目建议书阶段编制设计概算
　　C. 在施工图设计阶段编制竣工决算　　D. 在方案深化阶段编制工程量清单
【答案】A
【解析】工程造价的特点：多次性计价。
　　投资估算发生在项目建议书和可行性研究阶段；设计概算发生在初步设计或扩大初步设计阶段；施工图预算发生在施工图设计阶段；竣工结算发生在工程竣工验收阶段；竣工决算发生在项目竣工验收后。

7. 建设项目的实际造价是：（2009-003）
   A. 中标价　　　　　　　　　　B. 承包合同价
   C. 竣工决算价　　　　　　　　D. 竣工结算价
   【答案】C
   【解析】中标价格是指在集中采购招标活动中，投标人的报价通过了招标人各项综合评价标准后，被评为最佳者的价格。
   　　合同价属于市场价格性质。合同价是发包、承包双方工程结算的基础。
   　　合同实施阶段，由于设计变更、超出合同规定的市场价格变化等各种因素，对合同价进行调整并确定工程结算价。结算价是该结算工程的实际价格。
   　　竣工验收交付使用时，建设单位编制竣工决算，竣工决算价是该工程项目的实际工程造价。竣工决算是核定建设项目资产实际价值的依据。
   　　可见，建设项目的实际造价是竣工决算价。选项C正确。

8. 在项目建议书和可行性研究报告阶段需编制：（2011-068）
   A. 设计概算　　　　　　　　　B. 施工图预算
   C. 工程量清单　　　　　　　　D. 投资估算
   【答案】D
   【解析】依据工程造价的多次性计价特点，在项目建议书和可行性研究报告阶段对应着投资估算。

9. 建筑工程预算编制的主要依据是：（2010-068）
   A. 初步设计图纸及说明　　　　B. 方案招标文件
   C. 项目建议书　　　　　　　　D. 施工图
   【答案】D
   【解析】依据工程造价的多次性计价特点，施工图阶段对应着建筑工程预算。

10. 为了保证不突破可行性研究报告批准的建设费用范围，在下列哪个阶段需要优化设计？（2011-069）
    A. 初步设计阶段　　　　　　　B. 施工图设计阶段
    C. 概念性方案设计阶段　　　　D. 方案设计阶段
    【答案】A
    【解析】在工程项目初步设计阶段，为了保证不突破可行性研究报告批准的投资估算范围，需要进行多方案的优化设计，实行按专业切块进行投资控制。因此编好投资估算，正确选择技术先进和经济合理的设计方案，为施工图设计打下坚实可靠的基础，才能最终使项目总投资的最高限额不被突破。

11. 一般工程建设项目总价控制的最高限额是：（2018-066）
    A. 经批准的设计总概算
    B. 设计单位编制的初步设计概算
    C. 发承包双方签订的合同价
    D. 经审查批准的施工图预算

【答案】A

【解析】批准的设计总概算是建设项目造价控制的最高限额，一般应控制在立项批准的投资控制额以内；如果设计概算值超过控制额，必须修改设计或重新立项审批。选项 A 正确。

12. 设计单位完成初步设计后，概算人员若发现初步设计的总投资超过了批准的设计总概算，通常应采取的合理做法是：(2018-068)

A. 设计单位向上级主管部门要求追加设计概算总投资

B. 设计单位向建设单位反映要求追加设计概算总投资

C. 设计单位修改设计图纸直至总投资不超过批准的设计总概算

D. 建设单位直接以该初步设计的总投资为标底进行施工招标，通过投标者的竞争降低投资额

【答案】C

【解析】同题 11 解析。

第二节 费 用 组 成

一、要点综述

1. 建设项目总投资费用构成

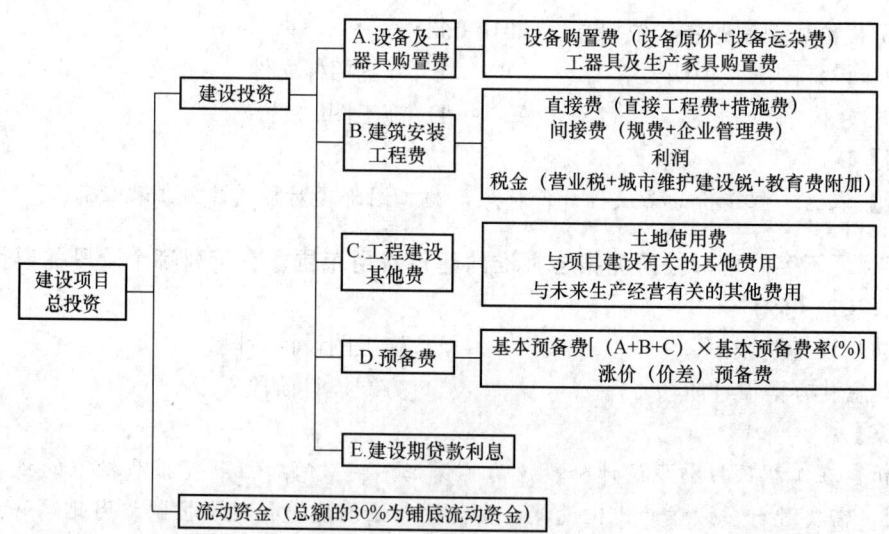

图 3-2-1 建设项目总投资构成

2. 建筑安装工程费构成

按费用构成要素组成划分

根据《建筑安装工程费用项目组成》的规定，建筑安装工程费用项目按费用构成要素组成划分为人工费、材料（含工程设备）费、施工机具使用费、企业管理费、利润、规费和税金。

其中，人工费、材料费、施工机具使用费、企业管理费和利润包含在分部分项工程费、措施项目费和其他项目费中。

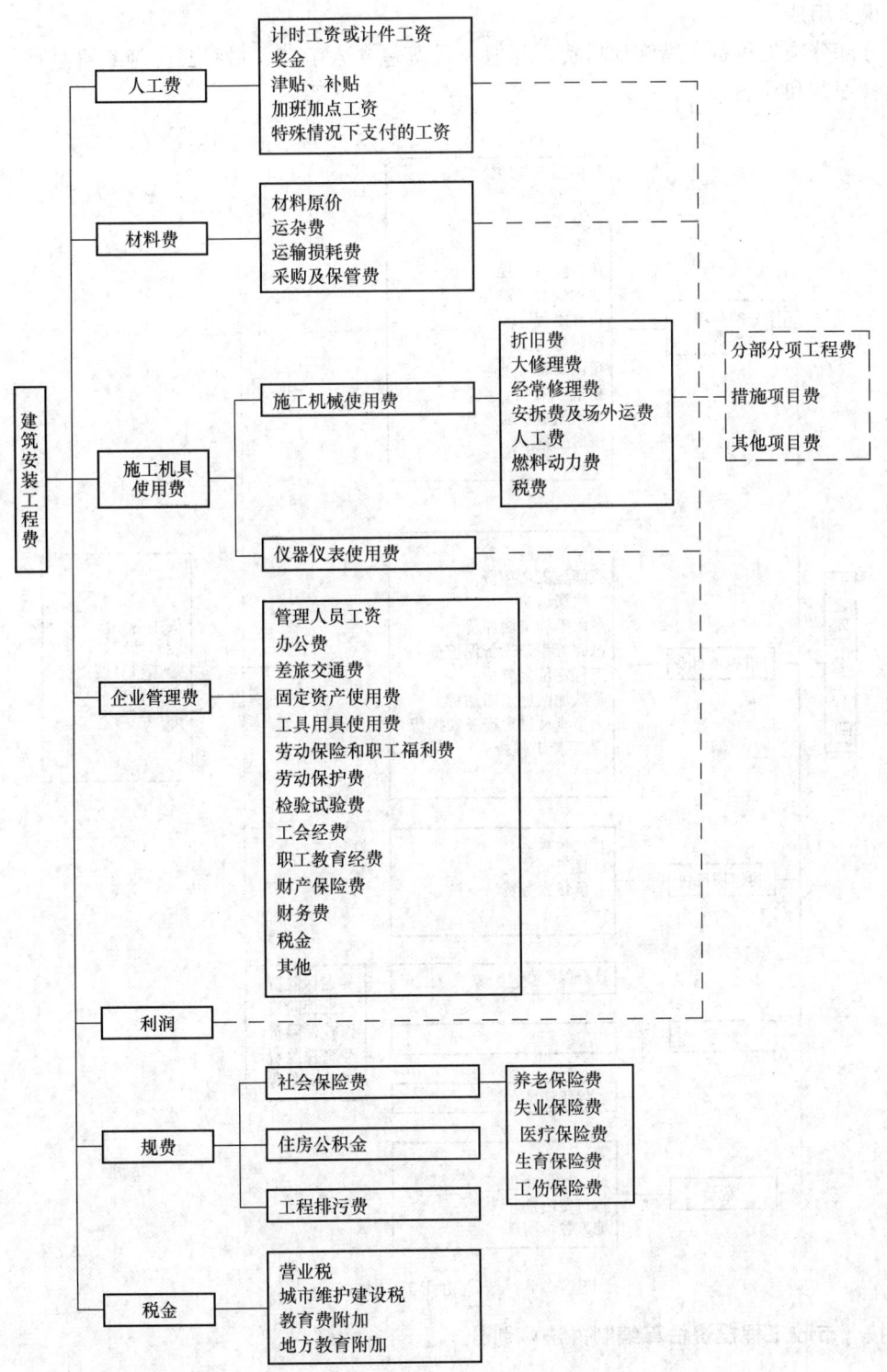

图 3-2-2 按费用构成要素组成划分

按造价形成顺序划分

建筑安装工程费按照工程造价形成由分部分项工程费、措施项目费、其他项目费、规费、税金组成。

分部分项工程费、措施项目费、其他项目费包含人工费、材料费、施工机具使用费、企业管理费和利润。

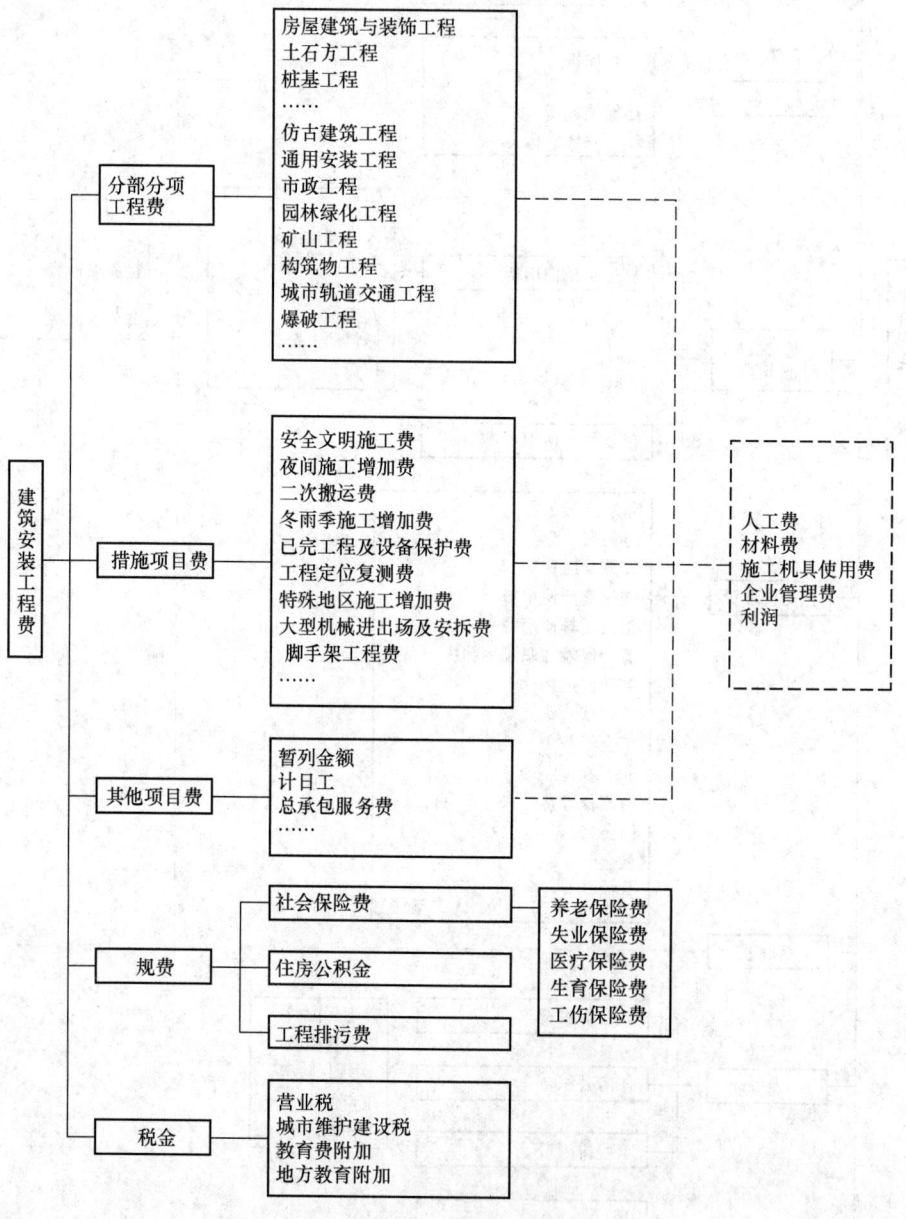

图 3-2-3 按造价形式顺序划分

按《市政工程投资估算编制办法》划分

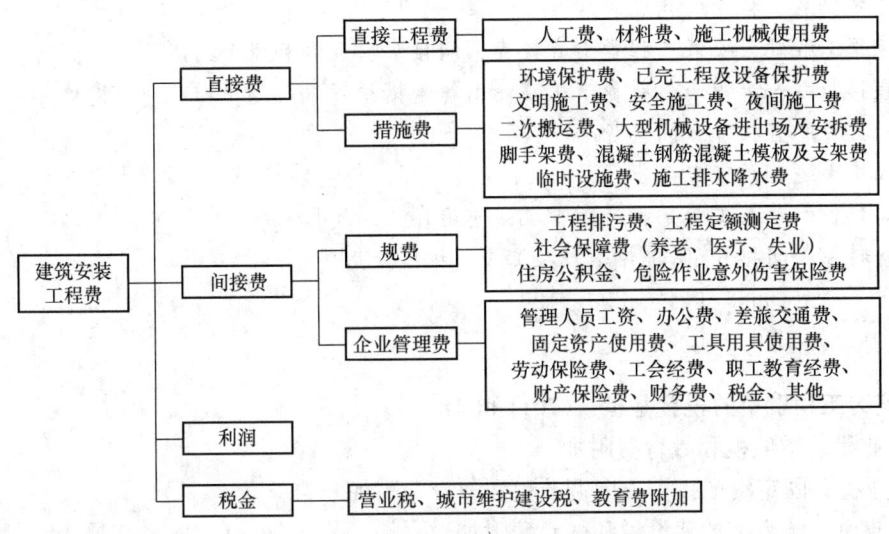

图 3-2-4 按《市政工程投资估算编制办法》划分

二、真题解析

1. 下列费用中，不属于直接工程费的是：(2010-066)

A. 人工费　　　　　　　　　　　B. 措施费
C. 施工机械使用费　　　　　　　D. 材料费

【答案】B

【解析】《市政工程投资估算编制办法》第十六条：

建筑、安装工程费的构成

建筑、安装工程费由直接费、间接费、利润和税金组成。直接费由直接工程费和措施费组成。其中直接工程费是指施工过程中耗费的构成工程实体的各项费用，包括人工费、材料费和施工机械使用费（工料机）。

2. 工程建设其他费用中，与企业（建设方）未来生产和经营活动有关的是：(2010-067、2011-066)

A. 建设管理费　　　　　　　　　B. 勘察设计费
C. 工程保险费　　　　　　　　　D. 联合试运转费

【答案】D

【解析】工程建设其他费分为土地使用费、与项目建设有关的其他费用、与未来生产经营有关的其他费用三部分，联合试运转费属于第三部分。

3. 某土地建工程人工费200万元、机械使用费120万元，间接费费率14%，以直接费为计算基础计算得出的间接费是156.8万元，则材料费为：(2010-071)

A. 1440万元　　　　　　　　　　B. 1320万元
C. 1000万元　　　　　　　　　　D. 800万元

【答案】D

【解析】《市政工程投资估算编制办法》第十六条：

建筑安装工程费的构成。

建筑工程费、安装工程费由直接费、间接费、利润和税金组成。

直接费＝人工费＋材料费＋机械使用费＋措施费（此题中措施费可忽略）

间接费＝直接费×间接费率

依据上述公式可以得出：

间接费＝（人工费＋材料费＋机械使用费）×间接费率

材料费＝间接费/间接费率－人工费－机械使用费

＝156.8/14％－200－120

＝800 万元。

4. 建筑安装工程费中的税金是指：(2011-067)

A. 营业税、增值税和教育费附加

B. 营业税、固定资产投资方向调节税和教育费附加

C. 营业税、城市维护建设税和教育费附加

D. 营业税、城市维护建设税和固定资产投资方向调节税

【答案】C

【解析】《市政工程投资估算编制办法》第十六条：

税金系指国家税法规定的应计入建筑、安装工程造价内的营业税、城市维护建设税及教育费附加等。

5. 基本预备费计算的基数是：(2011-070)

A. 工程费用＋工程建设其他费 B. 土建工程费用＋安装工程费用

C. 工程费用＋价差预备费 D. 工程直接费＋设备购置费

【答案】A

【解析】《市政工程投资估算编制办法》第三十九条：

基本预备费计算方法：以第一部分"工程费用"总额和第二部分"工程建设其他费用"总额之和为基数，乘以基本预备费率8％～10％计算，预备费费率的取值应按工程具体情况在规定的幅度内确定。

6. 根据我国现行《建筑安装工程费用项目组成》的规定，直接从事建筑安装工程施工的生产工人的福利费应计入：(2011-074)

A. 人工费 B. 规费

C. 企业管理费 D. 现场管理费

【答案】A

【解析】《建筑安装工程费用项目组成》：

1. 人工费：是指按工资总额构成规定，支付给从事建筑安装工程施工的生产工人和附属生产单位工人的各项费用。

7. 建设项目费用计算的时间段：(2018-067)

A. 从下达项目设计任务书开始到项目全部建成为止

B. 从建设前期决策开始到项目全部建成为止

C. 从设计招标开始到项目交付使用为止
D. 从编制可研报告开始到项目交付使用为止

【答案】 B

【解析】 建设项目费用一般是指进行某项工程建设所耗费的全部费用，也就是指建设项目从建设前期决策工作开始到项目全部建成投产为止所发生的全部投资费用。选项B正确。

8. 在项目实施中可能发生的、难以预料的支出，需要事先预留的工程费用是：(2018-076)
   A. 规费　　　　　　　　　　B. 暂列金额
   C. 暂估价　　　　　　　　　D. 基本预备费

【答案】 D

【解析】 基本预备费（又称不可预见费），是指在可行性研究投资估算中难以预料的工程和费用，其中包括实行按施工图预算加系数包干的预算包干费用，其用途如下：
　　1. 技术设计、施工图设计及施工过程中所增加的工程费用；设计变更、局部地基处理等增加的费用。
　　2. 一般自然灾害造成的损失和预防自然灾害所采取的措施费用。
　　3. 竣工验收时为鉴定工程质量，对隐蔽工程进行必要的挖掘和修复费用。

9. 在项目投资估算中预留的，用于实施中可能发生的、难以预料的工程变更等可能增加的费用是：(2019-068)
   A. 价差预备费
   B. 基本预备费
   C. 临时设施费
   D. 研究试验费

【答案】 B

【解析】 同题8解析。

10. 项目投产后发生的流动资金属于(　　)的流动资产投资。(2012-086)
    A. 短期性　　　　　　　　　B. 永久性
    C. 占用性　　　　　　　　　D. 暂时性

【答案】 B

【解析】 流动资金是指建设项目投产后为维持正常生产经营用于购买原材料、燃料、支付工资及其他生产经营费用等所必不可少的周转资金。它是伴随着固定资产投资而发生的永久性流动资产投资。

11. 建筑安装工程费用项目按费用构成要素划分，除人工费、材料费、施工机具使用费外，还应包括：(2018-078)
    A. 间接费、利润、规费和税金
    B. 措施项目费、其他项目费、规费和税金
    C. 工程建设其他费、预备费、建设期贷款利息
    D. 企业管理费、利润、规费和税金

【答案】D

【解析】根据《建筑安装工程费用项目组成》的规定,建筑安装工程费用项目按费用构成要素组成划分为人工费、材料(含工程设备)费、施工机具使用费、企业管理费、利润、规费和税金。其中人工费、材料费、施工机具使用费、企业管理费和利润包含在分部分项工程费、措施项目费和其他项目费中。选项D正确。

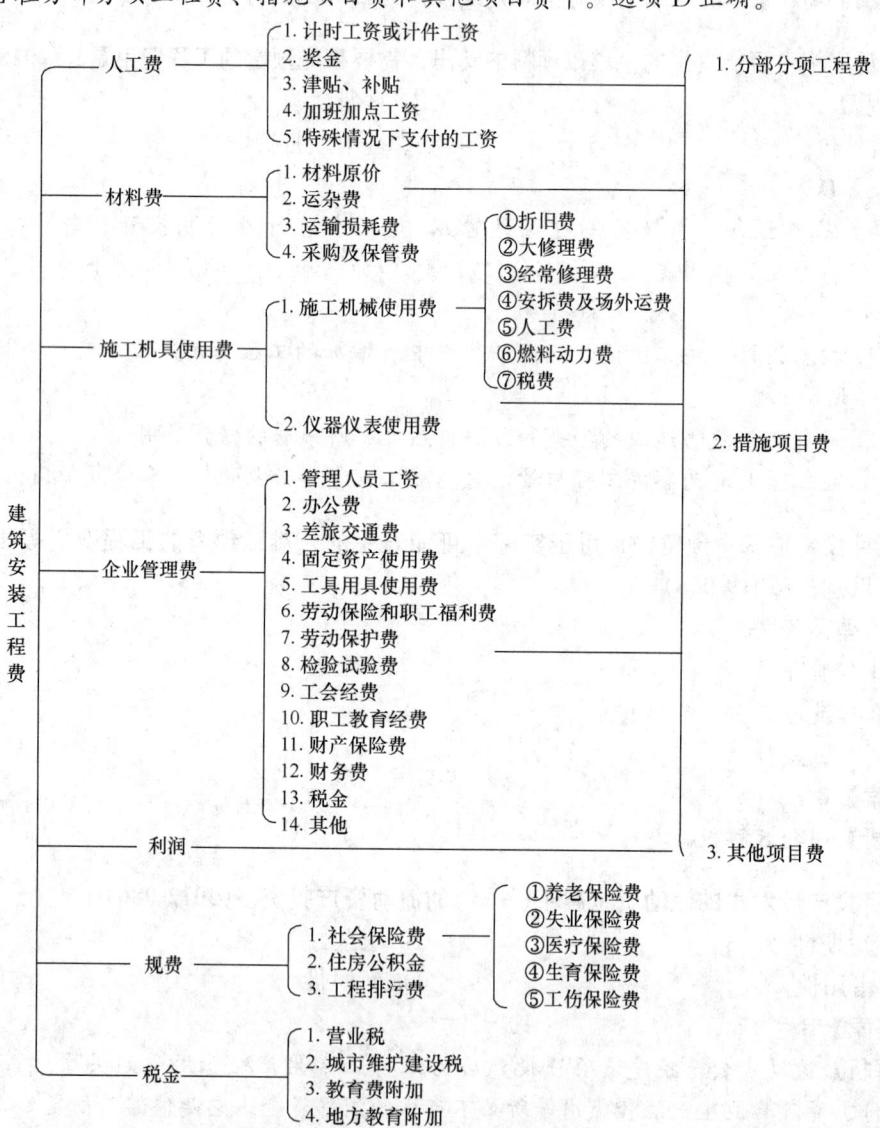

12. 根据我国现行按费用构成要素划分的建筑安装工程费用项目,下列费用中,属于建筑安装工程费的是:(2019-067)

A. 施工单位人工费 B. 土地使用权费

C. 铺底流动资金 D. 建设单位管理费

【答案】D

【解析】同题11解析。

13. 下列金属幕墙工程相关费项目中，应计入分部分项工程费的是：(2019-075)

A. 总包服务费　　　　　　　　B. 安装时脚手架费用

C. 暂列金额　　　　　　　　　D. 金属面板材料费

【答案】D

【解析】建筑安装工程费按照工程造价形成由分部分项工程费、措施项目费、其他项目费、规费、税金组成。

分部分项工程费、措施项目费、其他项目费包含人工费、材料费、施工机具使用费、企业管理费和利润。

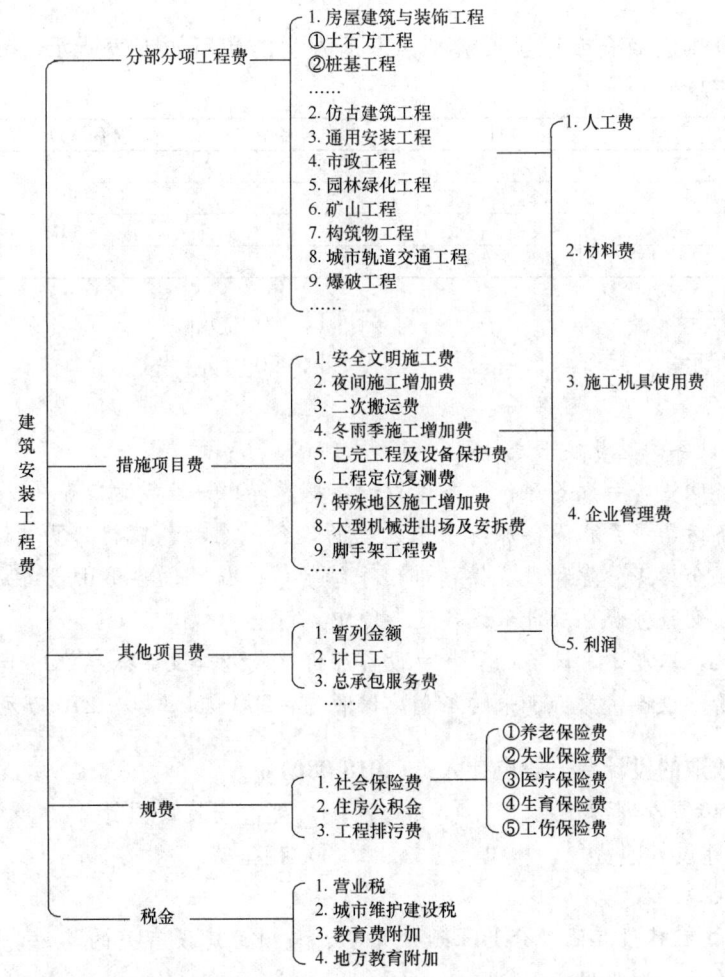

如图所示，安装时脚手架费用和暂列金额属于措施项目费，总包服务费属于其他项目费。所以，选项A正确。

14. 下列费用不属于工程造价构成的是：(2012-051)

A. 土地费用　　　　　　　　　B. 建设单位管理费

C. 流动资金　　　　　　　　　D. 勘察设计费

【答案】C

【解析】建设项目总投资＝工程造价＋流动资金。

15. 设备购置费的计算公式为：(2012-076、2018-077)

  A. 设备购置费＝设备原价

  B. 设备购置费＝设备原价＋附属工、器具购置费

  C. 设备购置费＝设备原价＋设备运杂费

  D. 设备购置费＝设备原价＋设备运输费

【答案】C

【解析】《市政工程投资估算编制办法》第十九条：

  设备购置费用由设备原价和运杂费两部分组成。

16. 某设备从供应商仓库运至安装地点，所发生的费用如下表所示，其设备购置费是：(2019-077)

序号	项目	金额（万元）
1	设备价原价	200
2	设备价原价	50
3	设备维护费	30
4	采购与仓库保管费	20

  A. 300 万元   B. 280 万元

  C. 270 万元   D. 250 万元

【答案】C

【解析】设备购置费按下式计算：

  设备购置费＝设备原价（或进口设备抵岸价）＋设备运杂费

  设备运杂费系指设备原价中未包括的设备包装和包装材料费、运输费、装卸费、采购费及仓库保管费和设备供销部门手续费等。如果设备是由设备成套公司供应的，成套公司的服务费也应计入设备运杂费中。

  因此，本题中，设备购置费＝设备原价（或进口设备抵岸价）＋设备运杂费＝设备价原价＋设备价原价＋采购与仓库保管费＝200＋50＋20＝270 万元。

17. 设计院收取的设计费一般应计入：(2018-080)

  A. 建设单位管理费   B. 建设安装管理费

  C. 工程建设其他费   D. 预备费

【答案】C

【解析】工程建设其他费分为土地使用费、与项目建设有关的其他费用、与未来生产经营有关的其他费用三部分。

  与项目建设有关的其他费用包括建设单位管理费、建设单位临时设施费、勘察设计费、研究试验费、工程监理费、工程保险费、引进技术和进口设备其他费用、环境影响评价费、劳动安全卫生评价费、工程质量监督费、特殊设备安全监督检验费、市政公用设施建设和绿化补偿费。

  勘察设计费是指建设单位委托勘察设计单位为建设项目进行勘察、设计等所需的费用，由工程勘察费和工程设计费两部分组成。

  选项 C 正确。

18. 为验证结构的安全性,业主委托某科研单位对模拟结构进行破坏性试验,由此发生的费用属于:(2013-068)
    A. 建设单位管理费
    B. 建筑安装工程费
    C. 工程建设其他费用中的研究试验费
    D. 工程建设其他费中的咨询费
    【答案】C
    【解析】《市政工程投资估算编制办法》第二十四条:
    　　研究试验费是指为本建设项目提供和验证设计数据、资料进行的必要的研究试验,按照设计规定在建设过程中必须进行试验所需的费用,以及支付科技成果、先进技术的一次性技术转让费。

19. 在一般工业建设项目的固定资产投资中,所占比例较大的费用通常是:(2017-070)
    A. 建筑工程费　　　　　　　　B. 设备及工器具购置费
    C. 工程建设其他费　　　　　　D. 建设期贷款利息
    【答案】B
    【解析】在工业建设项目中,设备及工器具购置费在固定资产投资中的所占比例较大。

第三节　估算、概算和预算

1. 建设项目总概算除了工程建设其他费用概算、预备费及投资方向调节税等,还应包括:(2010-070)
    A. 工程监理费　　　　　　　　B. 单项工程综合概算
    C. 工程设计费　　　　　　　　D. 联合试运转费
    【答案】B
    【解析】《市政工程设计概算编制办法》第十一条:
    　　建设项目总概算由各综合概算及工程建设其他费用概算、预备费用、固定资产投资方向调节税、建设期利息和铺底流动资金组成。

2. 建设项目总概算包括单项工程综合概算、工程建设其他费用概算,此外还有(　　)等费用组成。(2012-077)
    A. 预备费、投资方向调节税、建设期贷款利息
    B. 预备费、投资方向调节税、生产期贷款利息
    C. 人工费、材料费、施工机械费
    D. 现场经费、财务费、保险费
    【答案】A
    【解析】同题1解析。

3. 设计概算可分为:(2012-085)
    ①单位工程概算;②一般土建工程概算;③单项工程综合概算;④建设项目总概

算；⑤预备费概算

A. ②③④ B. ①②③
C. ①③④ D. ③④⑤

【答案】C

【解析】《建设工程造价咨询规范》5.2.1：

设计概算按委托内容可分为建设项目的设计概算、单项工程设计概算、单位工程设计概算及调整概算。

4. 关于设计概算及其作用的说法，正确的是：(2018-079)

   A. 设计概算是控制施工图设计的依据
   B. 初步设计可以编制设计概算，也可以不编制设计概算
   C. 总承包合同价可以超过设计概算
   D. 项目决算可以适当突破设计概算

【答案】A

【解析】设计概算的主要作用包括：

设计概算的主要作用：编制建设项目投资计划、确定和控制建设项目投资的依据；经批准的建设项目设计总概算的投资额，是该工程建设投资的最高限额；签订建设工程合同和贷款合同的依据。

设计概算是银行拨款或签订贷款合同的最高限额；控制施工图设计和施工图预算的依据；(选项A正确)是衡量设计方案技术经济合理性和选择最佳设计方案的依据；工程造价管理及编制招标标底和投标报价的依据；设计总概算一经批准，就作为工程造价管理的最高限额；考核建设项目投资效果的依据。

5. 政府投资的建设项目造价控制的最高限额是：(2019-071)

   A. 设计单位编制的初步设计概述
   B. 经批准的设计总概算
   C. 经审查批准的施工图预算
   D. 承发包双方合同价

【答案】B

【解析】同题4解析。

6. 根据初步设计图纸计算工程量，套用概算定额编制的费用是：(2012-052)

   A. 工程建设其他费 B. 建筑安装工程费
   C. 不可预见费 D. 设备及工器具购置费

【答案】B

【解析】《市政工程设计概算编制办法》第十七条：

安装工程设计概算的编制可采用以下两种方法：

1. 安装工程费可按照国家或省、市、自治区等主管部门规定的概算定额和费用标准等文件，根据初步设计（或技术设计）图纸及说明书，按照工程所在地的自然条件和施工条件，计算工程数量套用相应的概算定额进行编制。

7. 概算费用包括：(2013-070)
   A. 从筹建到装修完成的费用　　　B. 从开工到竣工验收的费用
   C. 从筹建到竣工交付使用的费用　　D. 从立项到施工保修期满的费用
   【答案】C
   【解析】概算费用是指建设项目从筹建到竣工验收交付使用或正式生产所需的全部费用，包括建设项目建筑安装工程费、设备购置费、工程建设其他费用、预备费等专项费用项目。

8. 建设项目总概算是确定整个建设项目哪个时间段的全部费用的文件？(2017-069)
   A. 从初步设计开始到竣工验收　　　B. 从施工开始到交付使用
   C. 从签订设计合同开始到交付使用　D. 从筹建开始到竣工验收
   【答案】D
   【解析】建设项目总概算是确定建设项目的全部建设费用的总文件，它包括该项目从筹建到竣工验收交付使用的全部建设费用。它由各单项工程综合概算、工程建设其他费用、建设期贷款利息、预备费、固定资产投资方向调节税和经营性铺底流动资金组成，按照主管部门规定的统一表格编制。

9. 设计概算的编制，通常是从哪一级开始的？(2017-067)
   A. 建设项目总概算　　　　B. 单项工程综合概算
   C. 单位工程概算　　　　　D. 建筑工程概算
   【答案】C
   【解析】《建设工程造价咨询规范》5.2.6：
   设计概算是采用逐级汇总编制而成的。即首先以单位工程为编制单元，分别编制建筑工程单位工程概算和设备及安装工程单位工程概算，然后以单项工程逐项汇总成一个综合概算，最后以单项工程汇总成建设项目总概算。

10. 根据初步设计文件估计建设项目总造价时应依据的定额是：(2017-068)
   A. 施工定额　　　　B. 预算定额
   C. 概算定额　　　　D. 概算指标
   【答案】C
   【解析】按工程建设过程的不同程序阶段需要，定额可以分为预算定额、概算定额、估算定额三种。预算定额是在用于编制施工图阶段、用于确定预算的依据，可以作为招投标报价的基础；概算定额是在编制初步设计阶段用于确定概算的依据；估算定额是编制项目建议书或者可行性报告阶段、确定投资估算的依据。

11. 下列屋面工程的四个项目(　　)定额单价应查建筑装饰工程预算定额。(2012-092)
   A. 保温层　　　　B. 找坡层
   C. 找平层　　　　D. 防水层
   【答案】C
   【解析】找平层应查建筑装饰工程预算定额。

12. 关于设计概算编制的说法，正确的是：(2019-069)
    A. 设计概算编制时应考虑项目所在地的价格水平
    B. 设计概算不应考虑建设项目施工条件等因素的影响
    C. 设计概算应达到施工图预算的准确程度
    D. 设计概算编制完成后不允许调整

【答案】A

【解析】编制设计概算时应把握以下原则：
    严格按照国家的建设方针和经济政策的原则。
    要完整、准确地反映设计内容的原则。根据设计文件和图纸资料准确地计算工程量。设计修改后，要及时修正概算。
    坚持结合拟建工程的实际，反映工程所在地当时价格水平的原则。应实事求是地对所在地的建设条件、可能影响造价的各种因素进行认真的调查研究。
    选项A正确。

13. 下列费用中，应包括在工业项目其中一个单项工程综合概算中的费用是：(2019-070)
    A. 价差预备费   B. 设备安装工程费
    C. 流动资金   D. 设备贷款利息

【答案】B

【解析】单项工程概算是由单项工程中的各单位工程概算汇总编制而成的。
    单位工程概算按其工程性质分为建筑工程概算和设备及安装工程概算两大类。

第四节 工程量清单计价

1. 工程量清单的作用是：(2013-071)
    A. 编制投资估算的依据   B. 编制设计概算的依据
    C. 编制施工图预算的依据   D. 招标时为投标人提供统一的工程量

【答案】D

【解析】《建设工程工程量清单计价规范》：

4.1.2 招标工程量清单必须作为招标文件的组成部分，其准确性和完整性应由招标人负责。

4.1.3 招标工程量清单是工程量清单计价的基础，应作为编制招标控制价、投标报价、计算或调整工程量、索赔等的依据之一。

第4.1.2条文说明 工程施工招标发包可采用多种方式，但采用工程量清单方式招标发包。招标人必须将工程量清单作为招标文件的组成部分，连同招标文件一并发（或售）给投标人。招标人对编制的招标工程量清单的准确性和完整性负责，投标人依据招标工程量清单进行投标报价。

2. 下列有关工程量清单的叙述中，正确的是：(2011-073)
    A. 工程量清单中含有工程量清单和结合单价
    B. 工程量清单是招标文件的组成部分

C. 在招标人同意的情况下，工程量清单可以由投标人自行编制
D. 工程量清单编制准确性和完整性的责任单位是投标单位

【答案】B

【解析】《建设工程工程量清单计价规范》4.1.2：

招标工程量清单必须作为招标文件的组成部分，其准确性和完整性应由招标人负责。

3. 招标工程量清单的准确性和完整性应由什么单位负责？（2017-066）

A. 建设单位　　　　　　　　B. 设计单位
C. 监理单位　　　　　　　　D. 施工单位

【答案】A

【解析】同题 2 解析。

4. 不属于工程量清单编制依据的是：（2013-073）

A. 工程设计图纸及相关资料　　B. 拟定的招标文件
C. 地质勘探报告　　　　　　　D. 施工现场情况

【答案】C

【解析】《建设工程工程量清单计价规范》4.1.5：

编制招标工程量清单应依据：

1. 本规范和相关工程的国家计量规范；
2. 国家或省级、行业建设主管部门颁发的计价定额和办法；
3. 建设工程设计文件及相关资料；
4. 与建设工程有关的标准、规范、技术资料；
5. 拟定的招标文件；
6. 施工现场情况、地勘水文资料、工程特点及常规施工方案；
7. 其他相关资料。

5. 分部分项工程量清单应包括项目编码、项目名称、项目特征、计量单位和：（2010-072）

A. 单价　　　　　　　　　　B. 工程量
C. 税金额　　　　　　　　　D. 费率

【答案】B

【解析】《建设工程工程量清单计价规范》4.2.1：

分部分项工程项目清单必须载明项目编码、项目名称、项目特征、计量单位和工程量。

6. 根据《建设工程工程量清单计价规范》（GB 50500—2013）编制的建筑工程招标工程量清单中，挖土方清单项的工程量是 $4000m^3$，下列说法正确的是：（2017-075）

A. 施工企业实际挖土方清单项的工程数量一定是 $4000m^3$
B. 根据设计图纸计算的挖土方清单项的净量是 $4000m^3$
C. 施工企业实际挖土方清单项的工程数量不应该超过 $4000m^3$

D. 根据施工企业施工方案计算的挖土方清单项工程数量是 4000m³

【答案】B

【解析】《建设工程工程量清单计价规范》8.1.1：

工程量必须按照相关工程现行国家计量规范规定的工程量计算规则计算。

计算依据为工程的设计施工图纸。

7. 根据《建设工程工程量清单计价规范》GB 50500—2013，下列费用属于措施项目费的是：(2019-076)

   A. 土方工程费　　　　　　　　　B. 砌筑工程费
   C. 规费　　　　　　　　　　　　D. 脚手架工程费

【答案】D

【解析】计量规范将措施项目划分为两类：一类是不能计算工程量的项目，如文明施工和安全防护、临时设施等，就以"项"计价，称为"总价项目"；另一类是可以计算工程量的项目，如脚手架、降水工程等，就以"量"计价，更有利于措施费的确定和调整，称为"单价项目"。

8. 竣工结算应依据的文件是：(2012-053)

   A. 施工合同　　　　　　　　　　B. 初步设计文件
   C. 承包方申请的签证　　　　　　D. 投资估算

【答案】A

【解析】《建设工程工程量清单计价规范》11.2.1：

工程竣工结算应根据下列依据编制和复核：

1. 本规范；
2. 工程合同；
3. 发承包双方实施过程中已确认的工程量及其结算的合同价款；
4. 发承包双方实施过程中已确认调整后追加（减）的合同价款；
5. 建设工程设计文件及相关资料；
6. 投标文件；
7. 其他依据。

第五节　技术经济指标及部分建筑材料价格

1. 居住区的技术经济指标中，人口毛密度是指：(2010-075)

   A. 居住总户数/住宅建筑基底面积　　B. 居住总人口/住宅建筑基底面积
   C. 居住总人口/住宅用地面积　　　　D. 居住总人口/居住区用地面积

【答案】D

【解析】《城市居住区规划设计规范》：

2.0.23　人口毛密度：每公顷居住区用地上容纳的规划人口数量（人/hm²）。

2.0.24　人口净密度：每公顷住宅用地上容纳的规划人口数量（人/hm²）。

2. 工业项目土地利用系数是指：(2011-071)
   A. 建筑物、构筑物占地面积/厂区占地面积
   B. (建筑物、构筑物占地面积＋厂区道路占地面积)/厂区占地面积
   C. (建筑物、构筑物占地面积＋厂区道路占地面积＋露天仓库及堆场＋工程管网占地面积)/厂区占地面积
   D. (建筑物、构筑物占地面积＋厂区道路占地面积＋工程管网占地面积＋绿化面积)/厂区占地面积

   【答案】C
   【解析】工业项目土地利用系数指厂区的建筑物、构筑物、各种堆场、铁路、道路、管线等的占地面积之和与厂区占地面积之比，它比建筑密度更能反映厂区用地是否经济合理的情况。

3. 设计某一个工厂时，有厂房、办公楼、道路、管线、堆场、绿化，可以全面反映厂区用地是否经济合理的指标是：(2018-071、2019-073)
   A. 建筑密度   B. 土地利用系数
   C. 绿化系数   D. 建筑平面系数

   【答案】B
   【解析】土地利用系数指厂区的建筑物、构筑物、各种堆场、铁路、道路、管线等的占地面积之和与厂区占地面积之比，比建筑密度更能反映厂区用地是否经济合理的情况。选项B正确。

4. 某工业项目中，建筑物占地面积2000m²，厂区道路占地面积200m²，工程管网占地面积300m²，厂区总占地面积3000m²，则该项目土地利用系数为：(2017-073)
   A. 66.67%   B. 73.33%
   C. 76.67%   D. 83.33%

   【答案】D
   【解析】工业项目土地利用系数＝(建筑占地面积＋厂区道路占地面积＋工程管网占地面积)/厂区占地面积。
   即该项目土地利用系数为：[(2000＋200＋300)/3000]×100%＝83.33%。

5. 下列技术经济指标中，属于公共建筑设计方案节地经济指标的是：(2012-054)
   A. 体型系数   B. 建筑使用系数
   C. 容积率   D. 结构面积系数

   【答案】C
   【解析】方案节地经济指标涉及用地强度，即容积率，因而选C。

6. 某住宅小区规划建设用地面积为50000m²，总建筑面积为12000m²，红线范围内各类建筑基底面积之和为25000m²，则该住宅小区的建筑密度为：(2017-072、2019-072)
   A. 10%   B. 41.7%
   C. 50%   D. 100%

   【答案】C

【解析】《城市居住区规划设计规范》2.0.31:
建筑密度：居住区用地内，各类建筑的基底总面积与居住区用地面积的比率（%）。
本题建筑密度为：(25000/50000)×100%＝50%。

7. 居住建筑的有效面积是指：(2012-094)
   A. 使用面积加结构面积
   B. 建筑面积扣除结构面积
   C. 使用面积加附属面积
   D. 建筑面积扣除附属面积
   【答案】B
   【解析】建筑面积＝结构面积＋有效面积。

8. 建筑面积一定时，可以提高公共建筑设计方案中平面有效利用率的做法是：(2017-074)
   A. 同时减少使用房间面积和辅助面积
   B. 增加结构面积，减少辅助面积
   C. 增大使用房间面积，减少结构面积
   D. 增大辅助面积，减少使用房间面积
   【答案】C
   【解析】建筑平面系数也称"建筑系数"，或称"K"值，指使用面积占建筑面积的比例，一般用百分比表示。平面系数越大，说明方案的平面有效利用率越高。
   建筑面积是由使用面积、辅助面积和结构面积所组成，其中使用面积与辅助面积之和称之为有效面积。
   其公式为：建筑面积＝使用面积＋辅助面积＋结构面积＝有效面积＋结构面积。

9. 初步设计完成后，设计项目比选时采用的建筑工程单方造价一般是指：(2017-076)
   A. 工程概算价格/使用面积
   B. 工程估算价格/建筑面积
   C. 工程概算价格/建筑面积
   D. 工程估算价格/占地面积
   【答案】C
   【解析】单方造价指按建筑面积，每平方米的造价，是用总造价除以建筑面积。

10. 现浇混凝土基础工程量的计量单位是：(2010-076)
    A. 长度：m
    B. 截面：m^2
    C. 体积：m^3
    D. 梁高：m
    【答案】C
    【解析】现浇混凝土基础工程量的计量单位是：体积：m^3。

11. 某一般标准的框架结构住宅建筑中，建筑造价和结构造价最可能的比值为：(2018-075)
    A. 5：5
    B. 3：7
    C. 2：8
    D. 4：6
    【答案】D
    【解析】民用建筑土建工程中建筑与结构的造价比详见表3-5-2。

民用建筑土建工程中建筑与结构的造价比　　　　表 3-5-1

民用建筑土建工程中建筑与结构的造价比

序号	结构类型	建筑造价：结构造价	备注
1	一般砖混结构	3.5：6.5	系指建筑标准
2	框架结构（一般标准）	4：6	
3	框架结构（略高标准）	(5～6)：(5～4)	
4	砖混结构别墅	(7.5～8)：(2.5～2)	
5	框架结构体育馆	4.5：5.5	

12. 下列各类建筑中土建工程单方造价最高的是：(2010-074、2011-077、2012-056)
    A. 砖混结构车库　　　　　　　B. 砖混结构住宅
    C. 框架结构住宅　　　　　　　D. 钢筋混凝土结构地下车库
【答案】D
【解析】钢筋混凝土结构单方造价比砖混结构高，地下结构单方造价比地上结构高。

13. 下列内墙装饰材料每平方单价最低的是：(2011-075)
    A. 装饰壁布　　　　　　　　　B. 弹性丙烯酸涂料
    C. 绒面软布　　　　　　　　　D. 防霉涂料
【答案】D
【解析】涂料为最经济的内墙装饰材料，而防霉涂料又比丙烯酸涂料便宜，因而选D。

14. 一般情况下，下列装饰工程的外墙块料综合单价最低的是：(2011-076)
    A. 外墙面砖　　　　　　　　　B. 天然磨光花岗岩湿贴
    C. 天然磨光花岗岩干挂　　　　D. 外墙金属铝板
【答案】A
【解析】外墙面砖单价最低，天然磨光花岗岩干挂单价最贵。

15. 下列各种不同面层的地面做法中，单价最高的是：(2018-074)
    A. 磨光大理石　　　　　　　　B. 磨光花岗石
    C. 整体水磨石（不加嵌条）　　D. 陶瓷地板砖
【答案】B
【解析】地坪造价由高到低的顺序是：花岗石＞大理石＞地砖＞水磨石。
　　根据地面分项工程造价表，面砖单价为 63～72 元/m^2；人造大理石单价为 147 元/m^2；天然大理石单价为 197～204 元/m^2；磨光花岗石单价为 295 元/m^2；现浇水磨石嵌铜条单价为 51 元/m^2，故花岗石造价最高。选项B正确。

16. 下列材质的门中，价格最高的是：(2012-091)
    A. 松木门　　　　　　　　　　B. 硬木门
    C. 铝合金门　　　　　　　　　D. 空腹钢门
【答案】B
【解析】一般松木门 200～300 元/m^2，硬木门 900～1400 元/m^2，普通空腹钢门约 163

元/m², 铝合金门 400~600 元/m²。

17. 下列各类楼板的造价最高的是：(2012-055)
   A. 100mm 厚的现浇板   B. 300mm 厚预制槽形板
   C. 压型钢板上浇 100mm 厚混凝土   D. 200mm 厚预制混凝土板
   【答案】C
   【解析】造价较高的楼板是压型钢板上现浇楼板。

18. 地下车库造价控制重点是：(2012-057)
   A. 钢筋用量   B. 水泥用量
   C. 混凝土用量   D. 水泥石子用量
   【答案】A
   【解析】钢筋混凝土结构的造价控制重点都是钢筋用量。

19. 下列地坪造价较高的是：(2012-058)
   A. 花岗岩   B. 大理石
   C. 地砖   D. 水磨石
   【答案】A
   【解析】根据地面分项工程造价表，面砖单价为 63~72 元/m²；人造大理石单价为 147 元/m²，天然大理石单价为 197~204 元/m²；磨光花岗岩单价为 295 元/m²；现浇水磨石嵌铜条单价为 51 元/m²，故花岗岩造价最高。

20. 在外墙外保温改造工程中，每平方米综合单价最高的是：(2010-073、2012-099)
   A. 25 厚聚苯颗粒保温砂浆，块料饰面
   B. 25 厚聚苯颗粒保温砂浆，涂料饰面
   C. 25 厚挤塑泡沫板，块料饰面
   D. 25 厚挤塑泡沫板，涂料饰面
   【答案】C
   【解析】挤塑泡沫板比聚苯板贵，面砖饰面比涂料饰面贵。

21. 下列保温材料，单位体积价格最高的是：(2013-074)
   A. 挤塑聚苯板   B. 泡沫玻璃
   C. 岩棉保温板   D. 酚醛树脂
   【答案】D
   【解析】保温材料中，单位体积价格比为酚醛树脂板最高，其次为岩棉保温板、泡沫玻璃板、挤塑聚苯板。

22. 一般情况下，多层砖混结构房屋建筑随层数的增加，土建单方造价（元/m²）出现的变化是：(2013-076)
   A. 增加   B. 不变
   C. 减少   D. 二者无关系
   【答案】C

【解析】一般情况下，砖混结构形式的多层建筑随层数的增加，土建单方造价会呈降低的变化。

多层建筑层数不同对土建工程造价的影响　　　　　表 3-5-2

层　　数	1	2	3	4	5	6
造价比（％）	100	90	84	80	85	85

23. 多层砖混结构房屋建筑，在不改变其他设计的情况下，随着层高每增加 10cm，土建工程单方造价的变化规律是：(2017-077)

A. 略微增加　　　　　　　　　B. 减少

C. 不变　　　　　　　　　　　D. 明显增加

【答案】A

【解析】根据不同性质的工程综合测算，建筑层高每增加 10cm，相应造成建筑造价增加 1.33％～1.50％。

24. 下列形式的带形基础中，每立方米综合单价最低的是：(2017-071)

A. 素混凝土 C15 基础　　　　　B. 无圈梁砖基础

C. 有梁式钢筋混凝土 C15 基础　D. 无梁式钢筋混凝土 C15 基础

【答案】B

【解析】本题中混凝土造价比无圈梁砖基础造价高，本题中砖基础单价是最低的。

25. 下列哪一种砖混结构建筑的带形基础工程造价最低？(2011-072)

A. 砖基础，不带圈梁　　　　　B. 毛石基础，带圈梁

C. 无筋混凝土基础 C15　　　　D. 钢筋混凝土基础，有梁式 C20

【答案】A

【解析】同题 24 解析。

第六节　面　积　计　算

1. 关于建筑面积的说法，正确的是：(2019-079)

A. 建筑物轴线内的面积，包括楼地面面积

B. 建筑物（包括墙体）所形成的楼地面面积

C. 建筑物内所有楼板面积

D. 建筑物内所有房间内楼地面面积

【答案】B

【解析】《建筑工程建筑面积计算规范》2.0.1：

　　　　建筑面积：建筑物（包括墙体）所形成的楼地面面积。

2. 利用坡屋顶内空间时，不计算面积的净高为：(2010-077)

A. 小于 1.2m　　　　　　　　　B. 小于 1.5m

C. 小于 1.8m　　　　　　　　　D. 小于 2.1m

【答案】A

【解析】《建筑工程建筑面积计算规范》3.0.3：

　　形成建筑空间的坡屋顶，结构净高在 2.10m 及以上的部位应计算全面积；结构净高在 1.20m 及以上至 2.10m 以下的部位应计算 1/2 面积；结构净高在 1.20m 以下的部位不应计算建筑面积。

3. 根据《建筑工程建筑面积计算规范》（GB/T 50353—2013），建筑物的围护结构不垂直水平面的楼层，其结构层净高最低要达到多少米时才按全面积计算建筑面积？（2017-079）
   A. 1.20　　　　　　　　　　　　B. 2.10
   C. 2.20　　　　　　　　　　　　D. 3.00

【答案】B

【解析】《建筑工程建筑面积计算规范》3.0.18：

　　围护结构不垂直于水平面的楼层，应按其底板面的外墙外围水平面积计算。结构净高在 2.10m 及以上的部位，应计算全面积；结构净高在 1.20m 及以上至 2.10m 以下的部位，应计算 1/2 面积；结构净高在 1.20m 以下的部位，不应计算建筑面积。

4. 建筑物外有围护结构的檐廊，其建筑面积应按下列哪一种计算？（2010-078、2011-078）
   A. 按其围护结构外围水平面积计算　　B. 按其围护结构内包水平面积计算
   C. 按其围护结构垂直投影面积计算　　D. 按其围护结构垂直投影面积的一半计算

【答案】D

【解析】《建筑工程建筑面积计算规范》3.0.14：

　　有围护设施的室外走廊（挑廊），应按其结构底板水平投影面积计算 1/2 面积；有围护设施（或柱）的檐廊，应按其围护设施（或柱）外围水平面积计算 1/2 面积。

5. 两栋多层建筑物之间在第四层和第五层设两层架空走廊，其中第五层走廊有围护结构，第四层走廊无围护结构，两层走廊层高均为 3.9m，结构底板面积均为 30m^2，则两层走廊的建筑面积为：（2013-080）
   A. 30m^2　　　　　　　　　　　B. 45m^2
   C. 60m^2　　　　　　　　　　　D. 75m^2

【答案】B

【解析】《建筑工程建筑面积计算规范》3.0.9：

　　建筑物间的架空走廊，有顶盖和围护结构的，应按其围护结构外围水平面积计算全面积；无围护结构、有围护设施的，应按其结构底板水平投影面积计算 1/2 面积。故本题两层走廊的建筑面积为：第四层走廊面积：30/2＝15m^2，第五层走廊面积：30m^2，共 45m^2。

6. 以幕墙作为围护结构的建筑物，建筑面积计算正确的是：（2010-079）
   A. 按楼板不平投影线计算　　　　B. 按幕墙外边线计算
   C. 按幕墙内边线计算　　　　　　D. 根据幕墙具体做法而定

【答案】B

【解析】《建筑工程建筑面积计算规范》3.0.23：

以幕墙作为围护结构的建筑物，应按幕墙外边线计算建筑面积。

7. 某单层厂房外墙水平面积为 1623m², 厂房内设有局部 2 层设备用房，设备用房的外墙围护水平面积为 300m², 层高 2.25m, 则该厂房总面积是：(2010-080)

   A. 1623m²   B. 1773m²
   C. 1923m²   D. 2223m²

   【答案】C

   【解析】《建筑工程建筑面积计算规范》3.0.2：
   建筑物内设有局部楼层时，对于局部楼层的二层及以上楼层，有围护结构的应按其围护结构外围水平面积计算，无围护结构的应按其结构底板水平面积计算。结构层高在 2.20m 及以上的，应计算全面积；结构层高在 2.20m 以下的，应计算 1/2 面积。故该厂房总面积是：1623+300=1923m²。

8. 建筑物中在主体结构内的阳台，计算建筑面积时应：(2018-069)
   A. 按其结构底板水平投影面积计算 1/2 面积
   B. 按其结构底板水平投影面积计算全面积
   C. 按其结构外围水平面积计算 1/2 面积
   D. 按其结构外围水平面积计算全面积

   【答案】D

   【解析】《建筑工程建筑面积计算规范》3.0.21：
   在主体结构内的阳台，应按其结构外围水平面积计算全面积；在主体结构外的阳台，应按其结构底板水平投影面积计算 1/2 面积。

9. 某 6 层住宅建筑各层外围水平面积为 400m², 二层以上每层有两个有围护结构的阳台，每个水平面积为 5m², 建筑中间设置一条宽度为 300mm 的变形缝，缝长 10m, 则该建筑总建筑面积为：(2011-080)

   A. 2407m²   B. 2422m²
   C. 2425m²   D. 2450m²

   【答案】C

   【解析】《建筑工程建筑面积计算规范》3.0.21：
   在主体结构内的阳台，应按其结构外围水平面积计算全面积；在主体结构外的阳台，应按其结构底板水平投影面积计算 1/2 面积。
   3.0.25 与室内相通的变形缝，应按其自然层合并在建筑物建筑面积内计算。对于高低联跨的建筑物，当高低跨内部连通时，其变形缝应计算在低跨面积内。
   计算面积：6×400+5×2×5/2=2425m²。

10. 下列关于建筑面积计算的表述正确的是：(2012-060)
    A. 电梯井、提物井、垃圾道、管道井和附墙烟囱等不计算建设面积
    B. 住宅建筑内的技术层（放置各种设备和修理养护用），层高超过 2.1m 的，按技术层外围水平面积计算建筑面积
    C. 雨篷结构的外边线至外墙结构外边线的宽度超过 2.10m 者，应按雨篷结构板的水

151

平投影面积的一半计算面积（有柱雨篷和无柱雨篷计算应一致）

D. 两个建筑物之间有顶盖的架空通廊，按通廊的投影面积的一半计算建筑面积

【答案】C

【解析】《建筑工程建筑面积计算规范》3.0.9：

建筑物间的架空走廊，有顶盖和围护结构的，应按其围护结构外围水平面积计算全面积；无围护结构、有围护设施的，应按其结构底板水平投影面积计算1/2面积。

3.0.16 门廊应按其顶板水平投影面积的1/2计算建筑面积；有柱雨篷应按其结构板水平投影面积的1/2计算建筑面积；无柱雨篷的结构外边线至外墙结构外边线的宽度在2.10m及以上的，应按雨篷结构板的水平投影面积的1/2计算建筑面积。

3.0.19 建筑物的室内楼梯、电梯井、提物井、管道井、通风排气竖井、烟道，应并入建筑物的自然层计算建筑面积。有顶盖的采光井应按一层计算面积，结构净高在2.10m及以上的，应计算全面积，结构净高在2.10m以下的，应计算1/2面积。

3.0.26 对于建筑物内的设备层、管道层、避难层等有结构层的楼层，结构层高在2.20m及以上的，应计算全面积；结构层高在2.20m以下的，应计算1/2面积。

11. **某教学楼室内楼梯建筑面积30m², 有永久性顶盖的室外楼梯建筑面积50m², 则楼梯建筑面积是：(2012-062)**

    A. 80m²　　　　　　　　　　　　B. 65m²

    C. 55m²　　　　　　　　　　　　D. 30m²

【答案】C

【解析】《建筑工程建筑面积计算规范》3.0.20：

室外楼梯应并入所依附建筑物自然层，并应按其水平投影面积的1/2计算建筑面积。

12. **根据《建筑工程建筑面积计算规范》，坡地的建筑吊脚架空层建筑面积计算方法正确的是：(2013-077)**

    A. 有围护结构且净高在2.2m及以上的部分应计算全面积

    B. 无围护结构层高不足2.2m的，应按利用部位水平面积的1/2计算

    C. 无围护结构应按利用部位水平面积的1/2计算

    D. 无围护结构层高不足2.2m的，不计算建筑面积

【答案】A、B

【解析】此题源自老规范，新的《建筑工程建筑面积计算规范》已取消"围护结构""利用部位"等限定条件，新规范关于坡地的建筑吊脚架空层的规定如下：

3.0.7 建筑物架空层及坡地建筑物吊脚架空层，应按其顶板水平投影计算建筑面积。结构层高在2.20m及以上的，应计算全面积；结构层高在2.20m以下的，应计算1/2面积。

13. **根据《建筑工程建筑面积计算规范》，净高9.6m的门厅按（　　）计算建筑面积。(2013-078)**

    A. 净高9.6m的门厅按一层计算建筑面积

B. 门厅内回廊应按自然层面积计算建筑面积

C. 门厅内回廊净高在 2.2m 及以上者应计算 1/2 面积

D. 门厅内回廊净高不足 2.2m 者应不计算面积

【答案】A

【解析】《建筑工程建筑面积计算规范》3.0.8：

建筑物的门厅、大厅应按一层计算建筑面积，门厅、大厅内设置的走廊应按走廊结构底板水平投影面积计算建筑面积。结构层高在 2.20m 及以上的，应计算全面积；结构层高在 2.20m 以下的，应计算 1/2 面积。

14. 根据《建筑工程建筑面积计算规范》，下列雨篷建筑面积计算正确的是：(2013-079)

A. 雨篷结构外边线至外墙结构外边线的宽度小于 2.1m 的，不计算面积

B. 雨篷结构外边线至外墙结构外边线的宽度超过 2.1m 的，超过部分的雨篷结构板水平投影面积计入建筑面积

C. 雨篷结构外边线至外墙结构外边线的宽度超过 2.1m 的，超过部分的雨篷结构板水平投影面积 1/2 计入建筑面积

D. 雨篷结构外边线至外墙结构外边线的宽度超过 2.1m 的，按雨篷栏板的内净面积计算雨篷的建筑面积

【答案】无正确选项

【解析】《建筑工程建筑面积计算规范》：

3.0.16 门廊应按其顶板水平投影面积的 1/2 计算建筑面积；有柱雨篷应按其结构板水平投影面积的 1/2 计算建筑面积；无柱雨篷的结构外边线至外墙结构外边线的宽度在 2.10m 及以上的，应按雨篷结构板的水平投影面积的 1/2 计算建筑面积。

3.0.27 下列项目不应计算建筑面积：……

6. 勒脚、附墙柱、垛、台阶、墙面抹灰、装饰面、镶贴块料面层、装饰性幕墙，主体结构外的空调室外机搁板（箱）、构件、配件，挑出宽度在 2.10m 以下的无柱雨篷和顶盖高度达到或超过两个楼层的无柱雨篷。

雨篷分无柱和有柱两种情况，选项 A、B、C、D 说法均不全面。

15. 根据《建筑工程建筑面积计算规范》(GB/T 50353—2013)，建筑物自然层，屋高达到多少米及以上时应按全面积计算建筑面积：(2017-078)

A. 1.20　　　　　　　　　　B. 1.50

C. 1.80　　　　　　　　　　D. 2.20

【答案】D

【解析】《建筑工程建筑面积计算规范》3.0.1：

建筑物的建筑面积应按自然层外墙结构外围水平面积之和计算。结构层高在 2.20m 及以上的，应计算全面积；结构层高在 2.20m 以下的，应计算 1/2 面积。

16. 根据《建筑工程建筑面积计算规范》GB/T 50353—2013，下列项目中，应按水平投影面积或围护结构外围水平面积计算全面积的是：(2019-078)

A. 室外爬梯、室外专用消防钢楼梯

B. 有防护设施的室外走廊（挑廊）
C. 建筑物间有顶盖和围护结构的架空走廊
D. 有永久性顶盖无围护结构的车棚、站台

【答案】B

【解析】《建筑工程建筑面积计算规范》：

3.0.9 建筑物间的架空走廊，有顶盖和围护结构的，应按其围护结构外围水平面积计算全面积；无围护结构、有围护设施的，应按其结构底板水平投影面积计算 1/2 面积。

3.0.14 有围护设施的室外走廊（挑廊），应按其结构底板水平投影面积计算 1/2 面积；有围护设施（或柱）的檐廊，应按其围护设施（或柱）外围水平面积计算 1/2 面积。

3.0.20 室外楼梯应并入所依附建筑物自然层，并应按其水平投影面积的 1/2 计算建筑面积。

3.0.22 有顶盖无围护结构的车棚、货棚、站台、加油站、收费站等，应按其顶盖水平投影面积的 1/2 计算建筑面积。

17. 下面不算建筑面积的是：(2012-059)

A. 电梯井、提物井、垃圾道、管道井和附墙烟囱
B. 住宅建筑内层高超过 2.2m 的技术层
C. 独立烟囱、烟道、地沟、油（水）罐、气柜、水塔、贮油（水）池、贮仓、栈桥、地下人防通道、地铁隧道
D. 突出房屋的有围护结构的楼梯间、水箱间、电梯机房等

【答案】C

【解析】《建筑工程建筑面积计算规范》3.0.27：

下列项目不应计算建筑面积：

1. 与建筑物内不相连通的建筑部件；
2. 骑楼、过街楼底层的开放公共空间和建筑物通道；
3. 舞台及后台悬挂幕布和布景的天桥、挑台等；
4. 露台、露天游泳池、花架、屋顶的水箱及装饰性结构构件；
5. 建筑物内的操作平台、上料平台、安装箱和罐体的平台；
6. 勒脚、附墙柱、垛、台阶、墙面抹灰、装饰面、镶贴块料面层、装饰性幕墙，主体结构外的空调室外机搁板（箱）、构件、配件，挑出宽度在 2.10m 以下的无柱雨篷和顶盖高度达到或超过两个楼层的无柱雨篷；
7. 窗台与室内地面高差在 0.45m 以下且结构净高在 2.10m 以下的凸（飘）窗，窗台与室内地面高差在 0.45m 及以上的凸（飘）窗；
8. 室外爬梯、室外专用消防钢楼梯；
9. 无围护结构的观光电梯；
10. 建筑物以外的地下人防通道，独立的烟囱、烟道、地沟、油（水）罐、气柜、水塔、贮油（水）池、贮仓、栈桥等构筑物。

18. 没有围护结构的直径 2.2 米，高 2.4 米的屋顶圆形水箱，其建筑面积：(2011-079)

    A. 不计算　　　　　　　　　　　　　B. 为 3.8m²
    C. 为 4.56m²　　　　　　　　　　　　D. 为 9.12m²

    【答案】A
    【解析】同题 17 解析，《建筑工程建筑面积计算规范》3.0.27 第 4 条。

19. 下面不计算面积的是：(2012-061)

    A. 突出墙面的门斗、眺望间
    B. 两个建筑物之间有顶盖的架空通廊
    C. 突出房屋的有围护结构的楼梯间、水箱间、电梯机房
    D. 飘窗以及宽度在 2.1m 及以内的雨篷以及与建筑物不相连通的装饰性阳台、挑廊

    【答案】无正确选项
    【解析】依据《建筑工程建筑面积计算规范》：

    3.0.8　建筑物间有围护结构的架空走廊，应按其围护结构外围水平面积计算。层高在 2.20m 及以上者应计算全面积；层高不足 2.20m 者应计算 1/2 面积。有永久性顶盖无围护结构的应按其结构底板水平面积的 1/2 计算。则选项 B 说法错误。

    3.0.11　建筑物外有围护结构的落地橱窗、门斗、挑廊、走廊、檐廊，应按其围护结构外围水平面积计算。层高在 2.20m 及以上者应计算全面积；层高不足 2.20m 者应计算 1/2 面积。有永久性顶盖无围护结构的应按其结构底板水平面积的 1/2 计算。则选项 A 说法错误。

    3.0.17　建筑物顶部有围护结构的楼梯间、水箱间、电梯机房等，层高在 2.20m 及以上者应计算全面积；层高不足 2.20m 者应计算 1/2 面积。则选项 C 说法错误。

    3.0.13　窗台与室内楼地面高差在 0.45m 以下且结构净高在 2.10m 及以上的凸（飘）窗，应按其围护结构外围水平面积计算 1/2 面积。可以看出，飘窗计算 1/2 面积或不计算面积应视情况而定。则选项 D 说法错误。

20. 根据《建筑工程建筑面积计算规范》(GB/T 50353—2013)，不应计算建筑面积的是：(2017-080、2018-070)

    A. 设置在建筑物墙体外起装饰作用的玻璃幕墙
    B. 设计出挑宽度大于 2.10m 的雨篷
    C. 两个建筑物之间有围护设施的架空走廊
    D. 室内疏散楼梯

    【答案】A
    【解析】同题 17 解析，《建筑工程建筑面积计算规范》3.0.27 第 6 条。

21. 某建筑物一层层高 6.0m，勒脚以上结构外围水平面积 6000m²，局部二层层高 3.0m，其结构外围水平面积 300m²；建筑物顶部设有顶盖有围护结构的水箱间，顶盖水平投影面积 20m²，结构层高 2.5m；室外设消防钢楼梯，水平投影面积 10m²，则建筑物的建筑面积应为：(2018-073)

    A. 6300m²　　　　　　　　　　　　　B. 6310m²

C. 6320m²   D. 6330m²

【答案】C

【解析】《建筑工程建筑面积计算规范》：

2.0.1 建筑面积：建筑物（包括墙体）所形成的楼地面面积。

3.0.2 建筑物内设有局部楼层时，对于局部楼层的二层及以上楼层，有围护结构的应按其围护结构外围水平面积计算，无围护结构的应按其结构底板水平面积计算。结构层高在2.20m及以上的，应计算全面积；结构层高在2.20m以下的，应计算1/2面积。

3.0.17 设在建筑物顶部的、有围护结构的楼梯间、水箱间、电梯机房等，结构层高在2.20m及以上的应计算全面积；结构层高在2.20m以下的，应计算1/2面积。

第四章 施 工

考试大纲关于施工方面的考核要求是"了解砌体工程、混凝土结构工程、防水工程、建筑装饰装修工程、建筑地面工程的施工质量验收规范基本知识。"可以看出考核内容包括5个方面：砌体工程、混凝土工程、防水工程、建筑装饰装修工程及建筑地面工程，且相关考点均取自于相关规范的条文，经搜集整理，具体规范见表4-0-1。

施工类规范表　　　　　　　　　　　　　　　　　表4-0-1

类别	名 称	编 号	施行日期
施工类规范	建筑工程施工质量验收统一标准	GB 50300—2013	2014年06月1日
	砌体结构工程施工质量验收规范	GB 50203—2011	2007年12月1日
	砌体结构工程施工规范	GB 50924—2014	2014年10月1日
	混凝土结构工程施工规范	GB 50666—2011	2012年08月1日
	混凝土结构工程施工质量验收规范	GB 50204—2015	2015年09月1日
	屋面工程技术规范	GB 50345—2012	2012年10月1日
	地下工程防水技术规范	GB 50108—2008	2009年04月1日
	地下防水工程质量验收规范	GB 50208—2011	2012年10月1日
	建筑装饰装修工程质量验收标准	GB 50210—2018	2018年09月1日
	金属与石材幕墙工程技术规范	JGJ 133—2001	2001年06月1日
	建筑地面设计规范	GB 50037—2013	2014年05月1日
	建筑地面工程施工质量验收规范	GB 50209—2010	2010年12月1日

第一节 砌 体 工 程

1. 砌体工程施工中，砌体中上下皮砌块搭楼长度小于规定数值的竖向灰缝被称为：(2018-081)

A. 通缝　　　　　　　　　　B. 错缝
C. 假缝　　　　　　　　　　D. 瞎缝

【答案】A

【解析】《砌体结构工程施工质量验收规范》：

2.0.1 砌体结构：由块体和砂浆砌筑而成的墙、柱作为建筑物主要受力构件的结构。是砖砌体、砌块砌体和石砌体结构的统称。

2.0.9 瞎缝：砌体中相邻块体间无砌筑砂浆，又彼此接触的水平缝或竖向缝。

2.0.10 假缝：为掩盖砌体灰缝内在质量缺陷，砌筑砌体时仅在靠近砌体表面处抹有砂浆，而内部无砂浆的竖向灰缝。

2.0.11 通缝：砌体中上下皮块体搭接长度小于规定数值的竖向灰缝。（选项D正确）

2. 在有冻胀环境的地区，建筑物地面或防潮层以下，不应采用：（2013-081）
    A. 标准砖   B. 多孔砖
    C. 毛石   D. 配筋砌体

【答案】B

【解析】《砌体结构工程施工质量验收规范》5.1.4：

有冻胀环境和条件的地区，地面以下或防潮层以下的砌体，不应采用多孔砖。

3. 一般情况下，基础墙砌筑宜选用的砂浆是：（2017-083）
    A. 水泥砂浆   B. 石灰砂浆
    C. 混合砂浆   D. 特种砂浆

【答案】A

【解析】水泥砂浆一般应用于基础、长期受水浸泡的地下室和承受较大外力的砌体；水泥混合砂浆抹灰适用于一般民用与工业建筑室内混凝土墙面、加气混凝土墙面、砖墙墙面水泥混合砂浆抹灰工程；混合砂浆一般用于地面以上的砌体。

4. 水泥砂浆应用于：（2012-070）
    A. 基础、长期受水没泡的地下室和承受较大外力的砌体
    B. 砖墙墙面
    C. 室内混凝土墙面、加气混凝土墙面
    D. 地面以上的砌体

【答案】A

【解析】同题3解析。

5. 关于砌筑砂浆搅拌时间的说法，正确的是：（2018-083）
    A. 水泥砂浆的最短搅拌时间比水泥粉煤灰砂浆的最短搅拌时间长
    B. 水泥砂浆的最短搅拌时间与水泥粉煤灰砂浆的最短搅拌时间相同
    C. 水泥混合砂浆的最短搅拌时间比水泥粉煤灰砂浆的最短搅拌时间长
    D. 搅拌时间是指材料自投料开始至完成算起

【答案】无正确选项

【解析】《砌体结构工程施工质量验收规范》4.0.9：

砌筑砂浆应采用机械搅拌，搅拌时间自投料完起算应符合下列规定：

1. 水泥砂浆和水泥混合砂浆不得少于120s；
2. 水泥粉煤灰砂浆和掺用外加剂的砂浆不得少于180s；
3. 掺增塑剂的砂浆，其搅拌方式、搅拌时间应符合现行行业标准《砌筑砂浆增塑剂》JG/T 164的有关规定；
4. 干混砂浆及加气混凝土砌块专用砂浆宜按掺用外加剂的砂浆确定搅拌时间或按

产品说明书采用。

6. 砌筑砂浆应采用机械搅拌，自投料完算起，关于搅拌时间的说法正确的是：(2012-088)
①水泥砂浆和水泥混合砂浆不得少于 2min
②掺用有机塑化剂的砂浆，应为 3～5min
③水泥粉煤灰砂浆和掺用外加剂的砂浆不得少于 3min
A. ①② B. ①③
C. ②③ D. ①②③

【答案】B

【解析】同题 5 解析。

7. 砌筑砂浆生石灰熟化时间不少(　　)d。(2012-074)
A. 3 B. 7
C. 10 D. 14

【答案】B

【解析】《砌体工程施工质量验收规范》4.0.3：

拌制水泥混合砂浆的粉煤灰、建筑生石灰、建筑生石灰粉及石灰膏应符合下列规定：

1. 粉煤灰、建筑生石灰、建筑生石灰粉的品质指标应符合现行行业标准《粉煤灰在混凝土及砂浆中应用技术规程》JGJ 28、《建筑生石灰》JC/T 479、《建筑生石灰粉》JC/T 480 的有关规定；

2. 建筑生石灰、建筑生石灰粉熟化为石灰膏，其熟化时间分别不得少于 7d 和 2d；沉淀池中储存的石灰膏，应防止干燥、冻结和污染，严禁采用脱水硬化的石灰膏；建筑生石灰粉、消石灰粉不得替代石灰膏配制水泥石灰砂浆。

8. 下列关于砌筑砂浆试验报告的说法错误的是：(2012-063)
A. 砌筑砂浆试验报告包括砌筑砂浆配合比申请单，砂浆试块试压报告等
B. 砌筑砂浆配合比按体积比计量
C. 承重结构的砌筑砂浆试块，应按规定实行有见证取样和送检
D. 砌筑砂浆配合比申请单填写时，强度等级一栏应按设计要求填写

【答案】B

【解析】《砌体工程施工质量验收规范》4.0.8：

配制砌筑砂浆时，各组分材料应采用质量计量，水泥及各种外加剂配料的允许偏差为±2%；砂、粉煤灰、石灰膏等配料的允许偏差为±5%。

9. 关于砌筑砂浆，下列说法错误的是：(2013-083)
A. 施工中不可以用强度等级小于 M5 的水泥砂浆代替同强度等级水泥混合砂浆
B. 配置水泥石灰砂浆时，不得采用脱水硬化的石灰膏
C. 砂浆现场拌制时，各组分材料应采用体积计量
D. 砂浆应随拌随用，气温超过 30℃时应在拌成后 2h 用完

【答案】C

【解析】同题8解析。

10. 通常情况下,用于控制砌墙体每皮砖及灰缝竖向尺寸的方法是:(2018-082)
    A. 放线　　　　　　　　　　B. 摆砖样
    C. 立皮数杆　　　　　　　　D. 铺灰砌砖
    【答案】C
    【解析】皮数杆是划有每皮砖和灰缝的厚度,以及门窗洞口、过梁、楼板、预埋件等的标高位置的一种木制标杆。它是砌筑时控制砌体水平灰缝厚度和竖向尺寸位置的标志。皮数杆常立于房屋的四大角、内外墙交接处等位置,其间距一般为10~15m。皮数杆应抄平竖立,用锚钉或斜撑固定牢固,并保证垂直。故选项C正确。

11. 当基底标高不同时,砖基础砌筑顺序正确的是:(2010-081)
    A. 从低处砌起,由高处向低处搭砌
    B. 从低处砌起,由低处向高处搭砌
    C. 从高处砌起,由低处向高处搭砌
    D. 从高处砌起,由高处向低处搭砌
    【答案】A
    【解析】《砌体结构工程施工质量验收规范》3.0.6:
    砌筑顺序应符合下列规定:
    　　1. 基底标高不同时,应从低处砌起,并应由高处向低处搭砌。当设计无要求时,搭接长度 L 不应小于基础底的高差 H,搭接长度范围内下层基础应扩大砌筑。

12. 关于填充墙砌体工程,下列表述正确的是:(2010-082)
    A. 填充墙砌筑前块材应提前 1d 浇水
    B. 蒸压加气混凝土砌块砌筑时的产品龄期为 28d
    C. 空心砖的临时堆放高度不宜超过 2m
    D. 填充墙砌到梁、板底时,应及时用细石混凝土填补密实
    【答案】C
    【解析】《砌体结构工程施工质量验收规范》:
    9.1.2　砌筑填充墙时,轻骨料混凝土小型空心砌块和蒸压加气混凝土砌块的产品龄期不应小于28d,蒸压加气混凝土砌块的含水率宜小于30%。
    9.1.3　烧结空心砖、蒸压加气混凝土砌块、轻骨料混凝土小型空心砌块等的运输、装卸过程中,严禁抛掷和倾倒;进场后应按品种、规格堆放整齐,堆置高度不宜超过2m。蒸压加气混凝土砌块在运输及堆放中应防止雨淋。
    9.1.5　采用普通砌筑砂浆砌筑填充墙时,烧结空心砖、吸水率较大的轻骨料混凝土小型空心砌块应提前1~2d浇(喷)水湿润。
    9.1.9　填充墙砌体砌筑,应待承重主体结构检验批验收合格后进行。填充墙与承重主体结构间的空(缝)隙部位施工,应在填充墙砌筑14d后进行。

13. 底层室内地面以下的砌体应采用混凝土灌实小砌块的空洞,混凝土强度等级最低应不低于:(2010-083)

A. C10 　　　　　　　　　　　B. C15
C. C20 　　　　　　　　　　　D. C25

【答案】C

【解析】《砌体结构工程施工质量验收规范》6.1.6：

底层室内地面以下或防潮层以下的砌体，应采用强度等级不低于 C20（或 Cb20）的混凝土灌实小砌块的孔洞。

14. 石砌挡土墙内侧回填要分层回填夯实，其作用一是保证挡土墙内含水量无明显变化，二是保证：(2011-082)

    A. 墙体侧向土压力无明显变化　　B. 墙体强度无明显变化
    C. 土体抗剪强度无明显变化　　　D. 土体密实度无明显变化

【答案】A

【解析】《砌体结构工程施工质量验收规范》7.1.11 条文说明：

挡土墙内侧回填土的质量是保证挡土墙可靠性的重要因素之一；挡土墙顶部坡面便于排水，不会导致挡土墙内侧土含水量和墙的侧向土压力明显变化，以确保挡土墙的安全。

15. 设置在配筋砌体水平灰缝中的钢筋，应居中放置在灰缝中的目的一是对钢筋有较好的保护，二是：(2011-083)

    A. 提高砌体的强度　　　　　　　B. 提高砌体的整体性
    C. 使砂浆与块体较好地粘结　　　D. 使砂浆与钢筋较好地粘结

【答案】D

【解析】《砌体工程施工质量验收规范》8.1.3 条文说明：

砌体水平灰缝中钢筋居中放置有两个目的：一是对钢筋有较好的保护；二是有利于钢筋的锚固。

16. 抗震设防烈度 7 级地区的砖砌体施工中，关于临时间断处留槎的说法，正确的是：(2018-084)

    A. 不得留斜槎　　　　　　　　　B. 直槎应做成平槎
    C. 转角必须留直槎　　　　　　　D. 直槎必须做成凸槎

【答案】D

【解析】非抗震设防及抗震设防烈度为 6 度、7 度地区的临时间断处，当不能留斜槎时，除转角除外，可留直槎，但直槎必须做成凸槎，且应加设拉结钢筋，拉结钢筋应符合下列规定：

1. 每 120mm 墙厚放置 1Φ6 拉结钢筋（120mm 厚墙应放置 2Φ6 拉结钢筋）；

2. 间距沿墙高不应超过 500mm，且竖向间距偏差不应超过 100mm；

3. 埋入长度从留槎处算起每边均不应小于 500mm，对抗震设防 6 度、7 度的地区，不应小于 1000mm；

4. 末端应有 90°弯钩。

故选项 D 正确。

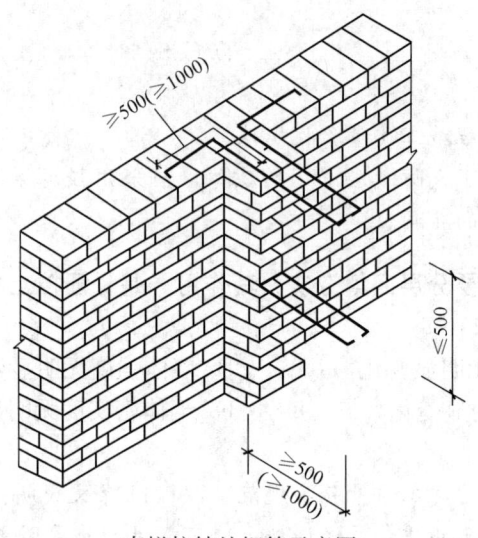

直槎拉结处钢筋示意图

17. 砖端砌体留直槎时，应放拉结钢筋，下列说法错误的是：(2012-084)

A. 每半砖放一根

B. 端部弯成 90°弯钩

C. 间距不大于 500mm

D. 两端延伸长度从留槎处算起应不小于 400mm

【答案】D

【解析】同题 16 解析。

18. 砖砌体中的构造柱在与墙体连接处应砌成马牙槎，每一马牙槎沿高度方向的尺寸应为：(2012-073)

A. 300mm B. 500mm
C. 600mm D. 1000mm

【答案】A

【解析】《砌体工程施工质量验收规范》8.2.3：

构造柱与墙体的连接应符合下列规定：

1. 墙体应砌成马牙槎，马牙槎凹凸尺寸不宜小于 60mm，高度不应超过 300mm，马牙槎应先退后进，对称砌筑；马牙槎尺寸偏差每一构造柱不应超过 2 处；

2. 预留拉结钢筋的规格、尺寸、数量及位置应正确，拉结钢筋应沿墙高每隔 500mm 设 2φ6，伸入墙内不宜小于 600mm，钢筋的竖向移位不应超过 100mm，且竖向移位每一构造柱不得超过 2 处；

3. 施工中不得任意弯折拉结钢筋。

19. 构造柱与墙体的连接处应砌成马牙槎，其表述错误的是：(2013-082)

A. 每个马牙槎的高度不应超过 300mm B. 马牙槎凹凸尺寸不宜小于 60mm
C. 马牙槎应先进后退 D. 马牙槎应对称砌筑

【答案】C

【解析】同题 18 解析。

20. 关于砌体结构中构造柱的说法，正确的是：(2017-081)
    A. 构造柱与砌体结合部位呈马牙状
    B. 构造柱靠近楼面处第一步马牙呈现凹形
    C. 马牙的高度不低于 350mm
    D. 马牙的凹凸尺寸不大于 50mm

【答案】A

【解析】同题 18 解析。

21. 下列关于细料石砌体的施工做法不符合规定的是：(2012-078)
    A. 灰缝厚度不大于 5mm
    B. 灰缝砂浆饱满度不小于 60%
    C. 每层墙面垂直度误差不大于 7mm
    D. 轴线位置的偏差不大于 10mm

【答案】B

【解析】《砌体结构工程施工质量验收规范》：

7.1.9 毛石、毛料石、粗料石、细料石砌体灰缝厚度应均匀，灰缝厚度应符合下列规定：
1. 毛石砌体外露面的灰缝厚度不宜大于 40mm；
2. 毛料石和粗料石的灰缝厚度不宜大于 20mm；
3. 细料石的灰缝厚度不宜大于 5mm。

7.2.2 砌体灰缝的砂浆饱满度不应小于 80%。

22. 下列砌体冬期施工应控制的温度中，错误的是：(2017-082)
    A. 砂浆拌合水的最高温度
    B. 砂浆拌合时砂的最高温度
    C. 暖棚法施工中块体砌筑时的最低温度
    D. 掺外加剂法施工时砂浆的最低温度

【答案】D

【解析】《砌体结构工程施工质量验收规范》：

10.0.8 拌合砂浆时水的温度不得超过 80℃，砂的温度不得超过 40℃。

10.0.9 采用砂浆掺外加剂法、暖棚法施工时，砂浆使用温度不应低于 5℃。

10.0.10 采用暖棚法施工，块体在砌筑时的温度不应低于 5℃，距离所砌的结构底面 0.5m 处的棚内温度也不应低于 5℃。

23. 竖向灰缝砂浆的饱满度对砌体影响最大的是：(2017-084)
    A. 抗压强度
    B. 抗剪强度
    C. 抗弯强度
    D. 抗拉强度

【答案】B

【解析】砖和竖向灰缝间的粘结力不可能显著影响砌体的抗压强度，因为这种粘结力对砌体横向变形发生的阻碍和对砌体横向搭缝的影响是微不足道的。但是砖之间的竖向灰缝对砌体的抗剪强度和防止墙体渗漏还是起到了非常重要的作用。当竖向灰缝很不饱满甚至完全无砂浆时，其砌体抗剪强度将降低 40%～50%。

第二节 混凝土工程

1. 混凝土试件强度的尺寸换算系数为 1.00 时，混凝土试件的尺寸是：(2011-085)
　　A. 50mm×50mm×50mm　　　　B. 100mm×100mm×100mm
　　C. 150mm×150mm×150mm　　　D. 200mm×200mm×200mm
【答案】C
【解析】《混凝土结构工程施工质量验收规范》7.1.2：
　　当采用非标准尺寸试件时，应将其抗压强度乘以尺寸折算系数，折算成边长为150mm的标准尺寸试件抗压强度。尺寸折算系数应按现行国家标准《混凝土强度检验评定标准》GB/T 50107 采用。

2. 按照《混凝土结构工程施工质量验收规范》（GB 50204—2002）（2011 年版），抗渗混凝土养护期不得少于（　　）d。(2012-080)
　　A. 7　　　　　　　　　　　　B. 12
　　C. 14　　　　　　　　　　　　D. 21
【答案】C
【解析】《混凝土结构工程施工规范》8.5.2：
　　混凝土的养护时间应符合下列规定……
　　3. 抗渗混凝土、强度等级 C60 及以上的混凝土，不应少于14d。

3. 现浇混凝土结构工程的模块及其支架的设计依据不包括：(2018-085)
　　A. 工程结构稳定性　　　　　　B. 安装工况
　　C. 使用工况　　　　　　　　　D. 拆除工况
【答案】A
【解析】《混凝土结构工程施工质量验收规范》4.1.2：
　　模板及支架应根据安装、使用和拆除工况进行设计，并应满足承载力、刚度和整体稳固性要求。（不包括选项 A）

4. 根据《混凝土结构工程施工质量验收规范》（GB 50204—2015），现浇混凝土结构及其支架设计时，通常不作为基本要求的是：(2019-085)
　　A. 耐候性　　　　　　　　　　B. 承载力
　　C. 稳固性　　　　　　　　　　D. 刚度
【答案】A
【解析】同题 3 解析。

5. 关于现浇混凝土结构的模块和支架施工的说法，正确的是：(2018-086)
　　A. 模块及其支架的拆除顺序应由项目监理工程师确定
　　B. 安装现浇结构的上层模板及其支架时，下层楼板必须具备承受上层荷载的承载能力
　　C. 在涂刷模板隔离剂时，不得沾污钢筋和混凝土接槎处
　　D. 在混凝土浇筑前，必须对模板浇水湿润

【答案】C

【解析】《混凝土结构工程施工质量验收规范》4.2.6 条文说明：

工程实践中，当有条件时，隔离剂宜在支模前涂刷，当受施工条件限制或支模工艺不同时，也可现场涂刷。现场涂刷隔离剂容易沾污钢筋、预埋件和混凝土接槎处，可能会对混凝土结构受力性能造成不利影响，故应采取适当措施加以避免。选项 A 正确。

6. 模板隔离剂在涂刷时沾污钢筋，对建筑物的直接影响是：(2017-085)

A. 结构受力 B. 钢筋锈蚀
C. 工程造价 D. 项目工期

【答案】A

【解析】同题 5 解析。

7. 混凝土构件成形的模壳与支架，高层建筑核心筒模板应采用：(2013-084)

A. 大模板 B. 滑升模板
C. 组合模板 D. 爬升模板

【答案】D

【解析】大模板是采用专业设计和工业化加工制作而成的一种工具式模板，一般与支架连为一体。由于它自重大，施工时需配以相应的吊装和运输机械，用于现场浇筑混凝土墙体。它具有安装和拆除简便、尺寸准确、板面平整、周转使用次数多等优点；

滑升模板适用于高耸的现浇钢筋混凝土结构。如电视塔、高层建筑等；

组合模板适用于各种现浇钢筋混凝土工程，可事先按设计要求组拼成梁、柱、墙、楼板的大型模板，整体吊装就位，也可采用散装散拆方法，比较方便；

爬升模板是施工剪力墙体系和筒体体系的钢筋混凝土结构高层建筑的一种有效的模板体系。

8. 关于模板分项工程，表达不正确的是：(2010-085)

A. 侧模板拆除时的混凝土强度应能保证其表面及棱角不受损伤
B. 钢模板应将模板浇水湿润
C. 后张法预应力混凝土结构构件的侧模宜在预应力张拉前拆除
D. 拆除悬臂 2m 的雨篷底模时，应保证其混凝土强度达到 100%

【答案】B

【解析】《混凝土结构工程施工规范》：

4.5.2 底模及支架应在混凝土强度达到设计要求后再拆除；当设计无具体要求时，同条件养护的混凝土立方体试件抗压强度应符合表 4.5.2 的规定。

表 4.5.2 底模拆除时的混凝土强度要求

构件类型	构件跨度（m）	达到设计混凝土强度等级值的百分率（%）
板	≤2	≥50
	>2，≤8	≥75
	>8	≥100

续表

构件类型	构件跨度（m）	达到设计混凝土强度等级值的百分率（％）
梁、拱、壳	≤8	≥75
	>8	≥100
悬臂结构		≥100

4.5.3 当混凝土强度能保证其表面及棱角不受损伤时，方可拆除侧模。

4.5.5 快拆支架体系的支架立杆间距不应大于2m。拆模时，应保留立杆并顶托支承楼板，拆模时的混凝土强度可按本规范表4.5.2中构件跨度为2m的规定确定。

4.5.6 后张预应力混凝土结构构件，侧模宜在预应力筋张拉前拆除；底模及支架不应在结构构件建立预应力前拆除。

9. 浇注混凝土结构后拆除侧模时，混凝土强度要保证混凝土结构：(2011-084)
  A. 表面及棱角不受损坏   B. 不出现侧向弯曲变形
  C. 不出现裂缝   D. 达到抗压强度标准值

【答案】A

【解析】同题8解析。

10. 混凝土结构工程施工中，当设计对直接承受力荷载作用的结构构件无具体要求时，其纵向受力钢筋的接头不宜采用：(2010-086)
  A. 绑扎接头   B. 焊接接头
  C. 冷挤压套筒接头   D. 锥螺纹套筒接头

【答案】B

【解析】《混凝土结构工程施工质量验收规范》5.4.6：

当纵向受力钢筋采用机械连接接头或焊接接头时，同一连接区段内纵向受力钢筋的接头面积百分率应符合设计要求；当设计无具体要求时，应符合下列规定：

1. 受拉接头，不宜大于50％；受压接头，可不受限制；

2. 直接承受动力荷载的结构构件中，不宜采用焊接；当采用机械连接时，不应超过50％。

11. 采用焊条作业连接钢筋接头的方法称为：(2013-085)
  A. 闪光对焊   B. 电渣压力焊
  C. 电弧焊   D. 套筒挤压连接

【答案】C

【解析】闪光对焊是将两根钢筋安放成对接形式，利用焊接电流通过两根钢筋接触点产生的电阻热，使接触点金属熔化，产生强烈飞溅，形成闪光，伴有刺激性气味，释放微量分子，迅速施加顶锻力完成的一种压焊方法；

电渣压力焊是将两根钢筋安放成竖向或斜向（倾斜度在4∶1的范围内）对接形式，利用焊接电流通过两根钢筋间隙，在焊剂层下形成电弧过程和电渣过程，产生电弧热和电阻热，熔化钢筋，加压完成的一种压焊方法；

焊条电弧焊是用手工操纵焊条进行焊接工作，可以进行平焊、立焊、横焊和仰焊等多位置焊接；

套筒挤压连接用特制的套筒套在两根钢筋的接头处，用液压机进行制作，形成刻痕，利用刻痕的机械咬合力来传力的一种连接方式。

12. 预应力混凝土结构施工与一般混凝土结构施工的最大不同在于：(2017-086)
    A. 混凝土浇筑顺序 B. 混凝土保养
    C. 预应力钢筋张拉 D. 非预应力钢筋加工
    【答案】C
    【解析】A、B、D选项是混凝土结构施工中都要有的工序，而C选项是只有预应力混凝土结构施工所独有的，因而选C。

13. 预应力的预留孔道灌浆用水泥应采用：(2010-084、1-2010-031)
    A. 普通硅酸盐水泥 B. 矿渣硅酸盐水泥
    C. 火山灰硅酸盐水泥 D. 复合水泥
    【答案】A
    【解析】《混凝土结构工程施工质量验收规范》6.2.5：
    孔道灌浆用水泥应采用硅酸盐水泥或普通硅酸盐水泥，水泥、外加剂的质量应分别符合本规范第7.2.1条、第7.2.2条的规定；成品灌浆材料的质量应符合现行国家标准《水泥基灌浆材料应用技术规范》GB/T 50448的规定。

14. 关于现浇混凝土结构外观质量验收的说法，错误的是：(2019-086)
    A. 应在混凝土表面未作修整和装饰前进行
    B. 根据缺陷的性质和数量对外观质量进行评定
    C. 根据对结构性能和使用功能影响的严重程度由各方共同确定
    D. 外观质量缺陷性质应由设计单位最终认定
    【答案】A
    【解析】《混凝土结构工程施工质量验收规范》：
    8.1.1 现浇结构质量验收应符合下列规定：
    1. 现浇结构质量验收应在拆模后、混凝土表面未作修整和装饰前进行，并应作出记录；(选项A正确)
    8.1.2 现浇结构的外观质量缺陷应由监理单位、施工单位等各方根据其对结构性能和使用功能影响的严重程度按表8.1.2确定。(选项C正确)
    8.2.1 现浇结构的外观质量不应有严重缺陷。
    对已经出现的严重缺陷，应由施工单位提出技术处理方案，并经监理单位认可后进行处理；对裂缝或连接部位的严重缺陷及其他影响结构安全的严重缺陷，技术处理方案尚应经设计单位认可。对经处理的部位应重新验收。(选项D正确)
    表8.1.2中并未对缺陷的数量进行要求，故选项B错误。

15. 现浇混凝土结构外观质量出现严重缺陷，提出技术处理方案的单位是：(2011-087)
    A. 设计单位 B. 施工单位
    C. 监理单位 D. 建设单位

【答案】B

【解析】同题 14 解析。

16. 当房屋平面宽度较小，构件也较轻时，塔式起重机平面布置可采用：(2012-090)

    A. 单侧布置 B. 环形布置
    C. 双侧布置 D. 跨内单侧布置

【答案】A

【解析】当房屋平面宽度较小，构件又较轻时，塔式起重机可单侧布置，即可满足全部构件的吊装要求。只有在房屋平面宽度较大，构件又较重时，才考虑双侧布置或环形布置。当跨外场地受限制时，才考虑跨内单侧布置。

17. 混凝土浇筑时其自由落下高度不应超过 2m，其原因是：(2013-086)

    A. 减少混凝土对模板的冲击力 B. 防止混凝土离析
    C. 加快浇筑速度 D. 防止出现施工缝

【答案】B

【解析】浇筑混凝土时为防止混凝土分层离析，混凝土由料斗、泵管内卸出时，其自由倾浇高度不得超过 2m，超过时采用串筒或斜槽下落，混凝土浇筑时不得直接冲击模板。

18. 关于地下工程墙体施工缝的说法，错误的是：(2017-089)

    A. 施工缝位置一般留在结构承受剪力最大部位
    B. 采用遇水膨胀止水条时，表面需涂缓膨胀剂
    C. 采用遇水膨胀止水胶时，止水胶固化前不得浇筑混凝土
    D. 预埋注浆管应设置在施工缝断面中部

【答案】A

【解析】《混凝土结构工程施工规范》8.6.1：

施工缝和后浇带的留设位置应在混凝土浇筑前确定。施工缝和后浇带宜留设在结构受剪力较小且便于施工的位置。受力复杂的结构构件或有防水抗渗要求的结构构件，施工缝留设位置应经设计单位确认。

19. 现浇钢筋混凝土结构楼面预留后浇带的作用是避免混凝土结构出现：(2011-086)

    A. 温度裂缝 B. 沉降裂缝
    C. 承载力降低 D. 刚度降低

【答案】A

【解析】设置后浇带是防止和减少超长混凝土结构温度收缩裂缝的有效措施。

第三节 防 水 工 程

1. 屋面保温材料选用依据指标通常不包括：(2017-090、2018-091、2019-091)

    A. 延伸率 B. 吸水率
    C. 导热性能 D. 表观密度

【答案】A

【解析】《屋面工程技术规范》：

4.4.1 保温层应根据屋面所需传热系数或热阻选择轻质、高效的保温材料。

4.4.2 保温层设计应符合下列规定：

1. 保温层宜选用吸水率低、密度和导热系数小，并有一定强度的保温材料；

2. 关于Ⅱ级屋面防水等级的设防要求，不正确的是：(2010-087)
   A. 防水层合理使用年限为15年　　B. 采用一道防水
   C. 防水材料可选用高聚合物改性沥青　D. 防水材料可选用细石混凝土

【答案】AD

【解析】规范更新后，已取消对防水层合理使用年限的规定，并且细石混凝土不能作为防水层。

3. 下列选项中，卷材防水层的保护层施工不正确的是：(2010-088)
   A. 绿豆砂经筛选清洗、预热后均匀铺撒，不得残留未粘结的绿豆砂
   B. 水泥砂浆保护层的表面应抹平压光
   C. 云母或蛭石中允许有少量的粉料，撒铺应均匀，不得露底，清除多余的云母和蛭石
   D. 块材、水泥砂浆或细石混凝土保护层与防水层之间应设置隔离层

【答案】C

【解析】用云母或蛭石做保护层时，应先筛去粉料，再随刮涂冷玛碲脂随撒铺云母或蛭石。撒铺应均匀，不得露底，待溶剂基本挥发后，再将多余的云母或蛭石清除。

4. 屋面防水工程的整体现浇保温层中，禁止使用水泥珍珠岩和水泥蛭石，原因是其材料：(2011-088)
   A. 强度低　　　　　　　　　B. 易开裂
   C. 耐久性差　　　　　　　　D. 含水率高

【答案】D

【解析】水泥珍珠岩和水泥蛭石材料性能不稳定，含水率高，保温性能随时间增长而降低。

5. 在正常使用条件下，屋面防水工程、有防水要求的卫生间、房间和外墙面的防渗入工程的最低保修期限为：(2011-092)
   A. 5年　　　　　　　　　　B. 4年
   C. 3年　　　　　　　　　　D. 2年

【答案】A

【解析】《房屋建筑工程质量保修办法》第七条：

在正常使用下，房屋建筑工程的最低保修期限为：……

2. 屋面防水工程、有防水要求的卫生间、房间和外墙面的防渗漏，为5年。

6. 关于屋面细石混凝土找平层的下列说法中，错误的是：(2013-090)
   A. 必须使用火山灰质水泥　　B. 厚度为30～50mm

C. 分隔缝间距不宜大于 6m　　　　D. 内部不必配置双向钢筋网片

【答案】A

【解析】细石混凝土不得使用火山灰质水泥。

7. 屋面防水卷材可不采取满粘或钉压固定措施的屋面最大坡度是：(2017-088)
   A. 10%　　　　　　　　　　　B. 15%
   C. 20%　　　　　　　　　　　D. 25%

【答案】D

【解析】《屋面工程质量验收规范》6.2.1：
屋面坡度大于 25% 时，卷材应采取满粘和钉压固定措施。

8. 关于屋面防水涂料施工的说法，错误的是：(2018-088、2019-088)
   A. 防水涂料应多遍涂布，待前一遍涂料干燥成膜后再涂布后一遍涂料
   B. 前后两遍涂料的涂布方向应相互垂直
   C. 在屋面细部处可铺设胎体增强材料
   D. 上下层胎体增强材料铺设方向相互垂直

【答案】D

【解析】《屋面工程质量验收规范》：

6.3.1　防水涂料应多遍涂布，并应待前一遍涂布的涂料干燥成膜后，再涂布后一遍涂料，且前后两遍涂料的涂布方向应相互垂直。（选项 A、B 正确）

6.3.2　铺设胎体增强材料应符合下列规定：
   1. 胎体增强材料宜采用聚酯无纺布或化纤无纺布；
   2. 胎体增强材料长边搭接宽度不应小于 50mm，短边搭接宽度不应小于 70mm；
   3. 上下层胎体增强材料的长边搭接缝应错开，且不得小于幅宽的 1/3；
   4. 上下层胎体增强材料不得相互垂直铺设。（选项 D 错误）

9. 屋面防水层施工的气候条件合适的是：(2012-064)
   A. 雨天　　　　　　　　　　　B. 雪天
   C. 五级风　　　　　　　　　　D. 温度在 5℃以下

【答案】D

【解析】《屋面工程技术规范》5.1.6：
屋面工程施工必须符合下列安全规定：
   1. 严禁在雨天、雪天和五级风及其以上时施工；
   2. 屋面周边和预留孔洞部位，必须按临边、洞口防护规定设置安全护栏和安全网；
   3. 屋面坡度大于 30% 时，应采取防滑措施；
   4. 施工人员应穿防滑鞋，特殊情况下无可靠安全措施时，操作人员必须系好安全带并扣好保险钩。

10. 地下结构防水混凝土首先要满足的要求是：(2018-087、2019-087)
    A. 抗渗等级　　　　　　　　　B. 抗压强度
    C. 抗冻要求　　　　　　　　　D. 抗侵蚀性

【答案】A

【解析】《地下工程防水技术规范》4.1.3：

防水混凝土应满足抗渗等级要求，并应根据地下工程所处的环境和工作条件，满足抗压、抗冻和抗侵蚀性等耐久性要求。

选项 A 正确。

11. 下列关于地下防水施工的叙述错误的是：(2012-065)
    A. 可采用聚合物砂浆　　　　　　B. 可采用掺外加剂水泥砂浆
    C. 防水砂浆施工时应分层铺拌或喷涂　D. 水泥砂浆初凝后应及时养护

【答案】D

【解析】《地下工程防水技术规范》：

4.2.1　防水砂浆应包括聚合物水泥防水砂浆、掺外加剂或掺合料的防水砂浆，宜采用多层抹压法施工。

4.2.13　水泥砂浆防水层应分层铺抹或喷射，铺抹时应压实、抹平，最后一层表面应提浆压光。

4.2.17　水泥砂浆防水层终凝后，应及时进行养护，养护温度不宜低于5℃，并应保持砂浆表面湿润，养护时间不得少于14d。

12. 在地下工程中常采用渗排水、盲沟排水来削弱对地下结构的压力，下列哪项不适宜采用渗排水、盲沟排水？(2010-089)
    A. 无自流排水条件　　　　　　B. 自流排水性好
    C. 有抗浮要求的　　　　　　　D. 防水要求较高

【答案】B

【解析】《地下防水工程质量验收规范》7.1.1：

渗排水适用于无自流排水条件、防水要求较高且有抗浮要求的地下工程。盲沟排水适用于地基为弱透水性土层、地下水量不大或排水面积较小，地下水位在结构底板以下或在丰水期地下水位高于结构底板的地下工程。

13. 下列地下防水工程水泥砂浆防水层作法中，正确的是：(2010-090)
    A. 基层混凝土强度必须达到设计强度
    B. 采用素水泥浆和水泥砂浆分层交叉抹面
    C. 防水层各层应连续施工，不得留施工缝
    D. 防水层最小厚度不得小于设计厚度

【答案】无正确选项

【解析】《地下防水工程质量验收规范》：

4.2.5　水泥砂浆防水层施工应符合下列规定：

3. 防水层各层应紧密粘合，每层宜连续施工；必须留设施工缝时，应采用阶梯坡形槎，但与阴阳角处的距离不得小于200mm。

4.2.12　水泥砂浆防水层的平均厚度应符合设计要求，最小厚度不得小于设计厚度的85%。

依据上述规范条文，C 选项和 D 选项是错误的。

《普通建筑砂浆技术导则》RISN-TG008-2010：

10.2.2 解析 3　混凝土基层表面凹凸不平、蜂窝孔洞，应根据不同情况分别处理。

① 超过 1cm 的棱角及凹凸不平，应削成慢坡形，并浇水清洗干净，用素灰和水泥砂浆分层找平。

② 混凝土表面的蜂窝孔洞，应先将松散不牢的石子除掉，浇水冲洗干净，用素灰和水泥砂浆交替抹到与基层面齐平。

③ 混凝土表面的蜂窝麻面不深，石子粘结较牢固，只需要用水冲洗干净，用素灰打底，水泥砂浆压实抹平。

④ 混凝土结构的施工缝要沿缝削成八字形凹槽，用水冲洗后，用素灰打底，水泥砂浆压实抹平。

依据上述规范条文，B 选项是混凝土的基层处理方法。

A 选项在 2002 年老规范中有规定，水泥砂浆铺抹前，基层混凝土强度要达到设计值的 80%，新规范对此已没有规定。

14. 下列措施中，属于提高地下结构自防水功能的是：（2017-087）

　A. 在结构墙体的内侧面做防水处理
　B. 在结构墙体的外侧面做防水处理
　C. 调整混凝土的配合比或加入外加剂
　D. 在结构墙体的迎水面做防水保护层

【答案】C

【解析】《地下工程防水技术规范》：

4.1.1　防水混凝土是通过调整配合比，掺加外加剂、掺合料等方法配制而成的一种混凝土，其抗渗等级是根据素混凝土试验室内试验测得，而地下工程结构主体中钢筋密布，对混凝土的抗渗性有不利影响，为确保地下工程结构主体的防水效果，故将地下工程结构主体的防水混凝土抗渗等级定为不小于 P6。

15. 地下防水工程中，要求防水混凝土的结构最小厚度不得小于：（2011-090）

　A. 100mm　　　　　　　　B. 150mm
　C. 200mm　　　　　　　　D. 250mm

【答案】D

【解析】《地下工程防水技术规范》4.1.7：

防水混凝土结构，应符合下列规定：

1. 结构厚度不应小于 250mm；
2. 裂缝宽度不得大于 0.2mm，并不得贯通；
3. 钢筋保护层厚度应根据结构的耐久性和工程环境选用，迎水面钢筋保护层厚度不应小于 50mm。

16. 关于地下工程后浇带的说法，正确的是：（2018-089、2019-089）

A. 应设在变形最大的部位
B. 宽度宜为300～600mm
C. 后浇带应在其两侧混凝土龄期42d内浇筑
D. 后浇带混凝土应采用补偿收缩混凝土

【答案】D

【解析】《地下工程防水技术规范》：

5.2.1 后浇带宜用于不允许留设变形缝的工程部位。（选项A错误）

5.2.2 后浇带应在其两侧混凝土龄期达到42d后再施工；高层建筑的后浇带施工应按规定时间进行。（选项B错误）

5.2.3 后浇带应采用补偿收缩混凝土浇筑，其抗渗和抗压强度等级不应低于两侧混凝土。（选项D正确）

5.2.4 后浇带应设在受力和变形较小的部位，其间距和位置应按结构设计要求确定，宽度宜为700～1000mm。（选项C错误）

17. 关于地下连续墙的说法，错误的是：(2018-090、2019-090)
    A. 适用于地下工程的主体结构、支护结构以及复合式衬砌的初期支护
    B. 采用防水混凝土材料，其坍落度不得大于150mm
    C. 根据工程要求的施工条件减少槽段数量
    D. 如有裂缝、空间、露筋等缺陷，应采用聚合物水泥砂浆修补

【答案】B

【解析】《地下防水工程质量验收规范》：

6.2.1 地下连续墙适用于地下工程的主体结构、支护结构以及复合式衬砌的初期支护。（选项A正确）

6.2.2 地下连续墙应采用防水混凝土。胶凝材料用量不应小于400kg/m³，水胶比不得大于0.55，坍落度不得小于180mm。（选项B错误）

6.2.5 地下连续墙应根据工程要求和施工条件减少槽段数量；地下连续墙槽段接缝应避开拐角部位。（选项C正确）

6.2.6 地下连续墙如有裂缝、孔洞、露筋等缺陷，应采用聚合物水泥砂浆修补；地下连续墙槽段接缝如有渗漏，应采用引排或注浆封堵。（选项D正确）

18. 关于地下防水工程施工的下列说法中，正确的是：(2013-087)
    A. 主要施工人员应持有施工企业颁发的职业资格证书或防水专业岗位证
    B. 设计单位应编制防水工程专项施工方案
    C. 防水材料必须经具备相应资质的检测单位进行抽样检验
    D. 防水材料的品种、规格、性能等必须符合监理单位的要求

【答案】C

【解析】《地下防水工程质量验收规范》：

3.0.3 地下防水工程必须由持有资质等级证书的防水专业队伍进行施工，主要施工人员应持有省级及以上建设行政主管部门或其指定单位颁发的执业资格证书或防水专业岗位证书。

3.0.4 地下防水工程施工前,应通过图纸会审,掌握结构主体及细部构造的防水要求,施工单位应编制防水工程专项施工方案,经监理单位或建设单位审查批准后执行。
3.0.5 地下工程所使用防水材料的品种、规格、性能等必须符合现行国家或行业产品标准和设计要求。
3.0.6 防水材料必须经具备相应资质的检测单位进行抽样检验,并出具产品性能检测报告。

19. 下列防水材料施工环境温度可以低于5℃的是:(2013-088)
　　A. 采用冷粘法合成高分子防水卷材　　B. 溶剂型有机防水涂料
　　C. 防水砂浆　　D. 采用自粘法的高聚物改性沥青防水卷材
【答案】B
【解析】《地下防水工程质量验收规范》3.0.11:
　　地下防水工程不得在雨天、雪天和五级风及其以上时施工;防水材料施工环境气温条件宜符合表3.0.11的规定。

表3.0.11　防水材料施工环境气温条件

防水材料	施工环境气温条件
高聚物改性沥青防水卷材	冷粘法、自粘法不低于5℃,热熔法不低于-10℃
合成高分子防水卷材	冷粘法、自粘法不低于5℃,焊接法不低于-10℃
有机防水涂料	溶剂型-5℃~35℃,反应型、水乳型5℃~35℃
无机防水涂料	5℃~35℃
防水混凝土、防水砂浆	5℃~35℃
膨润土防水材料	不低于-20℃

20. 设置防水混凝土变形缝需要考虑的因素中不包括:(2013-089)
　　A. 结构沉降变形　　B. 结构伸缩变形
　　C. 结构渗漏水　　D. 结构配筋率
【答案】D
【解析】变形缝应考虑工程结构的沉降、伸缩的可变性,并保证其在变化中的密闭性,不产生渗漏现象。

第四节　建筑装饰装修工程

1. 下列哪项是正确的墙面抹灰施工程序?(2010-091、1-2010-044)
　　A. 浇水湿润基层、墙面分层抹灰、做灰饼和设标筋、墙面检查与清理
　　B. 浇水湿润基层、做灰饼和设标筋、墙面分层抹灰、清理
　　C. 浇水湿润基层、做灰饼和设标筋、设阳角护角、墙面分层抹灰、清理
　　D. 浇水湿润基层、做灰饼和设标筋、墙面分层抹灰、设阳角护角、清理

【答案】C

【解析】依据《普通建筑砂浆技术导则》RISN-TG008-2010 第 8.2.2 条关于抹灰砂浆的施工工艺和质量控制规定，提炼可知答案为 C。

2. 将彩色石子直接甩到砂浆层，并使它粘结在一起的施工方法是：(2013-092)
   A. 水刷石
   B. 斩假石
   C. 干粘石
   D. 弹涂

【答案】C

【解析】干粘石施工工艺：先在底层抹上一层水泥砂浆层，再抹一层水泥石灰膏黏结层，同时将石子甩粘拍平压实在黏结层上，用铁抹子将石子拍入黏结层，要使石子嵌入深度不小于石子粒径的 1/2，待有一定强度后洒水养护。

3. 抹灰层出现脱层、空鼓、裂缝和开裂等缺陷，将会降低墙体的哪个性能：(2011-091)
   A. 强度
   B. 整体性
   C. 抗渗性
   D. 保护作用和装饰效果

【答案】D

【解析】《建筑装饰装修工程质量验收标准》4.2.4 条文说明：

抹灰工程的质量关键是粘结牢固，无开裂、空鼓与脱落。如果粘结不牢，出现空鼓、开裂、脱落等缺陷，会降低对墙体的保护作用，且影响装饰效果。

经调研分析，抹灰层之所以出现开裂、空鼓和脱落等质量问题，主要原因是基体表面清理不干净，如：基体表面尘埃及疏松物、隔离剂和油渍等影响抹灰粘结牢固的物质未彻底清除干净；

基体表面光滑，抹灰前未作毛化处理；

抹灰前基体表面浇水不透，抹灰后砂浆中的水分很快被基体吸收，使砂浆中的水泥未充分水化生成水泥石，影响砂浆粘结力；

砂浆质量不好，使用不当；一次抹灰过厚，干缩率较大等，都会影响抹灰层与基体的粘结牢固。

4. 关于抹灰工程，下列说法错误的是：(2013-091)
   A. 墙面与墙护角的抹灰砂浆材料配比相同
   B. 水泥砂浆不得抹在石灰砂浆层上
   C. 罩面石膏灰不得抹在水泥砂浆层上
   D. 抹灰前基层表面应洒水湿润

【答案】A

【解析】《建筑装饰装修工程质量验收标准》：

4.1.8 室内墙面、柱面和门洞口的阳角做法应符合设计要求。设计无要求时，应采用不低于 M20 水泥砂浆做护角，其高度不应低于 2m，每侧宽度不应小于 50mm。

4.2.7 抹灰层的总厚度应符合设计要求；水泥砂浆不得抹在石灰砂浆层上；罩面石膏灰不得抹在水泥砂浆层上。

4.3.2 基层质量应符合设计和施工方案的要求。基层表面的尘土、污垢和油渍等应清除干净。基层含水率应满足施工工艺的要求。

5. 水泥砂浆抹灰层的养护应处于：(2010-092)
  A. 湿润条件   B. 干燥条件
  C. 一定温度条件   D. 施工现场自然条件
【答案】A
【解析】《建筑装饰装修工程质量验收标准》4.1.10：
  各种砂浆抹灰层，在凝结前应防止快干、水冲、撞击、振动和受冻，在凝结后应采取措施防止沾污和损坏。水泥砂浆抹灰层应在湿润条件下养护。

6. 下列做法中，不属于一般抹灰工程基层处理工作的是：(2017-091)
  A. 对凹凸不平的基层表面剔平，或用1∶3水泥砂浆补平
  B. 对墙体及楼板上的预留洞处的缝隙用水泥或混合砂浆嵌塞密实
  C. 比较光滑的墙面作凿毛处理，或涂刷界面剂
  D. 对有防水防潮要求的墙面，用防水砂浆抹灰
【答案】D
【解析】D选项已不属于基层处理工作。抹灰工程基层处理的工艺要求有：
  ①基层清理：抹灰前基层表面的尘土、污垢、油渍等应清除干净，并应洒水润湿。
  其中：砖砌体应清除表面杂物、尘土，抹灰前应洒水湿润；混凝土表面应凿毛或在表面洒水润湿后涂刷1∶1水泥砂浆（加适量胶粘剂）；加气混凝土应在湿润后，边刷界面剂边抹 强度不小于M5的水泥混合砂浆。表面凹凸明显的部位应事先剔平或用1∶3水泥砂浆补平。抹灰工程应在基体或基层的质量验收合格后施工。
  ②非常规抹灰的加强措施：当抹灰总厚度大于或等于35mm时，应采取加强措施。
  不同材料基体交接处表面的抹灰，应采取防止开裂的加强措施。当采用加强网时，加强网与各基体的搭接宽度不应小于100mm。加强网应绷紧、钉牢。
  ③细部处理：外墙抹灰工程施工前应先安装钢木门窗框、护栏等，并应将墙上的施工孔洞堵塞密实。室内墙面、柱面和门洞口的阳角做法应符合设计要求。设计无要求时，应采用1∶2水泥砂浆做暗护角，其高度不应低于2m，每侧宽度不应小于50mm。

7. 关于一般抹灰施工及基层处理的说法，错误的是：(2019-092)
  A. 滴水线应外高内低
  B. 不同材料基体交接处采取加强措施
  C. 光滑基体表面应作凿毛处理
  D. 抹灰厚度大于35mm时应采取加强措施
【答案】A
【解析】《建筑装饰装修工程质量验收标准》：
4.1.4 抹灰工程应对下列隐蔽工程项目进行验收：

1. 抹灰总厚度大于或等于35mm时的加强措施；
2. 不同材料基体交接处的加强措施。（选项B、D正确）

4.2.9 有排水要求的部位应做滴水线（槽）。滴水线（槽）应整齐顺直，滴水线应内高外低，滴水槽的宽度和深度应满足设计要求，且均不应小于10mm。（选项A错误）

一般抹灰工程基层处理工作包括：对凹凸不平的基层表面剔平，或用1：3水泥砂浆补平；对墙体及楼板上的预留洞处的缝隙用水泥或混合砂浆嵌塞密实；比较光滑的墙面作凿毛处理，或涂刷界面剂。（选项C正确）

8. 关于一般抹灰施工及基层处理的说法，错误的是：(2018-092)
   A. 滴水线（槽）的宽度与深度不应小于10mm
   B. 对墙体及楼板上的预留洞处的缝隙用水泥或混合砂浆嵌塞密实
   C. 太光的墙面应作凿毛处理或涂刷界面剂
   D. 在石灰砂浆基层上宜采用抹水泥砂浆面层

【答案】D

【解析】同题7解析。

底层抹灰砂浆强度不应高于基层墙体，中层抹灰砂浆强度不应高于底层抹灰砂浆。水泥砂浆不得抹在石灰砂浆上，罩面石膏灰不得抹在水泥砂浆上。（选项D错误）

9. 关于涂饰工程，正确的是：(2010-096、2012-087)
   A. 水性涂料涂饰工程施工的环境温度应在0℃~35℃之间
   B. 涂饰工程应在涂层完毕后及时进行质量验收
   C. 厨房、卫生间墙面必须使用耐水腻子
   D. 涂刷乳液型涂料时，基层含水率应该大于12%

【答案】C

【解析】《建筑装饰装修工程质量验收标准》：

12.1.5 涂饰工程的基层处理应符合下列规定：
   3. 混凝土或抹灰基层在用溶剂型腻子找平或直接涂刷溶剂型涂料时，含水率不得大于8%；在用乳液型腻子找平或直接涂刷乳液型涂料时，含水率不得大于10%，木材基层的含水率不得大于12%；
   5. 厨房、卫生间墙面的找平层应使用耐水腻子。

12.1.6 水性涂料涂饰工程施工的环境温度应为5℃~35℃。

12.1.8 涂饰工程应在涂层养护期满后进行质量验收。

10. 在涂饰工程中，不属于溶剂型涂料的是：(2013-097)
   A. 合成树脂乳液涂料　　　　B. 丙烯酸酯涂料
   C. 聚氨酯丙烯酸涂料　　　　D. 有机硅丙烯酸涂料

【答案】A

【解析】《建筑装饰装修工程质量验收标准》12.1.1：

本章适用于水性涂料涂饰、溶剂型涂料涂饰、美术涂饰等分项工程的质量验收。水性涂料包括乳液型涂料、无机涂料、水溶性涂料等；溶剂型涂料包括丙烯酸酯涂料、聚氨酯丙烯酸涂料、有机硅丙烯酸涂料、交联型氟树脂涂料等；美术涂饰包括套色涂饰、滚花涂饰、仿花纹涂饰等。

11. 下列水性涂料涂饰面层中，验收规划允许少量轻微泛碱、咬色的是：(2017-096)

A. 薄涂料普通涂饰面层　　　　　　B. 厚涂料高级涂饰面层
C. 复合涂饰面层　　　　　　　　　D. 美术涂饰面层

【答案】A

【解析】《建筑装饰装修工程质量验收标准》12.2.5：
薄涂料的涂饰质量和检验方法应符合表12.2.5的规定。

表12.2.5 薄涂料的涂饰质量和检验方法

项次	项目	普通涂饰	高级涂饰	检验方法
1	颜色	均匀一致	均匀一致	观察
2	光泽、光滑	光泽基本均匀，光滑无挡手感	光泽均匀一致、光滑	
3	泛碱、咬色	允许少量轻微	不允许	
4	流坠、疙瘩	允许少量轻微	不允许	
5	砂眼、刷纹	允许少量轻微砂眼、刷纹通顺	无砂眼、无刷纹	

12. 基于资源与环境的考虑，应尽量少采用：(2017-092、1-2007-045)

A. 水刷石　　　　　　　　　　　　B. 斩假石
C. 干粘石　　　　　　　　　　　　D. 假面砖

【答案】A

【解析】《建筑装饰装修工程质量验收标准》第4.1.1条文说明：
　　本标准将一般抹灰工程分为普通抹灰和高级抹灰两级，抹灰等级应由设计单位按照国家有关规定，根据技术、经济条件和装饰美观的需要来确定，并在施工图中注明。根据国内装饰抹灰的实际情况，本标准保留了水刷石、斩假石、干粘石、假面砖等项目，但水刷石浪费水资源，并对环境有污染，应尽量减少使用。

13. 油漆涂刷时，基层表面应充分干燥，对于施工时温度及相对湿度的要求正确的是：(2012-079)

A. 温度不宜低于15℃，相对湿度不宜大于70%
B. 温度不宜低于10℃，相对湿度不宜大于70%
C. 温度不宜低于15℃，相对湿度不宜大于60%
D. 温度不宜低于10℃，相对湿度不宜大于60%

【答案】C

【解析】油漆涂刷时，基层表面应充分干燥，施工时温度不宜低于15℃，相对湿度不宜大于60%。

14. 关于门窗工程的说法，错误的是：(2018-093、2019-093)

A. 人造木材门窗需做甲醛指标的复验
B. 特种门及其附件需有生产许可文件
C. 在砌体上安装门窗应采用射钉固定
D. 木门窗与砌体接触处应做防腐处理

【答案】C

【解析】《建筑装饰装修工程质量验收标准》6.1.11：
建筑外门窗安装必须牢固。在砌体上安装门窗严禁采用射钉固定。（选项C错误）

15. 下列对暗龙骨石膏板吊顶接缝的处理正确的是：(2012-069)

A. 防裂处理
B. 嵌缝处理
C. 防火处理
D. 贴布处理

【答案】A

【解析】《建筑装饰装修工程质量验收标准》7.2.5：
石膏板、水泥纤维板的接缝应按其施工工艺标准进行板缝防裂处理。安装双层板时，面层板与基层板的接缝应错开，并不得在同一根龙骨上接缝。

16. 吊顶工程中隐蔽工程验收项目不包括：(2017-094)

A. 木龙骨防火、防腐处理
B. 吊顶工程施工图
C. 吊杆安装
D. 填充材料的设置

【答案】B

【解析】《建筑装饰装修工程质量验收标准》7.1.4：
吊顶工程应对下列隐蔽工程项目进行验收：
1. 吊顶内管道、设备的安装及水管试压、风管严密性检验；
2. 木龙骨防火、防腐处理；
3. 埋件；
4. 吊杆安装；
5. 龙骨安装；
6. 填充材料的设置；
7. 反支撑及钢结构转换层。

17. 下列轻质隔墙工程的部位中需采取防开裂措施的是：(2018-094)

A. 轻质隔墙与地面的交接处
B. 轻质隔墙的纵横墙转角处
C. 轻质隔墙与其他墙体的交接处
D. 轻质隔墙与门窗侧边的交接处

【答案】C

【解析】《建筑装饰装修工程质量验收标准》8.1.7：
轻质隔墙与顶棚和其他墙体的交接处应采取防开裂措施。（选项C正确）

18. 下列轻质隔墙工程验收项目中，不属于隐蔽验收项目的是：(2019-094)

A. 隔墙板甲醛释放量

B. 隔墙内水管试压
C. 木龙骨防火与防腐
D. 填充材料的设置

【答案】A

【解析】《建筑装饰装修工程质量验收标准》8.1.4：
轻质隔墙工程应对下列隐蔽工程项目进行验收：
1. 骨架隔墙中设备管线的安装及水管试压；（选项B正确）
2. 木龙骨防火和防腐处理；（选项C正确）
3. 预埋件或拉结筋；
4. 龙骨安装；
5. 填充材料的设置。（选项D正确）

19. 罩面用的磨细石灰粉熟化时间：(2012-067)
    A. 3d　　　　　　　　　　B. 7d
    C. 10d　　　　　　　　　 D. 15d

【答案】A

【解析】《建筑装饰装修工程质量验收规范》GB 50210—2001 4.1.8：
抹灰用的石灰膏的熟化期不应少于15d；罩面用的磨细石灰粉的熟化期不应少于3d。

20. 饰面工程中，外墙面砖施工的表面平整允许偏差为：(2012-097)
    A. 1mm　　　　　　　　　B. 2mm
    C. 3mm　　　　　　　　　D. 4mm

【答案】D

【解析】《建筑装饰装修工程质量验收规范》10.3.11：
外墙饰面砖粘贴的允许偏差和检验方法应符合表10.3.11的规定。

表10.3.11 外墙饰面砖粘贴的允许偏差和检验方法

项次	项目	允许偏差（mm）	检验方法
1	立面垂直度	3	用2m垂直检测尺检查
2	表面平整度	4	用2m靠尺和塞尺检查
3	阴阳角方正	3	用200mm直角检查尺检查
4	接缝直线度	3	拉5m线，不足5m拉通线，用钢直尺检查
5	接缝高低差	1	用钢直尺和塞尺检查
6	接缝宽度	1	用钢直尺检查

21. 明龙骨吊顶工程的饰面材料与龙骨的搭接宽度应大于龙骨受力面宽度的：(2010-094)
    A. 2/3　　　　　　　　　　B. 1/2
    C. 1/3　　　　　　　　　　D. 1/4

【答案】A

【解析】《建筑装饰装修工程质量验收标准》7.3.3：

面板的安装应稳固严密。面板与龙骨的搭接宽度应大于龙骨受力面宽度的 2/3。

22. 饰面板安装工程中，后置埋件必须满足设计要求的：(2010-097)
    A. 现场抗扭强度　　　　　　　　B. 现场抗剪强度
    C. 现场拉拔强度　　　　　　　　D. 现场抗弯强度
    【答案】C
    【解析】《建筑装饰装修工程质量验收标准》：
    9.2.3　石板安装工程的预埋件（或后置埋件）、连接件的材质、数量、规格、位置、连接方法和防腐处理应符合设计要求。后置埋件的现场拉拔力应符合设计要求。石板安装应牢固。

    9.3.3　陶瓷板安装工程的预埋件（或后置埋件）、连接件的材质、数量、规格、位置、连接方法和防腐处理应符合设计要求。后置埋件的现场拉拔力应符合设计要求。陶瓷板安装应牢固。

23. 关于饰面板安装工程，说法正确的是：(2013-094)
    A. 对深色花岗石须就放射性复验
    B. 预埋件、连接件的规格、连接方式必须符合设计要求
    C. 饰面板的嵌缝材料须进行耐候性复验
    D. 饰面板与基体之间的灌注材料应有吸水率的复检报告
    【答案】B
    【解析】《建筑装饰装修工程质量验收标准》：
    9.1.3　饰面板工程应对下列材料及其性能指标进行复验：
    　　1. 室内用花岗石板的放射性、室内用人造木板的甲醛释放量；
    　　2. 水泥基粘结料的粘结强度；
    　　3. 外墙陶瓷板的吸水率；
    　　4. 严寒和寒冷地区外墙陶瓷板的抗冻性。
    9.2.3　石板安装工程的预埋件（或后置埋件）、连接件的材质、数量、规格、位置、连接方法和防腐处理应符合设计要求。后置埋件的现场拉拔力应符合设计要求。石板安装应牢固。

24. 铝合金门窗和塑料门窗的推拉门窗开关力不应大于：(2010-093、2012-066)
    A. 250N　　　　　　　　　　　　B. 200N
    C. 150N　　　　　　　　　　　　D. 100N
    【答案】因规范更新无正确选项
    【解析】《建筑装饰装修工程质量验收标准》：
    6.3.6　金属门窗推拉门窗扇开关力不应大于50N。
    6.4.10　塑料门窗扇的开关力应符合下列规定：
    　　1. 平开门窗扇平铰链的开关力不应大于80N；滑撑铰链的开关力不应大于80N，并不应小于30N；
    　　2. 推拉门窗扇的开关力不应大于100N。

25. 对组合窗拼樘料的规格、尺寸、壁厚等必须由设计确定，这是基于下列哪项要求？(2017-093)

　　A. 建筑立面　　　　　　　　　　B. 使用功能
　　C. 承受荷载　　　　　　　　　　D. 施工工艺

【答案】C

【解析】《建筑装饰装修工程质量验收标准》第 6.1.10 条文说明：

　　组合门窗拼樘料不仅起连接作用，而且是组合窗的重要受力部件，故对其材料应严格要求，其规格、尺寸、壁厚等应由设计给出，并应使组合窗能够承受该地区的瞬时风压值。

26. 关于玻璃安装，下列表述不正确的是：(2012-098)

　　A. 门窗玻璃不应直接接触型材　　　B. 单面镀膜玻璃的镀膜层应朝向室外
　　C. 磨砂玻璃的磨砂面应朝向室内　　D. 中空玻璃的单面镀膜玻璃应在最外层

【答案】B

【解析】《建筑装饰装修工程质量验收规范》条文说明：

6.6.1 修订条文，除设计上有特殊要求，为保护镀膜玻璃上的镀膜层及发挥镀膜层的作用，特对镀膜玻璃的安装位置及朝向作出要求：单面镀膜玻璃的镀膜层应朝向室内。双层玻璃的单面镀膜玻璃应在最外层，镀膜层应朝向室内。磨砂玻璃朝向室内是为了防止磨砂层被污染并易于清洁。

6.6.7 为防止门窗的框、扇型材胀缩、变形时导致玻璃破碎，门窗玻璃不应直接接触型材。

27. 关于门窗工程施工，下列说法错误的是：(2013-093)

　　A. 在砌体上安装门窗严禁用射钉固定
　　B. 外墙金属门窗应做雨水渗透性能复验
　　C. 安装门窗所用的预埋件、锚固件应做隐蔽验收
　　D. 在砌体上安装金属门窗应采用边砌筑边安装

【答案】D

【解析】《建筑装饰装修工程质量验收标准》6.1.8：

金属门窗和塑料门窗安装应采用预留洞口的方法施工。

28. 幕墙工程隐蔽验收内容不包括：(2019-095)

　　A. 幕墙防雷连接节点　　　　　　B. 幕墙防火隔烟节点
　　C. 幕墙板缝注胶　　　　　　　　D. 单元式幕墙的封口

【答案】C

【解析】《建筑装饰装修工程质量验收标准》GB 50210—2018：

11.1.4 幕墙工程应对下列隐蔽工程项目进行验收：

　　1. 预埋件或后置埋件、锚栓及连接件；
　　2. 构件的连接节点；
　　3. 幕墙四周、幕墙内表面与主体结构之间的封堵；

4. 伸缩缝、沉降缝、防震缝及墙面转角节点；
5. 隐框玻璃板块的固定；
6. 幕墙防雷连接节点；（选项 A 正确）
7. 幕墙防火、隔烟节点；（选项 B 正确）
8. 单元式幕墙的封口节点。（选项 D 正确）

29. 不属于幕墙工程隐蔽验收的内容是：(2013-095)
　　A. 防雷装置　　　　　　　　　　B. 防火构造
　　C. 硅酮结构胶　　　　　　　　　D. 构件连接件
【答案】C
【解析】同题 28 解析。

30. 关于石材幕墙要求的下列说法中，正确的是：(2013-096)
　　A. 石材幕墙与玻璃幕墙，金属幕墙安装的垂直度允许偏差值不相等
　　B. 应进行石材用密封胶的耐污染性指标复验
　　C. 应进行石材的抗压强度复验
　　D. 所有挂件采用不锈钢材料或镀锌铁件
【答案】B
【解析】《建筑装饰装修工程质量验收标准》11.1.2：
　　幕墙工程验收时应检查下列文件和记录：
　　4. 幕墙工程所用硅酮结构胶的抽查合格证明；国家批准的检测机构出具的硅酮结构胶相容性和剥离粘结性检验报告；石材用密封胶的耐污染性检验报告；

31. 光面、镜面天然石板材安装好后，最后进行的一道工序是：(2012-089)
　　A. 灌浆　　　　　　　　　　　　B. 封口
　　C. 勾缝　　　　　　　　　　　　D. 清洁打蜡
【答案】D
【解析】光面、镜面天然石板材安装好后，最后进行的一道工序是清洁打蜡。

32. 关于金属幕墙防雷装置的说法，正确的是：(2018-095)
　　A. 防雷装置与主体结构的防雷装置应自上而下可靠连接
　　B. 金属幕墙与主体结构的防雷装置可以合并进行隐蔽工程验收
　　C. 幕墙的防雷装置应有建设单位或监理单位认可
　　D. 幕墙的防雷导线与主体结构连接时应保留表面的保护层
【答案】A
【解析】《金属与石材幕墙工程技术规范》4.4.2：
　　金属与石材幕墙的防雷设计除应符合现行国家标准《建筑物防雷设计规范》（GB 50057）的有关规定外，还应符合下列规定：
　　1. 在幕墙结构中应自上而下地安装防雷装置，并应与主体结构的防雷装置可靠连接；（选项 A 正确）
　　2. 导线应在材料表面的保护膜除掉部位进行连接；

3. 幕墙的防雷装置设计及安装应经建筑设计单位认可。

33. 关于金属幕墙施工的说法，错误的是：（2017-095）
    A. 与主体结构的防雷装置分开设备
    B. 主体结构上的后置预埋件应做拉拔力试验
    C. 变形缝的质量检查采用观察法
    D. 金属幕墙上的滴水线，流水坡向应正确、顺直
【答案】A
【解析】同题 32 解析。

34. 下列属于石材幕墙质量验收主控项目的是：（2010-095）
    A. 幕墙的垂直度   B. 幕墙表面的平整度
    C. 板材上沿的水平度   D. 幕墙的渗漏
【答案】D
【解析】《建筑装饰装修工程质量验收标准》：

11.4.1 石材幕墙工程主控项目应包括下列项目：
    1. 石材幕墙工程所用材料质量；
    2. 石材幕墙的造型、立面分格、颜色、光泽、花纹和图案；
    3. 石材孔、槽加工质量；
    4. 石材幕墙主体结构上的埋件；
    5. 石材幕墙连接安装质量；
    6. 金属框架和连接件的防腐处理；
    7. 石材幕墙的防雷；
    8. 石材幕墙的防火、保温、防潮材料的设置；
    9. 变形缝、墙角的连接节点；
    10. 石材表面和板缝的处理；
    11. 有防水要求的石材幕墙防水效果。

11.4.2 石材幕墙工程一般项目应包括下列项目：
    1. 石材幕墙表面质量；
    2. 石材幕墙的压条安装质量；
    3. 石材接缝、阴阳角、凸凹线、洞口、槽；
    4. 石材幕墙板缝注胶；
    5. 石材幕墙流水坡向和滴水线；
    6. 石材表面质量；
    7. 石材幕墙安装偏差。

35. 裱糊工程中，需要涂刷抗碱封闭底漆的基层是：（2018-096、2019-096）
    A. 新建筑物的混凝土
    B. 新建筑物的吊顶表面
    C. 新建筑物的轻质隔墙面

D. 老建筑的旧墙面

【答案】A

【解析】《建筑装饰装修工程质量验收标准》GB 50210—2018：

13.1.4 裱糊工程应对基层封闭底漆、腻子、封闭底胶及软包内衬材料进行隐蔽工程验收。裱糊前，基层处理应达到下列规定：

1. 新建筑物的混凝土抹灰基层墙面在刮腻子前应涂刷抗碱封闭底漆；（选项A正确）

2. 粉化的旧墙面应先除去粉化层，并在刮涂腻子前涂刷一层界面处理剂；

……

8. 裱糊前应用封闭底胶涂刷基层。

第五节 建筑地面工程

1. 下面垫层厚度可以小于 100mm 的是：(2012-068、1-2012-059)

A. 砂石垫层　　　　　　　　B. 三合土垫层
C. 碎砖石垫层　　　　　　　D. 炉渣垫层

【答案】D

【解析】《建筑地面设计规范》：

4.2.7 砂垫层厚度，不应小于 60mm；砂石垫层厚度，不应小于 100mm；碎石（砖）垫层的厚度，不应小于 100mm。垫层应坚实、平整。

4.2.8 三合土垫层宜采用石灰、砂与碎料的拌合料铺设，其配合比宜为 1∶2∶4，厚度不应小于 100mm，并应分层夯实。

4.2.9 炉渣垫层宜采用水泥与炉渣或水泥、石灰与炉渣的拌合料铺设，其配合比宜为 1∶6 或 1∶1∶6，厚度不应小于 80mm。

2. 当水泥混凝土垫层铺设在基地上，且气温长期处于 0℃ 以下时，应设置：(2010-098)

A. 伸缩缝　　　　　　　　　B. 沉降缝
C. 施工缝　　　　　　　　　D. 膨胀缝

【答案】A

【解析】《建筑地面工程施工质量验收规范》4.8.1：

水泥混凝土垫层和陶粒混凝土垫层应铺设在基土上。当气温长期处于 0℃ 以下，设计无要求时，垫层应设置缩缝，缝的位置、嵌缝做法等应与面层伸、缩缝相一致，并应符合本规范第 3.0.16 条的规定。

3. 关于地面工程施工的说法，正确的是：(2017-097)

A. 碎石垫层的厚度不应小于 60mm
B. 在干燥的水泥类基层上铺设水泥混凝土垫层
C. 卫生间地面铺设前需对立管、套管、地漏等处节点密封进行隐蔽工程
D. 有地暖的楼面应增设水泥混凝土垫层后方可铺设绝热层

【答案】C

【解析】《建筑地面工程施工质量验收规范》：

4.4.1 砂垫层厚度不应小于 60mm；砂石垫层厚度不应小于 100mm。

4.8.1 水泥混凝土垫层和陶粒混凝土垫层应铺设在基土上。当气温长期处于0℃以下，设计无要求时，垫层应设置缩缝，缝的位置、嵌缝做法等应与面层伸、缩缝相一致，并应符合本规范第 3.0.16 条的规定。

4.9.3 有防水要求的建筑地面工程，铺设前必须对立管、套管和地漏与楼板节点之间进行密封处理，并应进行隐蔽验收；排水坡度应符合设计要求。

4.12.2 建筑物室内接触基土的首层地面应增设水泥混凝土垫层后方可铺设绝热层，垫层的厚度及强度等级应符合设计要求。首层地面及楼层楼板铺设绝热层前，表面平整度宜控制在 3mm 以内。

4. 下列楼地面施工作法的表述中，错误的是：(2013-098)
   A. 有防水要求的地面工程应对立管、套管、地漏与节点之间进行密封处理，并应进行隐蔽验收
   B. 有防静电要求的整体地面工程，应对导电地网系统与接地引下线的连接进行隐蔽验收
   C. 找平层采用碎石或卵石的粒径不应大于其厚度 2/3
   D. 预制板相邻板缝应采用水泥砂浆嵌填

【答案】D

【解析】《建筑地面工程施工质量验收规范》：

4.9.3 有防水要求的建筑地面工程，铺设前必须对立管、套管和地漏与楼板节点之间进行密封处理，并应进行隐蔽验收；排水坡度应符合设计要求。

4.9.4 在预制钢筋混凝土板上铺设找平层前，板缝填嵌的施工应符合下列要求：

   3. 填缝应采用细石混凝土，其强度等级不应小于 C20。填缝高度应低于板面 10mm～20mm，且振捣密实；填缝后应养护。当填缝混凝土的强度等级达到 C15 后方可继续施工。

4.9.6 找平层采用碎石或卵石的粒径不应大于其厚度的 2/3，含泥量不应大于 2%；砂为中粗砂，其含泥量不应大于 3%。

4.9.9 在有防静电要求的整体面层的找平层施工前，其下敷设的导电地网系统应与接地引下线和地下接电体有可靠连接，经电性能检测且符合相关要求后进行隐蔽工程验收。

5. 厚度 25mm 的地面找平层，最适应采用的材料是：(2019-097)
   A. 水泥砂浆   B. 混合砂浆
   C. 细石混凝土   D. 普通混凝土

【答案】C

【解析】《建筑地面工程施工质量验收规范》4.9.1：

找平层宜采用水泥砂浆或水泥混凝土铺设。当找平层厚度小于 30mm 时，宜用水泥砂浆做找平层；当找平层厚度不小于 30mm 时，宜用细石混凝土做找平层。（选项C正确）

6. 关于地面找平施工的说法，正确的是：(2018-097)

   A. 在松散的填充料上宜直接铺设找平层
   B. 找平层表面应平整光滑
   C. 卫生间地面铺设找平层前需对立管的套管、地漏等进行隐蔽工程验收
   D. 预制板缝采用水泥砂浆填缝时，其填缝高度与预制板面同高

   【答案】C

   【解析】《建筑地面工程施工质量验收规范》：

   4.9.2 找平层铺设前，当其下一层有松散填充料时，应予铺平振实。（选项A错误）

   4.9.3 有防水要求的建筑地面工程，铺设前必须对立管、套管和地漏与楼板节点之间进行密封处理，并应进行隐蔽验收；排水坡度应符合设计要求。（选项C正确）

   4.9.4 在预制钢筋混凝土板上铺设找平层前，板缝填嵌的施工应符合下列要求：

   1. 预制钢筋混凝土板相邻缝底宽不应小于20mm。
   2. 填嵌时，板缝内应清理干净，保持湿润。
   3. 填缝应采用细石混凝土，其强度等级不应小于C20。填缝高度应低于板面10mm～20mm，且振捣密实；填缝后应养护。当填缝混凝土的强度等级达到C15后方可继续施工。
   4. 当板缝底宽大于40mm时，应按设计要求配置钢筋。

   （选项D错误）

   4.9.11 找平层表面应密实，不应有起砂、蜂窝和裂缝等缺陷。（选项B错误）

7. 地面填充层的主要作用不包括：(2011-094)

   A. 找坡排水
   B. 敷设管线
   C. 隔声
   D. 保温

   【答案】B

   【解析】《建筑地面设计规范》6.0.1条文说明：

   本条规定地面的基本构造层次，而其他层次则按需要设置。填充层主要针对楼层地面遇有暗敷管线、排水找坡、保温和隔声等使用要求设置。选项B"敷设管线"不等同于"暗敷管线"，因此错误。

8. 铺设地砖结合层的水泥不宜选用：(2017-099)

   A. 硅酸盐水泥
   B. 普通硅酸盐水泥
   C. 矿渣硅酸盐水泥
   D. 粉煤灰硅酸盐水泥

   【答案】D

   【解析】《建筑地面工程施工质量验收规范》：

   6.1.3 铺设板块面层的结合层和板块间的填缝采用水泥砂浆时，应符合下列规定：

   1. 配制水泥砂浆应采用硅酸盐水泥、普通硅酸盐水泥或矿渣硅酸盐水泥；
   2. 配制水泥砂浆的砂应符合现行行业标准《普通混凝土用砂、石质量及检验方法标准》JGJ 52的有关规定；
   3. 水泥砂浆的体积比（或强度等级）应符合设计要求。

9. 铺设整体地面面层时，其水泥类基层的抗压强度最低不得小于：(2010-099)

A．1.0MPa   B．1.2MPa
C．1.5MPa   D．1.8MPa

【答案】B

【解析】《建筑地面工程施工质量验收规范》5.1.2：

铺设整体面层时，水泥类基层的抗压强度不得小于1.2MPa；表面应粗糙、洁净、湿润并不得有积水。铺设前宜凿毛或涂刷界面剂。硬化耐磨面层、自流平面层的基层处理应符合设计及产品的要求。

10. 活动地板面层质量标准中规定，地板块应平整、坚实，其面层承载力不得小于（　　）MPa。(2012-095)

A．2   B．6
C．7.5   D．5.5

【答案】C

【解析】《建筑地面工程施工质量验收规范》：

活动地板面层包括标准地板、异形地板和地板附件（即支架和横梁组件），采用的活动地板块应平整、坚实，面层承载力不得小于7.5MPa。

11. 地面工程中，水泥混凝土整体面层不正确的做法是：(2010-100)

A．强度等级不应小于C20   B．铺设时不得留施工缝
C．养护时间不少于3d   D．抹灰应在水泥初凝前完成

【答案】C

【解析】《建筑地面工程施工质量验收规范》：

5.1.4 整体面层施工后，养护时间不应少于7d；抗压强度应达到5MPa后方准上人行走；抗压强度应达到设计要求后，方可正常使用。

5.1.6 水泥类整体面层的抹平工作应在水泥初凝前完成，压光工作应在水泥终凝前完成。

5.2.2 水泥混凝土面层铺设不得留施工缝。当施工间隙超过允许时间规定时，应对接槎处进行处理。

5.2.5 面层的强度等级应符合设计要求，且强度等级不应小于C20。

12. 下列地面面层中，不得敷设管线的是：(2018-098、2019-098)

A．水泥混凝土面层   B．硬化耐磨面层
C．水泥砂浆面层   D．防油渗面层

【答案】D

【解析】《建筑地面工程施工质量验收规范》5.6.5：

防油渗混凝土面层内不得敷设管线。露出面层的电线管、接线盒、预埋套管和地脚螺栓等的处理，以及与墙、柱、变形缝、孔洞等连接处泛水均应采取防油渗措施并应符合设计要求。（选项D正确）

13. 在面层中不得敷设管线的整体楼地面面层是：(2013-099)

A. 硬化耐磨面层　　　　　　　　B. 防油渗混凝土面层
C. 水泥混凝土面层　　　　　　　D. 自流平面层

【答案】B

【解析】同题 12 解析。

14. 关于木地板施工的说法，错误的是：(2018-100)
    A. 实木踢脚线背面应抽槽并做防腐处理
    B. 大面积铺设实木复合地板面层的铺设不应分段
    C. 软木地板面层应采用粘贴方式铺设
    D. 地面辐射供暖的木地板面层采用无龙骨的空铺法铺设时，应在填充处设一层耐热防潮纸（布）

【答案】B

【解析】《建筑地面工程施工质量验收规范》：

7.2.6 采用实木制作的踢脚线，背面应抽槽并做防腐处理。（选项 A 正确）

7.3.5 大面积铺设实木复合地板面层时，应分段铺设，分段缝的处理应符合设计要求。（选项 B 错误）

7.5.1 软木类地板面层应采用软木地板或软木复合地板的条材或块材，在水泥类基层或垫层地板上铺设。软木地板面层应采用粘贴方式铺设，软木复合地板面层应采用空铺方式铺设。（选项 C 正确）

7.6.8 地面辐射供暖的木板面层采用无龙骨的空铺法铺设时，应在填充层上铺设一层耐热防潮纸（布）。（选项 D 正确）

15. 关于木地板施工的说法，错误的是：(2019-100)
    A. 实木踢脚线背面应抽槽并做防腐处理
    B. 大面积实木复合地板面层应整体一次连续铺设
    C. 软木地板面层应采用粘贴方式铺设
    D. 无龙骨空铺地面辐射供暖木板面层时，应在填充层上铺设耐热防潮纸

【答案】B

【解析】同题 14 解析。

16. 下列实木复合地板的说法中，正确的是：(2013-100)
    A. 大面积铺设时应连续铺设
    B. 相邻板材接头位置应错开，间距不小于 300mm
    C. 不应采用粘贴法铺设
    D. 不应采用无龙骨空铺法铺设

【答案】B

【解析】《建筑地面工程施工质量验收规范》：

7.2.1 实木地板、实木集成地板、竹地板面层应采用条材或块材或拼花，以空铺或实铺方式在基层上铺设。

7.2.5 实木地板、实木集成地板、竹地板面层铺设时，相邻板材接头位置应错开不

小于 300mm 的距离；与柱、墙之间应留 8mm～12mm 的空隙。

17. 关于饰面砖面层施工的说法，正确的是：(2018-099)
   A. 饰面砖面层可以在水泥混合砂浆结合层上铺设
   B. 陶瓷锦砖铺贴至柱、墙处应用砂浆填补
   C. 大理石、花岗岩板材应浸湿，并保证在湿润的状态下铺设
   D. 大理石、花岗岩面层铺贴前，板材的背面和侧面应进行防碱处理

【答案】D

【解析】《建筑地面工程施工质量验收规范》：

6.2.1 砖面层可采用陶瓷锦砖、缸砖、陶瓷地砖和水泥花砖，应在结合层上铺设。（选项 A 错误）

6.2.3 在水泥砂浆结合层上铺贴陶瓷锦砖面层时，砖底面应洁净，每联陶瓷锦砖之间、与结合层之间以及在墙角、镶边和靠柱、墙处应紧密贴合。在靠柱、墙处不得采用砂浆填补。（选项 B 错误）

6.3.3 铺设大理石、花岗石面层前，板材应浸湿、晾干；结合层与板材应分段同时铺设。（选项 C 错误）

6.3.7 大理石、花岗石面层铺设前，板块的背面和侧面应进行防碱处理。（选项 D 正确）

18. 关于地面工程饰面砖及饰面板面层施工的说法，正确的是：(2019-099)
   A. 饰面砖面层可以在水泥混合砂浆结合层上铺设
   B. 陶瓷锦砖铺贴至柱、墙处应用砂装填补
   C. 大理石、花岗岩板材应浸湿，并在保持充分湿润的状态下铺设
   D. 大理石、花岗岩面铺贴前，板材的背面和侧面应进行防碱背涂处理

【答案】D

【解析】同题 17 解析。

19. 下列关于水磨石地面的说法不正确的是：(2011-093)
   A. 浅色水磨石地面用白水泥
   B. 普通水磨石地面磨光遍数不少于"两浆三磨"
   C. 面层拌和物采用体积比为 1∶1.52
   D. 掺绝缘材质可以防静电

【答案】D

【解析】《建筑地面工程施工质量验收规范》：

5.4.1 水磨石面层应采用水泥与石粒拌和料铺设，有防静电要求时，拌和料内应按设计要求掺入导电材料。面层厚度除有特殊要求外，宜为 12～18mm，且宜按石粒粒径确定。水磨石面层的颜色和图案应符合设计要求。

5.4.2 白色或浅色的水磨石面层应采用白水泥；深色的水磨石面层宜采用硅酸盐水泥、普通硅酸盐水泥或矿渣硅酸盐水泥；同颜色的面层应使用同一批水泥。

同一彩色面层应使用同厂、同批的颜料；其掺入量宜为水泥重量的 3%～6% 或由

试验确定。

5.4.5 普通水磨石面层磨光遍数不应少于3遍。高级水磨石面层的厚度和磨光遍数应由设计确定。

5.4.9 水磨石面层拌和料的体积比应符合设计要求,且水泥与石粒的比例应为1:1.5～1:2.5。

20. 关于建筑地面工程整体面层铺设的说法,正确的是:(2017-098)
  A. 水泥类整体面层,抹平工作应在水泥终凝前完成
  B. 水泥类面层必须设置分格缝
  C. 整体面层的养护时间不应少于7天
  D. 铺设整体面层时,水泥类基层的抗压强度不宜小于1.2MPa
【答案】C
【解析】《建筑地面工程施工质量验收规范》:

5.1.2 铺设整体面层时,水泥类基层的抗压强度不得小于1.2MPa;表面应粗糙、洁净、湿润并不得有积水。铺设前宜凿毛或涂刷界面剂。硬化耐磨面层、自流平面层的基层处理应符合设计及产品的要求。

5.1.3 铺设整体面层时,地面变形缝的位置应符合本规范第3.0.16条的规定;大面积水泥类面层应设置分格缝。

5.1.4 整体面层施工后,养护时间不应少于7d;抗压强度应达到5MPa后方准上人行走;抗压强度应达到设计要求后,方可正常使用。

5.1.6 水泥类整体面层的抹平工作应在水泥初凝前完成,压光工作应在水泥终凝前完成。

21. 地面辐射供暖的非整体面层不宜选用:(2017-100)
  A. 陶瓷地砖   B. 人造石板
  C. 实木复合地板   D. 软木复合地板
【答案】D
【解析】《建筑地面工程施工质量验收规范》:

6.10.1 地面辐射供暖的板块面层宜采用缸砖、陶瓷地砖、花岗石、水磨石板块、人造石板块、塑料板等,应在填充层上铺设。

7.6.1 地面辐射供暖的木板面层宜采用实木复合地板、浸渍纸层压木质地板等,应在填充层上铺设。

第五章 真题与答案

说明：因全套真题中的个别试题通过所有渠道均无法搜索到准确信息，为保证本书真题的准确真实性，缺失试题的答案以"/"表示；因标准规范更新，原题选项无正确答案的试题，其答案以"无"表示。

第一节 2017年真题与答案

一、2017年真题

1. 下列行为中，违反《注册建筑师条例》的是：
   A. 对本人主持的项目盖章、签字
   B. 作为某市建设管理委员会的专家库成员，对某建设项目进行技术评审
   C. 二级注册建筑师在三星级酒店施工图设计图纸签字、盖注册章
   D. 建筑物调查与鉴定

2. 大学建筑系教授通过了注册建筑师考试，他可以申请注册的单位是：
   A. 本地某国营设计院   B. 外地某国营设计院
   C. 所在大学建筑设计院   D. 某民营设计院

3. 在工业建筑设计项目中，须由注册建筑师担任：
   A. 工艺专业负责人   B. 审核人
   C. 建筑专业负责人   D. 审定人

4. 注册建筑师由于受到行政处罚被吊销证书，自吊销之日起不予注册的年限为：
   A. 1   B. 2   C. 3   D. 5

5. 关于建筑工程设计标准的说法，正确的是：
   A. 国家鼓励制定符合国情的国家标准，反对采用国际标准
   B. 标准分为国家标准、行业标准、地方标准、企业标准
   C. 对于同一技术要求，国家标准公布之后，行业标准平行使用
   D. 地方标准不得高于行业标准

6. 下列行为中，不属于注册建筑师执业范围的是：
   A. 建筑工程技术咨询
   B. 受业主委托进行施工指导并承担现场安全责任
   C. 建筑物调查与鉴定
   D. 建筑工程设计文件及施工图审查

7. 下列按照国家规定需要政府审批的项目中，必须进行招标的是：
   A. 汶川地震时期的抗震救灾房
   B. 市政府办公大楼
   C. 采用了某最新装配式建筑专利的科技示范楼
   D. 某街道办事处 100m² 单层普通办公用房建筑设计

8. 设计公司向建设单位寄送业绩图册和价目表的行为属于：
   A. 订立合同   B. 要约
   C. 要约邀请   D. 承诺

9. 某直辖市拟建设某项目不宜公开招标的市重点项目，可以批准对该项目进行邀请招标的部门是：
   A. 该市国土局   B. 该市人民政府
   C. 该市发展和改革委员会   D. 该市规划局

10. 初步设计文件成果包括：
    A. 工程估算书   B. 工程概算书
    C. 工程预算书   D. 工程结算书

11. 建筑专业施工图设计依据不包括：
    A. 设计合同   B. 方案批复文件
    C. 民用建筑设计通则   D. 商品房销售许可文件

12. 编制工程勘察、设计文件的依据不包括：
    A. 城乡规划   B. 项目批准文件
    C. 工程勘察设计收费管理规定   D. 工程建设强制性标准

13. 定期对施工图设计文件审查单位实施强制性标准的监督进行检查的部门是：
    A. 国务院住房城乡建设行政主管部门   B. 规划审查机关
    C. 工程建设标准批准部门   D. 工程质量监督机构

14. 省会城市的总体规划最终审批部门是：
    A. 省人民政府   B. 省人大常委会
    C. 国务院   D. 省委常委会

15. 近期建设规划的规划期限为：
    A. 3 年   B. 5 年   C. 10 年   D. 20 年

16. 在城市、乡镇区域内，以划拨方式提供国有土地使用权的建设项目，下列 3 个证件办理顺序是：
    A. 建设工程规划许可证、建设用地规划许可证、国有土地使用证
    B. 建设用地规划许可证、国有土地使用证、建设工程规划许可证
    C. 国有土地使用证、建设工程规划许可证、建设用地规划许可证
    D. 国有土地使用证、建设用地规划许可证、建设工程规划许可证

17. 规定土地使用权出让最高年限的部门是：
 A. 国务院 B. 规划管理部门
 C. 土地管理部门 D. 各级政府

18. 以出让方式取得的工业用地使用年限最高为：
 A. 70 年 B. 50 年
 C. 40 年 D. 20 年

19. 根据《建设工程监理范围和规模标准规定》，下列项目并非强制实行监理的是：
 A. 国家级游泳中心项目
 B. 使用世界银行贷款建设的某 1000m² 小学教室
 C. 某民营企业自建 5000m² 办公用房
 D. 某市 20000m² 的支线机场航站楼

20. 根据《实施工程建设强制性标准监督规定》，勘察、设计单位违反工程建设强制性标准进行勘察、设计的，责令改正，并处以罚款：
 A. 10～20 万元 B. 5～30 万元
 C. 10～30 万元 D. 50～100 万元

21. 下列建筑突出物，在一定条件下允许突出道路红线的为：
 A. 活动遮阳、空调机位 B. 阳光、采光井
 C. 花池、台阶 D. 地下化粪池、地下室出入口

22. 下列各类建筑的日照标准要求中，标准最高的是：
 A. 疗养院的疗养室 B. 中小学校的普通教室
 C. 幼儿园的幼儿活动室 D. 老年人住宅的卧室

23. 《民用建筑设计通则》中规定基地机动车出入口位置与大中城市主干道交叉口的距离不应小于 70m，是指下图中哪段距离？

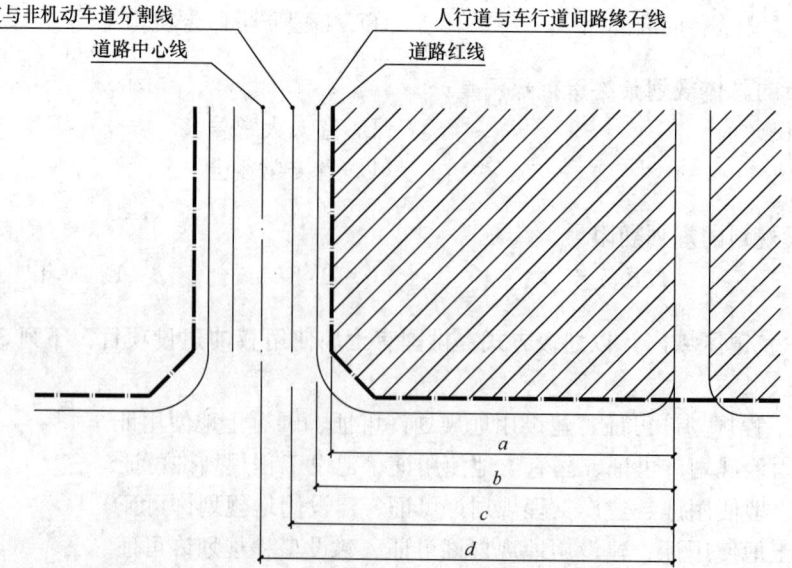

A. *a*   B. *b*
C. *c*   D. *d*

24. 室内楼梯的每个梯段步数上限、下限设计中，正确的是：
A. 17步，2步   B. 18步，2步
C. 18步，3步   D. 19步，3步

25. 下列九层住宅的阳台栏杆做法中，正确的是：

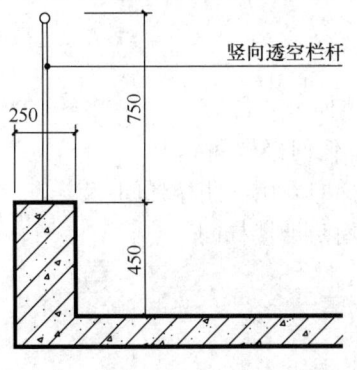 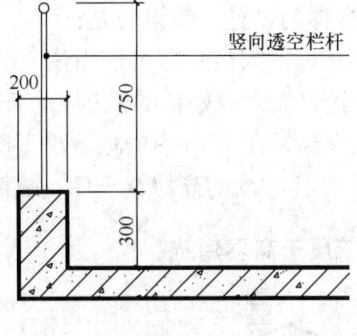

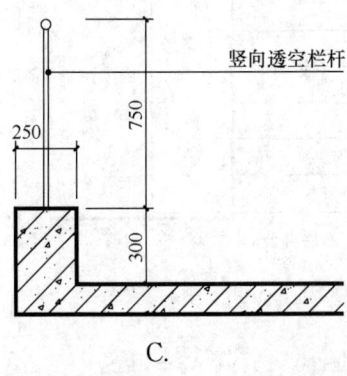 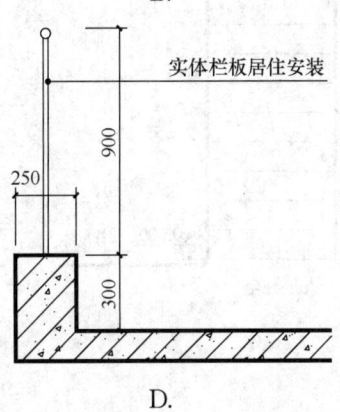

26. 下列公共建筑，可在一定条件下设置一个安全出口的是：
A. 门诊部   B. 老年活动室
C. 幼儿园的供应用房   D. 电影放映厅

27. 满足楼板耐火极限及分设疏散楼梯和安全出口的条件时，下列哪类建筑的地下部分仍不允许设置汽车库？
A. 幼儿园   B. 中小学校的教学楼
C. 医院病房楼   D. 乙类库房

28. 关于地下室、半地下室耐火等级的描述，正确的是：
A. 都不应低于二级
B. 都不应低于一级
C. 地下室的耐火等级不应低于一级，半地下室的耐火等级不应低于二级

D. 都不应低于其地上建筑的耐火等级

29. 关于消防总平面布置中"当建筑物的占地面积总和不大于2500m²时，可成组布置，但组内建筑物之间的间距不宜小于4m"的限定条件，错误的是：
    A. 高度只限于单、多层
    B. 只限于住宅、办公建筑
    C. 耐火等级不能低于二级
    D. 建筑内部要设置自动喷水灭火系统

30. 关于汽车库楼梯的设置，错误的是：
    A. 住宅地下车库的人员疏散可借用住宅部分的疏散楼梯
    B. 室内无车道且无人员停留的机械式汽车库可不设置任何楼梯间
    C. 与室外地坪高差在10m内的地下汽车库，疏散楼梯应采用封闭楼梯间
    D. 建筑高度大于32m的高层汽车库，疏散楼梯应采用防烟楼梯间

31. 下列哪栋建筑属于高层建筑？

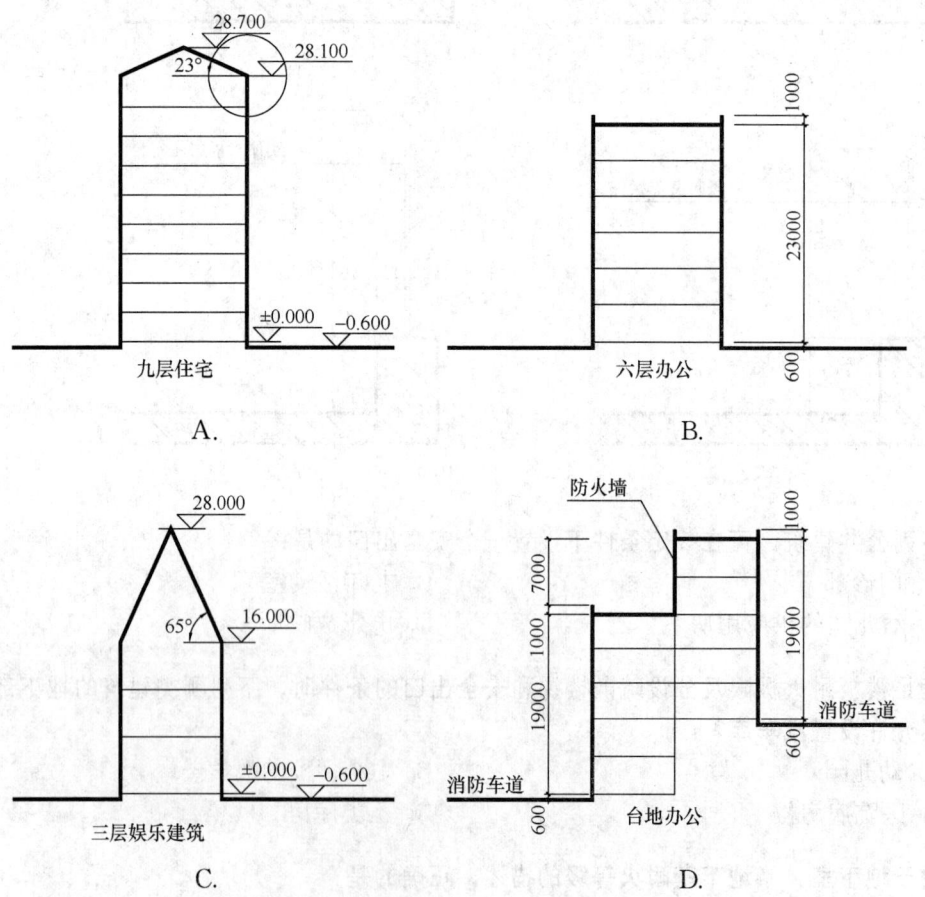

32. 下列哪个不是每栋宿舍中必须设置的功能空间？
    A. 管理室　　　　　　　　　　　B. 公共洗衣房

C. 公共活动室 D. 晾晒空间

33. 住宅共用楼梯踏步的最小宽度和最大高度分别应为多少？
A. 0.25m，0.18m B. 0.26m，0.175m
C. 0.27m，0.17m D. 0.28m，0.165m

34. 十二层及十二层以上的多单元住宅每单元只设置一部电梯时，从第十二层起相邻住宅单元上下联系廊之间的间隔不应超过多少层？
A. 二层 B. 三层
C. 四层 D. 五层

35. 旅馆中庭栏杆，当临空高度<24m时，不应低于：
A. 1.05m B. 1.10m
C. 1.20m D. 1.30m

36. 关于旅馆房间的客房净面积，描述正确的是：
A. 包含客房阳台、卫生间面积
B. 包含卫生间、门内出入口小走道面积
C. 包含客房阳台、卫生间及门内出入口小走道面积
D. 除客房阳台、卫生间和门内出入口小走道（门廊）以外的房间内面积

37. 办公建筑的采光标准可采用窗地面积比进行估算，对其计算条件没有影响的是：
A. 建筑地处的光气候区 B. 外窗采用的玻璃层数
C. 外窗采用的玻璃品种 D. 外窗朝向

38. "办公建筑的开放式、半开放式办公室，其室内任何一点至最近的安全出口直线距离不应超30m"规定中的安全出口是指：
A. 疏散楼梯间的门 B. 楼梯间前室的门
C. 房间开向疏散走道的出口 D. 任意的房间门

39. 如条件有限，办公区的人员与同在一栋楼内的哪种功能区的人员可共用？
A. 餐饮 B. 公寓
C. 裙房商场 D. 文化娱乐

40. 中小学普通教室满窗日照不应少于多少？
A. 大寒日2小时 B. 大寒日3小时
C. 冬至日2小时 D. 冬至日3小时

41. 关于幼儿园幼儿使用的楼梯设置要求中，正确的是：
A. 楼梯踏步高度宜为0.13m，宽度宜为0.26m
B. 楼梯除设成人扶手外，应在梯段一侧设幼儿扶手
C. 楼梯如采用扇形踏步，踏步上、下两级所形成的平面角度不应大于10°
D. 首层楼梯间距室外出口的距离不应大于15m

42. 中小学校化学实验室的外墙至少应设置 2 个机械排风扇，排风扇下沿应距楼地面以上多高？
    A. 0.10m～0.15m   B. 0.30m～0.35m
    C. 1.80m～1.90m   D. 2.5m 以上

43. 对于小区内的两个班的幼儿园，下列设计原则正确的是：
    A. 必须独立设置，不得与其他建筑合建
    B. 可与社区配套公共服务设施合建，但幼儿生活用房不应设置在二层以上
    C. 可与居住建筑合建，但幼儿生活用房应设在居住建筑的底层
    D. 室外活动场地可不单独设置，与小区公共绿地合用

44. 在设计幼儿园同一个班的活动室与寝室时，下列方式正确的是：
    A. 活动室和寝室均为使用面积 60m² 的房间
    B. 寝室布置在活动室的上一层
    C. 活动室和寝室合并布置成使用面积 120m² 的房间
    D. 活动室和寝室其中一个满足日照标准冬至日 3h

45. 文化馆内的美术教室应布置在下列哪个朝向？
    A. 南向   B. 北向
    C. 东向   D. 西向

46. 电影院普遍采用的银幕画幅制式配置不包括下列哪种？
    A. 等高法   B. 等宽法
    C. 等距法   D. 等面积法

47. 综合医院的住院部应与其他部分有便捷的联系，下列哪个部门除外？
    A. 门诊部   B. 医技部
    C. 手术部   D. 急诊部

48. 我国的养老发展模式中，养老方式的基础是：
    A. 社会养老   B. 机构养老
    C. 社区养老   D. 家庭养老

49. 疗养院建筑内人流使用集中的楼梯，其净宽不应小于多少？
    A. 1.20m   B. 1.40m
    C. 1.50m   D. 1.65m

50. 城市公共交通站的首站，必须设置的设施里不包括下列哪一项？
    A. 站牌   B. 候车亭
    C. 自行车存放处   D. 座椅

51. 对于地下二层的机动车库停车区域地面排水的规定，正确的是：
    A. 可不设置排水设施

B. 应有排水设施，对排水坡度不作硬性规定

C. 应有排水设施，最小坡度不应小于0.5％

D. 应有排水设施，最小坡度不应小于1％

52. 停车数量（以自行车计算）为800辆的非机动车库，车辆出入口最少应设置几个？

    A. 1个 B. 2个
    C. 3个 D. 4个

53. 汽车客运站的汽车进站口与学校主要出入口的距离不应小于多少米？

    A. 15m B. 20m
    C. 50m D. 70m

54. 下列餐厅厨房的操作间中，哪个必须设置单间？

    A. 精加工间 B. 细加工间
    C. 烹调热加工间 D. 冷荤成品加工间

55. 商店建筑外部凸出的招牌、广告的底部至室外地面的垂直距离不应小于：

    A. 2.5m B. 3.0m
    C. 4.0m D. 5.0m

56. 建筑物做无障碍设计时，需在入口、通道、无障碍卫生间等处考虑的主要问题是：

    A. 在坡度、宽度、高度上以及地面材质、扶手形式等方面方便行动障碍者

    B. 在艺术上要美观、大方、不落俗套，满足行动障碍者的审美需求

    C. 在视觉上要有冲击力，为行动障碍者提供视觉享受

    D. 要考虑智能技术，为行动障碍者提供良好的帮助

57. 下图所示的盲道砖不应设置在盲道的什么部位？

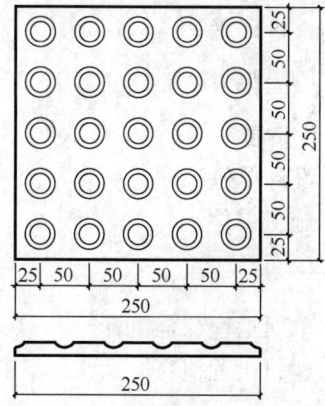

    A. 起点 B. 中间段
    C. 转弯处 D. 终点

58. 某建筑物无障碍出入口高差≤300m，拟设计坡度≤1∶20的轮椅坡道，下列关于坡道扶手的设置要求，正确的是：

A. 可不设置扶手　　　　　　　　　　B. 应至少在一侧设置扶手
C. 两侧均应设置扶手　　　　　　　　D. 扶手设置与否与建筑性质有关

59. 新建绿色适老住区绿地率应：
A. 大于20%　　　　　　　　　　　　B. 大于25%
C. 大于30%　　　　　　　　　　　　D. 大于35%

60. 民用建筑应有绿色设计专篇的阶段是：
A. 绿色设计策划　　　　　　　　　　B. 概念设计
C. 方案设计　　　　　　　　　　　　D. 施工图设计

61. 对绿色建筑进行设计评价的阶段是：
A. 方案设计审查通过后　　　　　　　B. 初步设计审查通过后
C. 扩大初步设计审查通过后　　　　　D. 施工图设计审查通过后

62. 绿色设计方案优先采用的是：
A. 被动设计策略　　　　　　　　　　B. 集成技术体系
C. 高性能建筑产品　　　　　　　　　D. 高性能的设备

63. 绿色设计应体现的理念是：
A. 优化流程、增加内涵　　　　　　　B. 共享、平衡、集成
C. 创新方法实现集成　　　　　　　　D. 全面审视、综合权衡

64. 一栋六层已竣工验收的住宅，申报绿色建筑运行评价的时间是：
A. 投入使用的同时　　　　　　　　　B. 投入使用1年后
C. 投入使用2年后　　　　　　　　　D. 投入使用3年后

65. 不属于"绿色建筑"概念的是：
A. 节约资源　　　　　　　　　　　　B. 保护环境
C. 减少污染　　　　　　　　　　　　D. 降低造价

66. 招标工程量清单的准确性和完整性应由什么单位负责？
A. 建设单位　　　　　　　　　　　　B. 设计单位
C. 监理单位　　　　　　　　　　　　D. 施工单位

67. 设计概算的编制，通常是从哪一级开始的？
A. 建设项目总概算　　　　　　　　　B. 单项工程综合概算
C. 单位工程概算　　　　　　　　　　D. 建筑工程概算

68. 根据初步设计文件估计建设项目总造价时应依据的定额是：
A. 施工定额　　　　　　　　　　　　B. 预算定额
C. 概算定额　　　　　　　　　　　　D. 概算指标

69. 建设项目总概算是确定整个建设项目哪个时间段的全部费用的文件？

A. 从初步设计开始到竣工验收　　　B. 从施工开始到交付使用
C. 从签订设计合同开始到交付使用　　D. 从筹建开始到竣工验收

70. 在一般工业建设项目的固定资产投资中，所占比例较大的费用通常是：
A. 建筑工程费　　　　　　　　　　B. 设备及工器具购置费
C. 工程建设其他费　　　　　　　　D. 建设期贷款利息

71. 下列形式的带形基础中，每立方米综合单位最低是：
A. 素混凝土 C15 基础　　　　　　　B. 无圈梁砖基础
C. 有梁式钢筋混凝土 C15 基础　　　D. 无梁式钢筋混凝土 C15 基础

72. 某住宅小区规划建设用地面积为 50000m²，总建筑面积为 12000m²，红线范围内各类建筑基底面积之和为 25000m²，则该住宅小区的建筑密度为：
A. 10%　　　　　　　　　　　　　B. 41.7%
C. 50%　　　　　　　　　　　　　D. 100%

73. 某工业项目中，建筑物占地面积 2000m²，厂区道路占地面积 200m²，工程管网占地面积 300m²，厂区总占地面积 3000m²，则该项目土地利用系数为：
A. 66.67%　　　　　　　　　　　　B. 73.33%
C. 76.67%　　　　　　　　　　　　D. 83.33%

74. 建筑面积一定时，可以提高公共建筑设计方案中平面有效利用率的做法是：
A. 同时减少使用房间面积和辅助面积　　B. 增加结构面积，减少辅助面积
C. 增大使用房间面积，减少结构面积　　D. 增大辅助面积，减少使用房间面积

75. 根据《建设工程工程量清单计价规范》GB 50500—2013 编制的建筑工程招标工程量清单中，挖土方清单项的工程量是 4000m³，下列说法正确的是：
A. 施工企业实际挖土方清单项的工程数量一定是 4000m³
B. 根据设计图纸计算的挖土方清单项的净量是 4000m³
C. 施工企业实际挖土方清单项的工程数量不应该超过 4000m³
D. 根据施工企业施工方案计算的挖土方清单项工程数量是 4000m³

76. 初步设计完成后，设计项目比选时采用的建筑工程单方造价一般是指：
A. 工程概算价格/使用面积　　　　　B. 工程估算价格/建筑面积
C. 工程概算价格/建筑面积　　　　　D. 工程估算价格/占地面积

77. 多层砖混结构房屋建筑，在不改变其他设计的情况下，随着层高每增加 10cm，土建工程单方造价的变化规律是：
A. 略微增加　　　　　　　　　　　B. 减少
C. 不变　　　　　　　　　　　　　D. 明显增加

78. 根据《建筑工程建筑面积计算规范》GB/T 50353—2013，建筑物自然层，层高达到多少米及以上时应按全面积计算建筑面积：

A. 1.20 B. 1.50
C. 1.80 D. 2.20

79. 根据《建筑工程建筑面积计算规范》GB/T 50353—2013，建筑物的围护结构不垂直水平面的楼层，其结构层净高最低要达到多少米时才按全面积计算建筑面积？
    A. 1.20 B. 2.10
    C. 2.20 D. 3.00

80. 根据《建筑工程建筑面积计算规范》GB/T 50353—2013，不应计算建筑面积的是：
    A. 设置在建筑物墙体外起装饰作用的玻璃幕墙
    B. 设计出挑宽度大于 2.10m 的雨篷
    C. 两个建筑物之间有围护设施的架空走廊
    D. 室内疏散楼梯

81. 关于砌体结构中构造柱的说法，正确的是：
    A. 构造柱与砌体结合部位呈马牙状
    B. 构造柱靠近楼面处第一步马牙呈现凹形
    C. 马牙的高度不低于 350mm
    D. 马牙的凹凸尺寸不大于 50mm

82. 下列砌体冬期施工应控制的温度中，错误的是：
    A. 砂浆拌合水的最高温度
    B. 砂浆拌合时砂的最高温度
    C. 暖棚法施工中块体砌筑时的最低温度
    D. 掺外加剂法施工时砂浆的最低温度

83. 一般情况下，基础墙砌筑宜选用的砂浆是：
    A. 水泥砂浆 B. 石灰砂浆
    C. 混合砂浆 D. 特种砂浆

84. 竖向灰缝砂浆的饱满度对砌体影响最大的是：
    A. 抗压强度 B. 抗剪强度
    C. 抗弯强度 D. 抗拉强度

85. 模板隔离剂在涂刷时沾污钢筋，对建筑物的直接影响是：
    A. 结构受力 B. 钢筋锈蚀
    C. 工程造价 D. 项目工期

86. 预应力混凝土结构施工与一般混凝土结构施工的最大不同在于：
    A. 混凝土浇筑顺序 B. 混凝土保养
    C. 预应力钢筋张拉 D. 非预应力钢筋加工

87. 下列措施中，属于提高地下结构自防水功能的是：

A. 在结构墙体的内侧面做防水处理
B. 在结构墙体的外侧面做防水处理
C. 调整混凝土的配合比或加入外加剂
D. 在结构墙体的迎水面做防水保护层

88. 屋面防水卷材可不采取满粘或钉压固定措施的屋面最大坡度是：
    A. 10％   B. 15％
    C. 20％   D. 25％

89. 关于地下工程墙体施工缝的说法，错误的是：
    A. 施工缝位置一般留在结构承受剪力最大部位
    B. 采用遇水膨胀止水条时，表面需涂缓膨胀剂
    C. 采用遇水膨胀止水胶时，止水胶固化前不得浇筑混凝土
    D. 预埋注浆管应设置在施工缝断面中部

90. 屋面保温材料选用依据指标通常不包括：
    A. 延伸率   B. 吸水率
    C. 导热性能   D. 表观密度

91. 下列做法中，不属于一般抹灰工程基层处理工作的是：
    A. 对凹凸不平的基层表面剔平，或用 1∶3 水泥砂浆补平
    B. 对墙体及楼板上的预留洞处的缝隙用水泥或混合砂浆嵌塞密实
    C. 比较光滑的墙面作凿毛处理，或涂刷界面剂
    D. 对有防水防潮要求的墙面，用防水砂浆抹灰

92. 基于资源与环境的考虑，应尽量少采用：
    A. 水刷石   B. 斩假石
    C. 干粘石   D. 假面砖

93. 对组合窗拼樘料的规格、尺寸、壁厚等必须由设计确定，这是基于下列哪项要求？
    A. 建筑立面   B. 使用功能
    C. 承受荷载   D. 施工工艺

94. 吊顶工程中隐蔽工程验收项目不包括：
    A. 木龙骨防火、防腐处理   B. 吊顶工程施工图
    C. 吊杆安装   D. 填充材料的设置

95. 关于金属幕墙施工的说法，错误的是：
    A. 与主体结构的防雷装置分开设备
    B. 主体结构上的后置预埋件应做拉拔力试验
    C. 变形缝的质量检查采用观察法
    D. 金属幕墙上的滴水线，流水坡向应正确、顺直

96. 下列水性涂料涂饰面层中，验收规划允许少量轻微泛碱、咬色的是：
    A. 薄涂料普通涂饰面层　　　　　B. 厚涂料高级涂饰面层
    C. 复合涂饰面层　　　　　　　　D. 美术涂饰面层

97. 关于地面工程施工的说法，正确的是：
    A. 碎石垫层的厚度不应小于 60mm
    B. 在干燥的水泥类基层上铺设水泥混凝土垫层
    C. 卫生间地面铺设前需对立管、套管、地漏等处节点密封进行隐蔽工程
    D. 有地暖的楼面应增设水泥混凝土垫层后方可铺设绝热层

98. 关于建筑地面工程整体面层铺设的说法，正确的是：
    A. 水泥类整体面层，抹平工作应在水泥终凝前完成
    B. 水泥类面层必须设置分格缝
    C. 整体面层的养护时间不应少于 7 天
    D. 铺设整体面层时，水泥类基层的抗压强度不宜小于 1.2MPa

99. 铺设地砖结合层的水泥不宜选用：
    A. 硅酸盐水泥　　　　　　　　　B. 普通硅酸盐水泥
    C. 矿渣硅酸盐水泥　　　　　　　D. 粉煤灰硅酸盐水泥

100. 地面辐射供暖的非整体面层不宜选用：
    A. 陶瓷地砖　　　　　　　　　　B. 人造石板
    C. 实木复合地板　　　　　　　　D. 软木复合地板

二、2017 年真题答案

1. C	2. C	3. C	4. D	5. B	6. B	7. B	8. C	9. B	10. B
11. D	12. C	13. C	14. C	15. C	16. B	17. C	18. B	19. C	20. C
21. A	22. C	23. A	24. C	25. D	26. C	27. D	28. C	29. D	30. C
31. A	32. B	33. B	34. D	35. A	36. D	37. D	38. C	39. B	40. C
41. C	42. C	43. C	44. B	45. C	46. D	47. C	48. B	49. C	50. D
51. C	52. B	53. B	54. C	55. D	56. C	57. B	58. A	59. 无	60. C
61. 无	62. A	63. B	64. 无	65. 无	66. A	67. C	68. C	69. D	70. B
71. B	72. C	73. D	74. C	75. B	76. C	77. A	78. D	79. B	80. A
81. A	82. C	83. A	84. B	85. C	86. C	87. C	88. C	89. A	90. A
91. D	92. A	93. C	94. B	95. A	96. C	97. C	98. C	99. D	100. D

第二节　2018 年真题与答案

一、2018 年真题

1. 依据《中华人民共和国注册建筑师条例》，下列情况中，可以申请参加一级注册建筑师考试的是：

A. 取得建筑学硕士学位，并从事建筑设计工作 2 年以上
B. 取得相近专业工学硕士学位，并从事建筑设计工作 2 年以上
C. 取得工程师技术职称，并从事建筑设计工作 2 年以上
D. 取得高级工程师技术职称，并从事建筑设计工作 2 年以上

2. 注册建筑师因受刑事处罚，自刑罚执行完毕之日起，不予注册的年限为：
   A. 1 年
   B. 2 年
   C. 3 年
   D. 5 年

3. 注册建筑师在每一注册有效期内，应完成的继续教育总学时数为：
   A. 20
   B. 40
   C. 60
   D. 80

4. 下列审查事项中，不属于注册建筑师初始注册条件的是：
   A. 取得执业资格证书
   B. 受聘于某国外事务所中国分公司
   C. 达到继续教育要求
   D. 从事建筑设计 3 年

5. 下列工作中，不属于注册建筑师执业范围的是：
   A. 建筑工程项目管理
   B. 建筑工程招标、采购咨询
   C. 建筑施工检测
   D. 工程质量评估

6. 依照《中华人民共和国合伙企业法》，设立普通合伙企业形式的建筑设计事务所时，关于合伙人中注册建筑师的说法，错误的是：
   A. 至少 1 名一级注册建筑师
   B. 从事工程设计最少 8 年以上
   C. 在中国境内主持完成过两项大型建筑工程项目设计
   D. 近 3 年无质量责任事故

7. 招标人在招标文件中要求投标人提交投标保证金的，投标保证金不得超过：
   A. 项目估算价的 1%
   B. 项目估算价的 2%
   C. 5 万元
   D. 10 万元

8. 下列招标人的行为中，不合法的是：
   A. 编制标底
   B. 委托招标代理机构进行招标
   C. 分多次组织不同投标人踏勘项目现场
   D. 实行总承包招标

9. 关于建设工程竣工验收应具备条件的说法，错误的是：
   A. 完成建设工程设计和合同约定的各项内容
   B. 有勘察、设计、工程监理、施工等单位分别签署的质量合格文件

C. 有施工单位签署的工程保修书
D. 有使用 3 个月以上的报告

10. 招标文件要求中标人提交履约保证金的，中标人应当按照招标文件的要求提交履约保证金不得超过中标合同金额的：
    A. 10％ B. 15％
    C. 20％ D. 30％

11. 依据《建筑工程设计文件编制深度规定（2016 版）》，装配式建筑的方案设计文件成果不包括：
    A. 技术策划报告 B. 技术配置表
    C. 装配式建筑详图 D. 预制构件生产策划

12. 设计文件中选用的常规材料，应当注明：
    A. 材料试验标准 B. 规格、型号、性能等技术指标
    C. 生产商和供应商 D. 材料运输和储存规定

13. 杭州市总体规划最终审批部门是：
    A. 杭州市人民政府 B. 浙江省人民政府
    C. 浙江省住房和城乡建设厅 D. 国务院

14. 土地使用权出让，与土地使用者签订合同的部门是：
    A. 镇政府土地管理部门 B. 乡政府土地管理部门
    C. 市、县政府土地管理部门 D. 省政府土地管理部门

15. 编制初步设计文件，应满足：
    A. 控制概算的需要 B. 设备采购的需要
    C. 主要设备订货的需要 D. 施工准备的需要

16. 对工程设计文件内容的重大修改进行批准的单位是：
    A. 设计单位 B. 监理单位
    C. 建设单位 D. 原审批机关

17. 办理商品房预售许可时，不需要提供：
    A. 土地使用权证书 B. 建设工程规划许可证
    C. 建设用地规划许可证 D. 投入开发资金证明

18. 土地使用权出让合同约定的使用年限届满，土地使用者需要继续使用土地的，申请续期应当至迟于届满前：
    A. 3 个月 B. 6 个月
    C. 12 个月 D. 24 个月

19. 根据《建设工程监理范围和规模标准规定》，下列项目可以不实行监理的是：
    A. 总投资 6000 万元的中学

B. 总投资 2000 万元的公共停车场

C. 总投资 2500 万元的体育馆

D. 利用世界银行贷款 3000 万元的博物馆

20. 建设单位明示或者暗示设计单位违反工程建设强制性标准，降低工程质量的责令改正，并处以：

A. 5 万元以上 10 万元以下罚款　　B. 10 万元以上 15 万元以下罚款

C. 15 万元以上 20 万元以下罚款　　D. 20 万元以上 50 万元以下罚款

21. 居住区绿地率计算中的绿地由哪几类绿地组成？

A. 公共绿地、宅旁绿地、公共服务设施所属绿地、道路绿地

B. 公共绿地、宅旁绿地、组团绿地、道路绿地

C. 公共绿地、水面、组团绿地、道路绿地

D. 居住区公园、小游园、组团绿地、水面

22. 下图中，公共建筑多台单侧排列电梯候梯厅的最小深度应为：

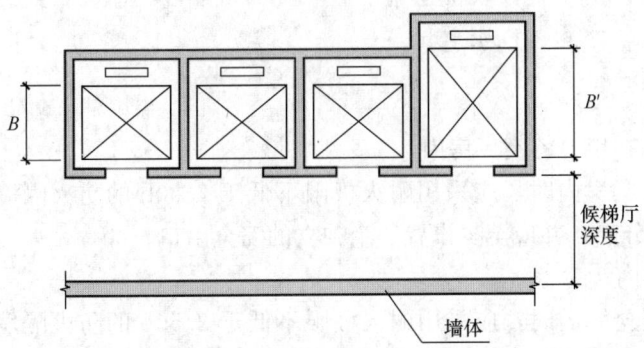

注：B 为轿厢深度，B' 为电梯群中最大轿厢深度

A. $1.0B'$ 且应 $\geqslant 1.80$m　　B. $1.5B'$ 且应 $\geqslant 2.40$m

C. $1.5B'$ 且应 $\geqslant 3.00$m　　D. $2.0B'$ 且应 $\geqslant 2.40$m

23. 下图中，屋顶层斜坡的层高计算正确的是：

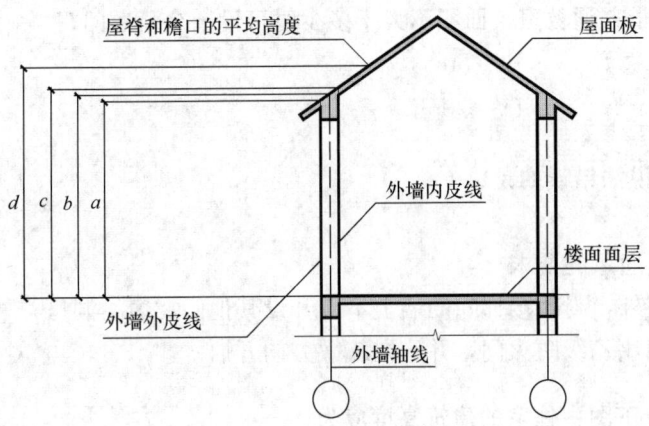

A. *a* B. *b*
C. *c* D. *d*

24. 根据《民用建筑设计通则》，中高层住宅是指：
A. 7～8 层住宅 B. 7～9 层住宅
C. 8～10 层住宅 D. 7～11 层住宅

25. 人流密集场所的台阶最低高度超过多少 m 并侧面临空时，应设防护措施？
A. 0.30m B. 0.50m
C. 0.70m D. 0.90m

26. 下列厂房中，属于丙类厂房的是：
A. 油浸变压器室 B. 锅炉房
C. 金属铸造厂房 D. 混凝土构件制作厂房

27. 丙类仓库内的防火墙，其耐火极限不应低于：
A. 3.00h B. 3.50h
C. 4.00h D. 4.50h

28. 下列说法中，错误的是：
A. 办公室、休息室不应设置在甲、乙类厂房内
B. 办公室休息室设置在丙类厂房内时，应采用耐火极限不低于 2.50h 的防火隔墙和 1.00h 的楼板与其他部位分隔，并应至少设置一个独立的安全出口
C. 员工宿舍严禁设置在厂房内
D. 员工宿舍设置在丁、戊类仓库内时，应采用耐火极限不低于 2.50h 的防火隔墙和 1.00h 的楼板与其他部位分隔，并应设置独立的安全出口

29. 下列采用封闭式外廊或内廊布局的多层建筑，可采用敞开式楼梯间的建筑是：
A. 5 层旅馆 B. 2 层社区医院
C. 4 层教学楼 D. 6 层办公楼

30. 位于两个安全出口之间的中学普通教室，面积不大于多少时可设一个疏散门？
A. 60m² B. 75m²
C. 90m² D. 120m²

31. 下列对封闭楼梯间的要求，说法错误的是：
A. 封闭楼梯间不应设置卷帘
B. 封闭楼梯间必须满足自然通风的要求
C. 除楼梯间的出入口和外窗外，封闭楼梯间的墙上不应开设其他门、窗、洞口
D. 商场的封闭楼梯间门应采用乙级防火门，并应向疏散方向开启

32. 根据《建筑设计防火规范》，下图中住宅的建筑高度应为：

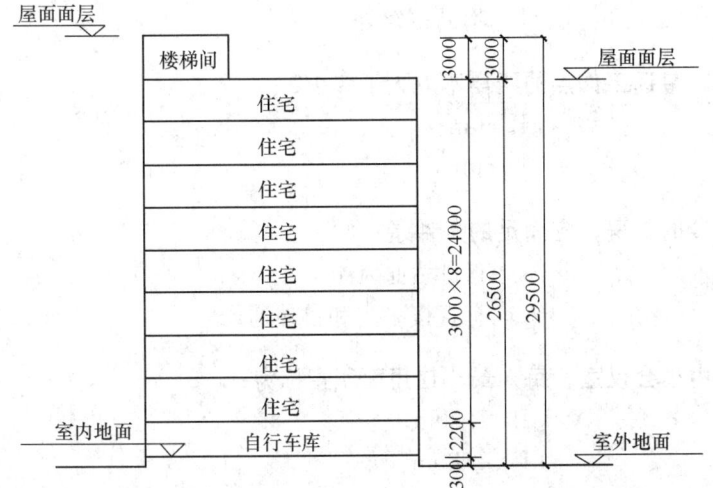

A. 26.50m B. 26.20m
C. 24.00m D. 29.50m

33. 在下列多层公建袋形走道疏散距离控制中，疏散距离最小的是：
　　A. 幼儿园　　　　　　　　B. 老年人建筑
　　C. 医院病房楼　　　　　　D. 游艺场所

34. 住宅的卧室、起居室的室内净高不应低于 **2.40m**，局部净高不应低于 **2.10m**。局部净高的室内面积不应大于室内使用面积的多少？
　　A. 1/2　　　　　　　　　B. 1/3
　　C. 1/4　　　　　　　　　D. 1/5

35. 中小学校的普通教室必须配备的教学设备中，不包含：
　　A. 投影仪接口　　　　　　B. 显示屏
　　C. 展示园地　　　　　　　D. 储物柜

36. 在一定条件下，可以和宿舍居室紧邻布置的房间是：
　　A. 电梯井　　　　　　　　B. 空调机房
　　C. 变电所　　　　　　　　D. 公共盥洗室

37. 根据《住宅设计规范》，住宅套内楼梯梯段净宽为 **0.90m**，当梯段两侧都有墙时，以下关于楼梯扶手设置的规定，正确的是：
　　A. 可不设扶手
　　B. 应在其中一侧设置扶手
　　C. 应在两侧均设置扶手
　　D. 没有明确的规定，视工程具体情况确定

38. 旅馆门厅（大堂）内，下列哪一项不是必须设置的功能？
　　A. 商务中心　　　　　　　B. 旅客休息区

C. 公共卫生间 D. 物品寄存处

39. 办公建筑中的公共厕所距最远工作点的距离不应大于多少?
   A. 30m B. 40m
   C. 45m D. 50m

40. 使用燃气的公寓式办公楼的厨房，应满足的条件是：
   A. 有直接采光 B. 有自然通风
   C. 有机械通风措施 D. 有直接采光和自然通风

41. 办公建筑中有会议桌的中小会议室，每人最小使用面积指标为：
   A. 1.10m² B. 1.30m²
   C. 1.50m² D. 1.80m²

42. 一般情况下中小学主要教学用房设置窗户的外墙，距城市主干道的最小距离：
   A. 50m B. 60m
   C. 70m D. 80m

43. 下列用房中，不属于中小学主要教学用房的是：
   A. 演示实验室 B. 标本陈列室
   C. 合班教室 D. 报刊阅览室

44. 中小学校关于教学用房临空外窗开启方式的规定，正确的是：
   A. 无论层数均不得外开 B. 二层及以上不得外开
   C. 三层及以上不得外开 D. 可外开也可内开

45. 下列中小学建筑中的楼梯梯段宽度设计，错误的是：
   A. 1.20m B. 1.35m
   C. 1.50m D. 1.80m

46. 下列关于幼儿园活动室、寝室门窗的说法，正确的是：
   A. 房门的净宽不应小于0.90m
   B. 房门均应向疏散方向开启，且不妨碍走道疏散通行
   C. 窗台距楼地面高度不应小于0.90m
   D. 不应设置内悬窗和内平开窗

47. 幼儿园生活单元中，活动室使用面积不应小于70m²，寝室使用面积不应小于60m²。当活动室与寝室合用时，其房间最小使用面积是：
   A. 100m² B. 110m²
   C. 120m² D. 130m²

48. 以下关于幼儿园幼儿生活用房的设置，正确的是：
   A. 生活用房中的厕所、盥洗室分隔设置
   B. 厕所采用蹲便器，地面上设置台阶

C. 活动室地面采用耐磨防滑的水磨石地面
D. 寝室内设置双层床

49. 下列文化馆建筑的用房中，不属于群众活动用房的是：
A. 交流展示　　　　　　　　　B. 经营性游艺娱乐
C. 辅导培训　　　　　　　　　D. 图书阅览

50. 下列用房中，属于文化馆静态功能的房间是：
A. 多媒体视听教室　　　　　　B. 计算机与网络教室
C. 美术书法教室　　　　　　　D. 音乐创作室

51. 关于电影院观众厅后墙的声学设计，正确的是：
A. 采取扩散反射措施　　　　　B. 采取全频带强吸声措施
C. 采取吸声措施　　　　　　　D. 采取一般装修措施

52. 图书馆中的开架书库的最大允许防火分区面积与下列哪一功能的要求是一样的？
A. 特藏书库　　　　　　　　　B. 典藏室
C. 阅览室　　　　　　　　　　D. 藏阅合一的开架阅览室

53. 医院通行推床的通道最小净宽度为：
A. 1.80m　　　　　　　　　　B. 2.10m
C. 2.40m　　　　　　　　　　D. 2.70m

54. 下列用房中，不属于疗养院每个护理单元内必须设置的房间是：
A. 疗养院活动室　　　　　　　B. 护士站
C. 医生办公室　　　　　　　　D. 理疗室

55. 汽车库汽车坡道的纵向坡度大于多少时，坡道上、下端均应设置缓坡段？
A. 8%　　　　　　　　　　　　B. 10%
C. 12%　　　　　　　　　　　D. 15%

56. 下列关于汽车库消防车道的设置，说法正确的是：
A. ≤50 辆的单层汽车库可不设置消防车道
B. 51～100 辆的单层汽车库可沿建筑的一边设置消防车道
C. 101～150 辆的多层汽车库可沿建筑一个长边设置消防车道
D. 151～200 辆的多层汽车库可沿建筑一个长边和另一边设置消防车道

57. 根据现行《商店建筑设计规范》，小型商店建筑是指单体建筑中，商店总面积小于多少的建筑？
A. 1000m²　　　　　　　　　　B. 3000m²
C. 5000m²　　　　　　　　　　D. 10000m²

58. 下列关于商店内设置自动扶梯和自动人行道的要求，说法正确的是：
A. 自动扶梯倾斜角度不应大于 30°，自动人行道倾斜角度不应大于 15°

B. 当提升高度不超过6m时，自动扶梯倾斜角度不应大于35°，自动人行道倾斜角度不应大于12°

C. 自动扶梯、自动人行道上下两端水平距离3m范围内应保持畅通，不得作为他用

D. 扶手带中心线与平行墙面或楼板开口边缘间距应大于0.40m

59. 无障碍平推出入口的坡度不应大于多少？
    A. 1∶15   B. 1∶20
    C. 1∶25   D. 1∶50

60. 公共厕所内的无障碍厕位的尺寸是：
    A. 大型 1.80m×1.30m，小型 1.60m×0.80m
    B. 大型 1.90m×1.40m，小型 1.70m×0.90m
    C. 大型 2.00m×1.50m，小型 1.80m×1.00m
    D. 大型 2.10m×1.60m，小型 1.90m×1.10m

61. 下列关于无障碍升降平台的设置，错误的是：
    A. 室内外高差大于1.50m的出入口应设置升降平台
    B. 垂直升降平台的基坑应采用防止误入的安全防护措施
    C. 垂直升降平台的深度不应小于1.20m，宽度不应小于900mm，应设扶手、挡板及呼叫控制按钮
    D. 垂直升降平台的传送装置应有可靠的安全防护装置

62. 根据《绿色建筑评价标准》，在满足标准中所有控制项的条件下，二星级绿色建筑的每类指标的评分项得分和总得分应分别达到多少分？
    A. 40，50   B. 40，60
    C. 45，65   D. 45，70

63. 根据《公共建筑节能设计标准》，单栋建筑面积大于多少的为甲类公共建筑？
    A. 300m^2 B. 1000m^2
    C. 5000m^2 D. 10000m^2

64. 下列公共建筑单一立面窗墙面积比的计算，说法错误的是：
    A. 凸凹立面朝向应按其各自所在的立面朝向计算
    B. 楼梯间和电梯间的外墙和外窗均应参与计算
    C. 外凸窗的顶部、底部和侧墙的面积不应计入外墙面积
    D. 当凸窗顶部和侧面透光时，外凸窗面积按窗洞口面积计算

65. 作为绿色居住建筑，纯装饰性构件的造价不应超过所在单栋建筑总造价的多少？
    A. 0.5%   B. 1%
    C. 2%   D. 3%

66. 一般工程建设项目总价控制的最高限额是：
    A. 经批准的设计总概算

B. 设计单位编制的初步设计概算
C. 发承包双方签订的合同价
D. 经审查批准的施工图预算

67. 建设项目费用计算的时间段是：
A. 从下达项目设计任务书开始到项目全部建成为止
B. 从建设前期决策开始到项目全部建成为止
C. 从设计招标开始到项目交付使用为止
D. 从编制可研报告开始到项目交付使用为止

68. 设计单位完成初步设计后，概算人员若发现初步设计的总投资超过了批准的设计总概算，通常应采取的合理做法是：
A. 设计单位向上级主管部门要求追加设计概算总投资
B. 设计单位向建设单位反映要求追加设计概算总投资
C. 设计单位修改设计图纸直至总投资不超过批准的设计总概算
D. 建设单位直接以该初步设计的总投资为标底进行施工招标，通过投标者的竞争降低投资额

69. 建筑物中在主体结构内的阳台，计算建筑面积时应：
A. 按其结构底板水平投影面积计算 1/2 面积
B. 按其结构底板水平投影面积计算全面积
C. 按其结构外围水平面积计算 1/2 面积
D. 按其结构外围水平面积计算全面积

70. 对于设置在建筑物外面起装饰作用的幕墙，建筑面积计算时的正确做法是：
A. 不计算建筑面积
B. 按其外边线计算建筑面积
C. 并入自然层计算建筑面积
D. 区分不同材料计算建筑面积

71. 设计某一个工厂时，有厂房、办公楼、道路、管线、堆场、绿化，可以全面反映厂区用地是否经济合理的指标是：
A. 建筑密度　　　　　　　　B. 土地利用系数
C. 绿化系数　　　　　　　　D. 建筑平面系数

72. 下列条形基础，在相同的基础设计等级和耐久性要求下，为降低造价，应优先选择：
A. 砖基础　　　　　　　　　B. 素混凝土基础 C20
C. 无梁式钢筋混凝土 C20　　D. 有梁式钢筋混凝土 C20

73. 某建筑物一层层高 6.0m，勒脚以上结构外围水平面积 6000m²，局部二层层高 3.0m，其结构外围水平面积 300m²；建筑物顶部设有顶盖有围护结构的水箱间，顶盖水平投影面积 20m²，结构层高 2.5m；室外设消防钢楼梯，水平投影面积 10m²，则建筑物的

建筑面积应为：

A. 6300m² B. 6310m²

C. 6320m² D. 6330m²

74. 下列各种不同面层的地面做法中，单价最高的是：

A. 磨光大理石 B. 磨光花岗石

C. 整体水磨石（不加嵌条） D. 陶瓷地板砖

75. 某一般标准的框架结构住宅建筑中，建筑造价和结构造价最可能的比值为：

A. 5∶5 B. 3∶7

C. 2∶8 D. 4∶6

76. 在项目实施中可能发生的、难以预料的支出，需要事先预留的工程费用是：

A. 规费 B. 暂列金额

C. 暂估价 D. 基本预备费

77. 设备购置费估算时一般应包括的费用是：

A. 设备原价＋设备运杂费

B. 设备出厂价＋供销部门手续费

C. 设备原价＋设备采购保管费

D. 设备原价

78. 建筑安装工程费用项目按费用构成要素划分，除人工费、材料费、施工机具使用费外，还应包括：

A. 间接费、利润、规费和税金

B. 措施项目费、其他项目费、规费和税金

C. 工程建设其他费、预备费、建设期贷款利息

D. 企业管理费、利润、规费和税金

79. 关于设计概算及其作用的说法，正确的是：

A. 设计概算是控制施工图设计的依据

B. 初步设计可以编制设计概算，也可以不编制设计概算

C. 总承包合同价可以超过设计概算

D. 项目决算可以适当突破设计概算

80. 设计院收取的设计费一般应计入：

A. 建设单位管理费 B. 建设安装管理费

C. 工程建设其他费 D. 预备费

81. 砌体工程施工中，砌体中上下皮砌块搭接长度小于规定数值的竖向灰缝被称为：

A. 通缝 B. 错缝

C. 假缝 D. 瞎缝

82. 通常情况下，用于控制砌墙体每皮砖及灰缝竖向尺寸的方法是：
    A. 放线　　　　　　　　　　B. 摆砖样
    C. 立皮数杆　　　　　　　　D. 铺灰砌砖

83. 关于砌筑砂浆搅拌时间的说法，正确的是：
    A. 水泥砂浆的最短搅拌时间比水泥粉煤灰砂浆的最短搅拌时间长
    B. 水泥砂浆的最短搅拌时间与水泥粉煤灰砂浆的最短搅拌时间相同
    C. 水泥混合砂浆的最短搅拌时间比水泥粉煤灰砂浆的最短搅拌时间长
    D. 搅拌时间是指材料自投料开始至完成算起

84. 抗震设防烈度 7 级地区的砖砌体施工中，关于临时间断处留槎的说法，正确的是：
    A. 不得留斜槎　　　　　　　B. 直槎应做成平槎
    C. 转角必须留直槎　　　　　D. 直槎必须做成凸槎

85. 现浇混凝土结构工程的模块及其支架的设计依据不包括：
    A. 工程结构稳定性　　　　　B. 安装工况
    C. 使用工况　　　　　　　　D. 拆除工况

86. 关于现浇混凝土结构的模块和支架施工的说法，正确的是：
    A. 模块及其支架的拆除顺序应由项目监理工程师确定
    B. 安装现浇结构的上层模板及其支架时，下层楼板必须具备承受上层荷载的承载能力
    C. 在涂刷模板隔离剂时，不得沾污钢筋和混凝土接槎处
    D. 在混凝土浇筑前，必须对模板浇水湿润

87. 地下结构防水混凝土首先要满足的要求是：
    A. 抗渗等级　　　　　　　　B. 抗压强度
    C. 抗冻要求　　　　　　　　D. 抗侵蚀性

88. 关于屋面防水涂料施工的说法，错误的是：
    A. 防水涂料应多遍涂布，待前一遍涂料干燥成膜后再涂布后一遍涂料
    B. 前后两遍涂料的涂布方向应相互垂直
    C. 在屋面细部处可铺设胎体增强材料
    D. 上下层胎体增强材料铺设方向相互垂直

89. 关于地下工程后浇带的说法，正确的是：
    A. 应设在变形最大的部位
    B. 宽度宜为 300～600mm
    C. 后浇带应在其两侧混凝土龄期 42d 内浇筑
    D. 后浇带混凝土应采用补偿收缩混凝土

90. 关于地下连续墙的说法，错误的是：
    A. 适用于地下工程的主体结构、支护结构以及复合式衬砌的初期支护

B. 采用防水混凝土材料，其坍落度不得大于150mm
C. 根据工程要求的施工条件减少槽段数量
D. 如有裂缝、空间、露筋等缺陷，应采用聚合物水泥砂浆修补

91. 屋面保温材料选用时通常不考虑的指标是：
A. 容重
B. 吸水率
C. 导热性能
D. 表观密度

92. 关于一般抹灰施工及基层处理的说法，错误的是：
A. 滴水线（槽）的宽度与深度不应小于10mm
B. 对墙体及楼板上的预留洞处的缝隙用水泥或混合砂浆嵌塞密实
C. 太光的墙面应作凿毛处理或涂刷界面剂
D. 在石灰砂浆基层上宜采用抹水泥砂浆面层

93. 关于门窗工程的说法，错误的是：
A. 对人造木材需做甲醛指标的复验
B. 特种门及其附件需有生产许可文件
C. 在砌体上安装门窗应采用射钉固定
D. 木门窗与砖石砌体接触处应做防腐处理

94. 下列轻质隔墙工程的部位中需采取防开裂措施的是：
A. 轻质隔墙与地面的交接处
B. 轻质隔墙的纵横墙转角处
C. 轻质隔墙与其他墙体的交接处
D. 轻质隔墙与门窗侧边的交接处

95. 关于金属幕墙防雷装置的说法，正确的是：
A. 防雷装置与主体结构的防雷装置应自上而下可靠连接
B. 金属幕墙与主体结构的防雷装置可以合并进行隐蔽工程验收
C. 幕墙的防雷装置应有建设单位或监理单位认可
D. 幕墙的防雷导线与主体结构连接时应保留表面的保护层

96. 裱糊工程中，需要涂刷抗碱封闭底漆的基层是：
A. 新建筑物的混凝土
B. 新建筑物的吊顶表面
C. 新建筑物的轻质隔墙面
D. 老建筑的旧墙面

97. 关于地面找平施工的说法，正确的是：
A. 在松散的填充料上宜直接铺设找平层
B. 找平层表面应平整光滑
C. 卫生间地面铺设找平层前需对立管的套管、地漏等进行隐蔽工程验收

D. 预制板缝采用水泥砂浆填缝时，其填缝高度与预制板面同高

98. 下列地面面层中，不得敷设管线的是：
A. 水泥混凝土面层
B. 硬化耐磨面层
C. 水泥砂浆面层
D. 防油渗面层

99. 关于饰面砖面层施工的说法，正确的是：
A. 饰面砖面层可以在水泥混合砂浆结合层上铺设
B. 陶瓷锦砖铺贴至柱、墙处应用砂浆填补
C. 大理石、花岗岩板材应浸湿，并保证在湿润的状态下铺设
D. 大理石、花岗岩面层铺贴前，板材的背面和侧面应进行防碱处理

100. 关于木地板施工的说法，错误的是：
A. 实木踢脚线背面应抽槽并做防腐处理
B. 大面积铺设实木复合地板面层的铺设不应分段
C. 软木地板面层应采用粘贴方式铺设
D. 地面辐射供暖的木地板面层采用无龙骨的空铺法铺设时，应在填充处设一层耐热防潮纸（布）

二、2018 年真题答案

1. A	2. D	3. D	4. D	5. C	6. B	7. B	8. C	9. D	10. A
11. C	12. B	13. D	14. C	15. C	16. D	17. C	18. C	19. B	20. D
21. A	22. B	23. D	24. B	25. C	26. A	27. C	28. D	29. C	30. B
31. B	32. A	33. D	34. D	35. D	36. D	37. B	38. A	39. D	40. D
41. D	42. D	43. B	44. B	45. C	46. B	47. C	48. D	49. C	50. C
51. D	52. A	53. C	54. D	55. D	56. 无	57. C	58. C	59. D	60. C
61. A	62. 无	63. A	64. D	65. C	66. D	67. B	68. C	69. D	70. A
71. B	72. A	73. D	74. B	75. D	76. D	77. A	78. C	79. A	80. C
81. A	82. C	83. 无	84. D	85. A	86. C	87. A	88. D	89. D	90. B
91. A	92. D	93. C	94. A	95. A	96. A	97. C	98. D	99. D	100. B

第三节　2019 年真题与答案

一、2019 年真题

1. 题目缺失

2. 依据《注册建筑师条例》，关于注册建筑师执业范围的说法，错误的是：
A. 可进行建筑设计
B. 可进行建筑物调查和鉴定
C. 不得对自己设计的项目进行施工监督
D. 可进行建筑设计技术咨询

3. 投标人相互串通投标的情形不包括：
   A. 不同投标人的投标文件由同一单位或者个人编制
   B. 投标人之间协商投标报价等投标文件的实质性内容
   C. 投标人之间曾经有过业务合作
   D. 不同投标人的投标保证金从同一单位或者个人的账户转出

4. 招标人应当确定投标人编制投标文件所需要的合理时间，自招标文件开始发标日起至投标人提交投标文件截止之日止，时限最短不少于：
   A. 10 日
   B. 20 日
   C. 25 日
   D. 30 日

5. 依据《建设工程设计招标投标管理办法》，关于建筑工程设计可以不进行招标做法，错误的是：
   A. 采用不可替代的专利或者专有技术的
   B. 建设单位承诺能够自行设计的
   C. 对建筑艺术造型有特殊要求，并经有关主管部门批准的
   D. 建筑工程项目的改建、扩建或者技术改造，需要由原设计单位设计，影响功能配套要求的

6. 依据《招标投标法实施条例》，评标完成后，评标委员会应当向招标人提供招标报告和中标候选人名单。中标候选人应当不超过：
   A. 5 个
   B. 4 个
   C. 3 个
   D. 2 个

7. 依据《建设工程勘察设计管理条例》，编制初步设计文件应满足：
   A. 全部设备材料采购的需要
   B. 控制概算的需要
   C. 施工的需要
   D. 编制施工图设计文件需要

8. 题目缺失

9. 依据《实施工程建设强制性标准监督规定》的要求，工程建设中拟采用的新技术、新材料，可能影响建设工程质量的安全，又没有国家技术标准的，应当由：
   A. 监理单位组织建设工程技术专家委员会审定
   B. 建设单位组织建设工程技术专家委员会审定
   C. 省级及以上人民政府有关主管部门组织建设工程技术专家委员会审定
   D. 国家认可的检测机构组织建设工程技术专家委员会审定

10. 建筑安全监督管理机构应当对工程：
    A. 设计阶段执行强制性标准的情况实施监督
    B. 施工阶段执行施工安全强制性标准的情况实施监督

C. 监理等阶段执行强制性标准的情况实施监督

D. 勘察阶段执行强制性标准的情况实施监督

11. 依据《城乡规划法》，编制修建性详细规划应符合：

A. 城市建设规划

B. "十三五"规划

C. 控制性详细规划

D. 城市设计规划

12. 建设工程竣工时，必须具备的条件之一是：

A. 有设计、施工、监理这3个单位分别签署的施工图合格文件

B. 有工程使用的主要建筑材料、建筑构配件和设备的进场试验报告

C. 有设备供应商签署的工程保修书

D. 有物业委托管理合同

13. 必须作为工程设计文件编制依据的是：

A. 城乡规划   B. 工程勘察设计收费标准

C. 技术专家评审意见   D. 质量保证体系要求

14. 根据《实施工程建设强制性标准监督规定》，工程质量监督机构进行强制性标准监督检查的内容包括：

A. 设计单位的质量管理体系认证是否符合强制性标准规定

B. 工程项目采用的计算机是否符合强制性标准规定

C. 工程项目采用的材料是否符合强制性标准规定

D. 工程项目的运行是否符合强制性标准规定

15. 依据《城市房地产管理法》，县级以上地方人民政府出让土地使用权用于房地产开发的，按照国务院规定，其年度出让土地使用权总面积方案应：

A. 报县级及以上人民政府批准

B. 报县级及以上人民代表大会批准

C. 报省级及以上人民政府批准

D. 报省级及以上人民代表大会批准

16. 依据《城市房地产管理法》，商品房预售应当具备：

A. 商品房使用说明   B. 商品房预售许可证明

C. 商品房保修书   D. 房屋所有权证

17. 依据《建设工程质量管理条例》，委托监理的项目，建设单位拨付工程款，必须：

A. 项目总监理工程师签字   B. 项目设计总结构师签字

C. 建设单位总工程师签字   D. 建设单位总经济师签字

18. 工程监理人员发现工程设计不符合建筑工程质量标准的，应当：

A. 要求设计单位改正

B. 报告建设单位要求设计单位改正
C. 要求施工单位停工
D. 报告建设单位要求施工单位改正

19. 违反《建设工程勘察设计管理条例》规定，设计单位超越本单位资质等级承包工程的，对设计单位的处罚方式不包括：
    A. 罚款
    B. 没收违法所得
    C. 责令停业整顿
    D. 吊销营业执照

20. 注册建筑师违反《建设工程质量管理条例》规定，因过错造成一般质量事故的：
    A. 责令停止执业1年
    B. 5年以内不允许注册
    C. 吊销执业资格证书
    D. 终身不予注册

21. 在一定条件下，允许突出道路红线的建筑突出物是：
    A. 挑檐
    B. 阳台
    C. 室外坡道
    D. 建筑基础

22. 题目缺失

23. 民用建筑楼梯梯段两侧设扶手的条件是：
    A. 梯段净宽达一股人流
    B. 梯段净宽达两股人流
    C. 梯段净宽达三股人流
    D. 无要求

24. 民用建筑室内楼梯的梯段踏步数上、下级限值，正确的是：
    A. 17级，2级
    B. 18级，2级
    C. 18级，3级
    D. 19级，3级

25. 题目缺失

26. 两层独立建造非木结构的老年人照料设施，需满足的最低耐火等级为：
    A. 一级
    B. 二级
    C. 三级
    D. 四级

27. 下列一、二级多层公共建筑位于袋形走道尽端的疏散门至最近安全出口撤离，控制最严格的是：
    A. 幼儿园
    B. 老年人照料设施
    C. 歌舞娱乐放映游艺场所
    D. 医疗建筑

28. 每个住宅单元每层相邻两个安全出口的最小水平距离是：
    A. 5.00m
    B. 6.00m
    C. 8.00m
    D. 10.00m

29. 每层为两个防火分区的两层仓库，在满足消防技术要求的前提下，消防救援人员能进入的窗口数量最少应为：

A. 1个 B. 2个
C. 4个 D. 8个

30. 消防控制室地面采用装修材料的燃烧性能等级不应低于：
   A. A级 B. B_1级
   C. B_2级 D. B_3级

31. 在一定条件下，汽车库与建筑满足组合要求的是：

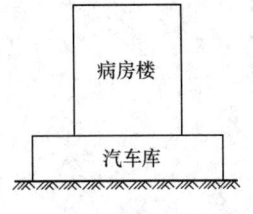

A.   B.

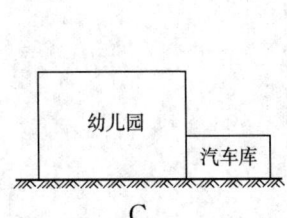   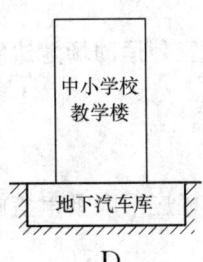

C.   D.

32. 住宅建筑中，可布置在地下室的房间是：
   A. 卧室 B. 厨房
   C. 卫生间 D. 起居室

33. 住宅套内楼梯踏步最小宽度和最大高度，正确的是：
   A. 0.27m 和 0.175m B. 0.26m 和 0.17m
   C. 0.25m 和 0.18m D. 0.22m 和 0.20m

34. 每套住宅卫生间至少应配置的卫生设备是：
   A. 便器一件卫生设备
   B. 便器、洗面器两件卫生设备
   C. 便器、洗面器、洗浴器三件卫生设备
   D. 便器、洗面器、洗浴器和小便器四件卫生设备

35. 宿舍建筑内公用厕所与未附设卫生间居室的最远距离是：
   A. 20m B. 25m
   C. 30m D. 50m

36. 下列不属于宿舍建筑内每层楼宜设置的房间是：
   A. 清洁间 B. 垃圾收集间

  C. 公共活动室   D. 开水间

37. 题目缺失

38. 办公建筑中，房间窗地面积比值最大的房间是：
  A. 绘图室   B. 办公室
  C. 复印室   D. 卫生间

39. 办公建筑中，不属于服务用房的房间是：
  A. 计算机房   B. 文秘室
  C. 图书阅览室   D. 会议室

40. 办公建筑设计分类的主要依据是：
  A. 使用功能的重要性   B. 建筑造型
  C. 民用建筑耐火等级   D. 设计使用年限

41. 中小学校教室的外窗与室外运动场地边缘间的最小距离是：
  A. 10m   B. 15m
  C. 20m   D. 25m

42. 中小学校建筑墙面及顶棚应采取吸声措施的房间是：
  A. 音乐教室   B. 计算机室
  C. 史地教室   D. 书法教室

43. 幼儿园出入口台阶侧面临空，需设置防护设施的高度为：
  A. 超过 0.13m   B. 超过 0.15m
  C. 超过 0.20m   D. 超过 0.30m

44. 幼儿园可与居住建筑合建的最大规模为：
  A. 2 班   B. 3 班
  C. 4 班   D. 5 班

45. 下列建筑中日照标准要求最严格的是：
  A. 幼儿园生活用房   B. 小学普通教室
  C. 宿舍   D. 老年人居室

46. 题目缺失

47. 关于文化馆建筑美术教室窗的设计，正确的是：
  A. 应为东向或顶部采光
  B. 应为南向或顶部采光
  C. 应为西向或顶部采光
  D. 应为北向或顶部采光

48. 关于图书馆书库的设计，错误的是：
    A. 书库的室外场地应排水通畅，防止积水倒灌
    B. 书库底层地面基层应采用架空地面或其他防潮措施
    C. 书库室内应防止地面、墙身返潮，不得出现结露现象
    D. 书库屋里排水方式为有组织外排法时，水箱可直接放置在书库的屋面上

49. 电影院直跑楼梯中间平台深度的最小尺寸是：
    A. 0.90m   B. 1.20m
    C. 1.50m   D. 2.00m

50. 医院建筑的耐火等级不应低于：
    A. 1级   B. 2级
    C. 3级   D. 4级

51. 三层及三层以上的医疗用房应设置电梯的最少数量是：
    A. 1台   B. 2台
    C. 3台   D. 4台

52. 关于老年人照料设施楼梯的设置，符合要求的是：
    A. 弧形楼梯   B. 扇形楼梯
    C. 螺旋楼梯   D. 平行双跑楼梯

53. 汽车客运站调度室应邻近的功能空间是：
    A. 售票厅   B. 补票室
    C. 医务室   D. 发车位

54. 题目缺失

55. 汽车客运站的普通旅客候车厅使用面积的计算依据是：
    A. 旅客最高聚集人数   B. 年平均日旅客发送量
    C. 汽车客运站的站级   D. 发车位数量

56. 小型机动车的最小拐弯半径是：
    A. 4.50m   B. 6.00m
    C. 9.00m   D. 12.00m

57. 题目缺失

58. 饮食建筑在采取一定措施后，下列功能房间布置正确的是：
    A. 浴室可布置在厨房的直接上层
    B. 卫生间可布置在厨房的直接上层
    C. 盥洗室可布置在厨房的直接上层
    D. 盥洗室可布置在用餐区域的直接上层

59. 饮食建筑中可不需要单独设置隔间的是：
   A. 备餐间   B. 冷荤间
   C. 裱花间   D. 生食海鲜间

60. 关于室内无障碍通道的说法，错误的是：
   A. 无障碍通道应连续
   B. 无障碍通道地面应平整、防滑
   C. 室内走道宽度不应小于1.00m
   D. 无障碍通道上有高差时，应设置轮椅坡道

61. 图示提示盲道砖不应设置在盲道的部位是：

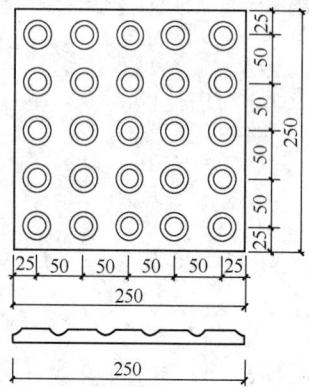

   A. 起点   B. 中间段
   C. 转弯处   D. 终点

62. 某居住小区配有200个机动车停车位，应至少配置无障碍机动车停车位的数量为：
   A. 1个   B. 2个
   C. 3个   D. 4个

63. 下列中小学校多层教学楼无障碍设施的设置，正确的是：
   A. 主要出入口为无障碍出入口
   B. 应设一台无障碍电梯
   C. 楼梯均为无障碍楼梯
   D. 每层均设男女无障碍厕位各1处

64. 开展绿色建筑设计评价的基本条件是：
   A. 方案设计文件审查通过后
   B. 初步设计文件审查通过后
   C. 施工图设计文件审查通过后
   D. 竣工图文件编制完成后

65. 一栋已竣工验收的教学楼，申请绿色建筑运行评价的时间是：
   A. 投入使用的同时   B. 投入使用1年后

C. 投入使用 2 年后　　　　　　　D. 投入使用 3 年后

66. 在一个建设项目中，具有独立的设计文件，且建成后可以独立发挥生产能力或效益的工程是：
    A. 单项工程　　　　　　　　　B. 单位工程
    C. 分部工程　　　　　　　　　D. 分项工程

67. 根据我国现行按费用构成要素划分的建筑安装工程费用项目，下列费用中，属于建筑安装工程费的是：
    A. 施工单位人工费　　　　　　B. 土地使用权费
    C. 铺底流动资金　　　　　　　D. 建设单位管理费

68. 在项目投资估算中预留的，用于实施中可能发生的、难以预料的工程变更等可能增加的费用是：
    A. 价差预备费　　　　　　　　B. 基本预备费
    C. 临时设施费　　　　　　　　D. 研究试验费

69. 关于设计概算编制的说法，正确的是：
    A. 设计概算编制时应考虑项目所在地的价格水平
    B. 设计概算不应考虑建设项目施工条件等因素的影响
    C. 设计概算应达到施工图预算的准确程度
    D. 设计概算编制完成后不允许调整

70. 下列费用中，应包括在工业项目其中一个单项工程综合概算中的费用是：
    A. 价差预备费
    B. 设备安装工程费
    C. 流动资金
    D. 设备贷款利息

71. 政府投资的建设项目造价控制的最高限额是：
    A. 设计单位编制的初步设计概述
    B. 经批准的设计总概算
    C. 经审查批准的施工图预算
    D. 承发包双方合同价

72. 某住宅小区规划用地面积为 3000m²，总建筑面积为 10000m²，建筑基地面积之和为 2100m²，绿化面积为 500m²，该小区的建筑密度为：
    A. 21.0%　　　　　　　　　　B. 26.0%
    C. 70.0%　　　　　　　　　　D. 86.7%

73. 下列工业建筑设计指标中，能更加全面反映厂区用地是否经济的指标是：
    A. 容积率　　　　　　　　　　B. 建筑面积
    C. 建筑周长系数　　　　　　　D. 土地利用系数

74. 某建筑物室外设计地坪到屋面结构顶板的高度是 23m，地下室结构顶板到屋面结构顶板的高度是 24m，屋面结构顶板到突出屋面的电梯机房屋面结构顶板的高度是 4m，该建筑物的高度是多少？
    A. 23m
    B. 24m
    C. 27m
    D. 28m

75. 下列金属幕墙工程相关费项目中，应计入分部分项工程费的是：
    A. 总包服务费
    B. 安装时脚手架费用
    C. 暂列金额
    D. 金属面板材料费

76. 根据《建设工程工程量清单计价规范》GB 50500—2013，下列费用属于措施项目费的是：
    A. 土方工程费
    B. 砌筑工程费
    C. 规费
    D. 脚手架工程费

77. 某设备从供应商仓库运至安装地点，所发生的费用如下表所示，其设备购置费是：

序号	项目	金额（万元）
1	设备原价	200
2	运输与装卸费	50
3	设备维护费	30
4	采购与仓库保管费	20

   A. 300 万元
   B. 280 万元
   C. 270 万元
   D. 250 万元

78. 根据《建筑工程建筑面积计算规范》GB/T 50353—2013，下列项目中，应按水平投影面积或围护结构外围水平面积计算全面积的是：
    A. 室外爬梯、室外专用消防钢楼梯
    B. 有防护设施的室外走廊（挑廊）
    C. 建筑物间有顶盖和围护结构的架空走廊
    D. 有永久性顶盖无围护结构的车棚、站台

79. 关于建筑面积的说法，正确的是：
    A. 建筑物轴线内的面积，包括楼地面面积
    B. 建筑物（包括墙体）所形成的楼地面面积
    C. 建筑物内所有楼板面积
    D. 建筑物内所有房间内楼地面面积

80. 题目缺失

81. 题目缺失

82. 题目缺失

83. 题目缺失

84. 题目缺失

85. 根据《混凝土结构工程施工质量验收规范》(GB 50204—2015)，现浇混凝土结构及其支架设计时，通常不作为基本要求的是：
    A. 耐候性　　　　　　　　　　B. 承载力
    C. 稳固性　　　　　　　　　　D. 刚度

86. 关于现浇混凝土结构外观质量验收的说法，错误的是：
    A. 应在混凝土表面未做修整和装饰前进行
    B. 根据缺陷的性质和数量对外观质量进行评定
    C. 根据对结构性能和使用功能影响的严重程度由各方共同确定
    D. 外观质量缺陷性质应由设计单位最终认定

87. 地下结构防水混凝土首先要满足的要求是：
    A. 抗渗等级　　　　　　　　　B. 抗拉强度
    C. 抗冻要求　　　　　　　　　D. 抗侵蚀性

88. 屋面涂膜防水层施工的说法，错误的是：
    A. 防水涂料应分多遍涂布
    B. 待前一遍涂料干燥成膜后再涂布后一遍涂料
    C. 前后两遍涂料的涂布方向应相互垂直
    D. 上下层胎体增强材料铺设方向相互垂直

89. 关于地下工程后浇带的说法，正确的是：
    A. 应设在变形最大的部位
    B. 宽度宜为500mm
    C. 应在两侧混凝土龄期28d内浇筑
    D. 应采用补偿收缩混凝土浇筑

90. 关于地下连续墙的说法，正确的是：
    A. 不能作为地下工程的主体结构
    B. 宜采用低坍密度的混凝土
    C. 槽段接缝为防水薄弱环节
    D. 孔洞缺陷应采用混合砂浆修补

91. 选择屋面保温材料时通常不考虑的指标是：
    A. 燃烧性能　　　　　　　　　B. 饱和含水率
    C. 导热性能　　　　　　　　　D. 表现密度

92. 关于一般抹灰施工及基层处理的说法，错误的是：
    A. 滴水线应外高内低

B. 不同材料基体交接处采取加强措施
C. 光滑基体表面应作凿毛处理
D. 抹灰厚度大于 35mm 时应采取加强措施

93. 关于门窗工程的说法，错误的是：
A. 人造木材门窗需做甲醛指标的复验
B. 特种门及其附件需有生产许可文件
C. 在砌体上安装门窗应采用射钉固定
D. 木门窗与砌体接触处应做防腐处理

94. 下列轻质隔墙工程验收项目中，不属于隐蔽验收项目的是：
A. 隔墙板甲醛释放量 B. 隔墙内水管试压
C. 木龙骨防火与防腐 D. 填充材料的设置

95. 幕墙工程隐蔽验收内容不包括：
A. 幕墙防雷连接节点 B. 幕墙防火隔烟节点
C. 幕墙板缝注胶 D. 单元式幕墙的封口

96. 下列裱糊工程的基层中，需要涂刷抗碱封闭底漆的是：
A. 新建筑物的混凝土墙面 B. 新建筑物的吊顶表面
C. 新建筑物的轻质隔墙面 D. 老建筑的原始墙面

97. 厚度 25mm 的地面找平层，最适宜采用的材料是：
A. 水泥砂浆 B. 混合砂浆
C. 细石混凝土 D. 普通混凝土

98. 下列地面面层中，不得敷设管线的是：
A. 水泥混凝土面层 B. 硬化耐磨面层
C. 水泥砂浆面层 D. 防油渗面层

99. 关于地面工程饰面砖及饰面板面层施工的说法，正确的是：
A. 饰面砖面层可以在水泥混合砂浆结合层上铺设
B. 陶瓷锦砖铺贴至柱、墙处应用砂装填补
C. 大理石、花岗岩板材应浸湿，并在保持充分湿润的状态下铺设
D. 大理石、花岗岩面铺贴前，板材的背面和侧面应进行防碱背涂处理

100. 关于木地板施工的说法，错误的是：
A. 实木踢脚线背面应抽槽并做防腐处理
B. 大面积实木复合地板面层应整体一次连续铺设
C. 软木地板面层应采用粘贴方式铺设
D. 无龙骨空铺地面辐射供暖木板面层时，应在填充层上铺设耐热防潮纸

二、2019年真题答案

1. /   2. C   3. C   4. B   5. C   6. C   7. D   8. /   9. C   10. B
11. C   12. B   13. A   14. C   15. C   16. B   17. A   18. B   19. A   20. A
21. A   22. /   23. C   24. 无 25. /   26. C   27. C   28. A   29. D   30. B
31. D   32. C   33. D   34. C   35. B   36. B   37. 无 38. A   39. D   40. A
41. D   42. A   43. D   44. B   45. A   46. 无 47. D   48. B   49. B   50. 无
51. B   52. B/D 53. C 54. /   55. B   56. C   57. 无 58. A   59. D   60. C
61. C   62. A   63. B   64. 无 65. 无 66. A   67. A   68. B   69. A   70. A
71. A   72. C   73. D   74. A   75. D   76. A   77. C   78. C   79. B   80. /
81. /   82. 无 83. /   84. /   85. A   86. A   87. A   88. D   89. D   90. B
91. A   92. A   93. C   94. A   95. C   96. A   97. C   98. D   99. D   100. B

第四节 2020年真题与答案

2020-001. 以下说法，不满足二级注册建筑师报考条件的是：

A. 建筑学本科毕业，从事建筑设计2年
B. 建筑设计相近专业大专毕业，从事建筑设计3年
C. 建筑设计中专毕业，从事建筑设计3年
D. 获得建筑设计助理工程师，从事建筑设计3年

【答案】C

【解析】根据《中华人民共和国注册建筑师条例》（2019年修订）第九条，符合下列条件之一的，可以申请参加二级注册建筑师考试：

（一）具有建筑学或者相近专业大学本科毕业以上学历，从事建筑设计或者相关业务2年以上的；

（二）具有建筑设计技术专业或者相近专业大学毕业以上学历，并从事建筑设计或者相关业务3年以上的；

（三）具有建筑设计技术专业4年制中专毕业学历，并从事建筑设计或者相关业务5年以上的；

（四）具有建筑设计技术相近专业中专毕业学历，并从事建筑设计或者相关业务7年以上的；

（五）取得助理工程师以上技术职称，并从事建筑设计或者相关业务3年以上的。

2020-002. 下列属于二级注册建筑师执业范围的建设项目是：

A. 有一定地方特色的小型公共建筑
B. 12层以下的住宅建筑
C. 一般标准的仿古建筑
D. 跨度为8m的工业厂房

【答案】B

【解析】根据《中华人民共和国注册建筑师条例实施细则》第二十九条，一级注册建筑师的执业范围不受工程项目规模和工程复杂程度的限制。二级注册建筑师的执业范围只限于承担工程设计资质标准中建设项目设计规模划分表中规定的小型规模

的项目。

注册建筑师的执业范围不得超越其聘用单位的业务范围。注册建筑师的执业范围与其聘用单位的业务范围不符时，个人执业范围服从聘用单位的业务范围。

建设项目	工程等级特征	小型
一般公共建筑	单体建筑面积	≤5000m²
	建筑高度	≤24m
	复杂程度	功能单一、技术要求简单的小型公建
		小型仓储
		简单设备用房及其他配套
		简单建筑环境设计及室外工程
		一星级饭店及以下标准的室内装修工程
		跨度＜24m，吊车吨位＜10t的单层厂房仓库
		跨度＜6m，楼盖无动荷载的3层以下厂房仓库
住宅宿舍	—	≤12层

2020-003. 根据《中华人民共和国招标投标法》，必须依法招标的项目是：

A. 获得外国政府贷款的项目
B. 涉及国家安全的项目
C. 抢险救灾的项目
D. 以工代赈扶贫的项目

【答案】A

【解析】根据《中华人民共和国招标投标法》（2017年修正）第三条，在中华人民共和国境内进行下列工程建设项目包括项目的勘察、设计、施工、监理以及与工程建设有关的重要设备、材料等的采购，必须进行招标：

（一）大型基础设施、公用事业等关系社会公共利益、公众安全的项目；
（二）全部或者部分使用国有资金投资或者国家融资的项目；
（三）使用国际组织或者外国政府贷款、援助资金的项目。

2020-004. 下列有关招标的说法，正确的是：

A. 分为公开招标，邀请招标和协议招标
B. 招标人应当委托代理机构，进行招标活动，不得进行自行招标
C. 招标代理机构可以为所招标代理项目投标人提供咨询
D. 招标文件中不得要求特定专利或生产供应者

【答案】D

【解析】根据《中华人民共和国招标投标法》（2017年修正）第十条，招标分为公开招标和邀请招标。公开招标，是指招标人以招标公告的方式邀请不特定的法人或者其他组织投标。邀请招标，是指招标人以投标邀请书的方式邀请特定的法人或者其他组织投标。故选项A错。

《招标投标法》第十二条，招标人有权自行选择招标代理机构，委托其办理招标事

宜。任何单位和个人不得以任何方式为招标人指定招标代理机构。

招标人具有编制招标文件和组织评标能力的，可以自行办理招标事宜。任何单位和个人不得强制其委托招标代理机构办理招标事宜。

依法必须进行招标的项目，招标人自行办理招标事宜的，应当向有关行政监督部门备案。故选项B错。

《中华人民共和国招标投标法实施条例》（2019年修订）第十三条规定：招标代理机构代理招标业务，应当遵守招标投标法和本条例关于招标人的规定。招标代理机构不得在所代理的招标项目中投标或者代理投标，也不得为所代理的招标项目的投标人提供咨询。故选项C错。

2020-005. 下列招标活动中，错误的是：
A. 投标人不受地区限制，依法参与招标的投标
B. 单位负责人为同一人的不同单位不得参加同一标段投标
C. 投标人在截止时间前撤销的投标保证金不给予退还
D. 超过投标截止时间送达的投标文件，招标人应当拒收

【答案】C

【解析】根据《中华人民共和国招标投标法实施条例》（2019年修订）第三十五条，投标人撤回已提交的投标文件，应当在投标截止时间前书面通知招标人。招标人已收取投标保证金的，应当自收到投标人书面撤回通知之日起5日内退还。

投标截止后投标人撤销投标文件的，招标人可以不退还投标保证金。

2020-006. 注册建筑师执业中造成重大安全事故，除吊销执业资格证书外，多长时间不能再次注册？
A. 2年   B. 5年
C. 10年   D. 终身

【答案】B

【解析】根据《中华人民共和国注册建筑师条例实施细则》第二十一条，申请人有下列情形之一的，不予注册：（六）受吊销注册建筑师证书的行政处罚，自处罚决定之日起至申请注册之日止不满五年的。故选B。

2020-007 至 2020-008. 题目缺失

2020-009. 不属于建筑设计施工图文件编制深度中要求标注内容是：
A. 标明规格   B. 标明性能
C. 标明指标   D. 标明厂家

【答案】D

【解析】根据《建设工程质量管理条例》（2019年修正）第二十二条，设计单位在设计文件中选用的建筑材料、建筑构配件和设备，应当注明规格、型号、性能等技术指标，其质量要求必须符合国家规定的标准。

除有特殊要求的建筑材料、专用设备、工艺生产线等外，设计单位不得指定生产厂、供应商。

2020-010. 题目缺失

2020-011. 一、二级托儿所、幼儿园的活动用房，允许设置的最大层数为：
A. 二层　　　　　　　　　　　　B. 三层
C. 四层　　　　　　　　　　　　D. 五层

【答案】B

【解析】根据《托儿所、幼儿园建筑设计规范》JGJ 39—2016（2019 年版）第 4.1.3A 条，幼儿园生活用房应布置在三层及以下。

2020-012. 题目缺失

2020-013. 某相邻两栋建筑高度分别为 25m 和 27m，相邻面均设置普通窗户，则两栋建筑的最小防火间距是：
A. 6m　　　　　　　　　　　　　B. 7m
C. 9m　　　　　　　　　　　　　D. 12m

【答案】A

【解析】如果两栋建筑为住宅，则均为多层住宅，根据《建筑设计防火规范》GB 50016—2014（2018 年版）表 5.2.2 可知，一、二级多层建筑间防火间距为 6m，故选 A。

2020-014. 下列踏步高度最大为 0.13m 的建筑为：
A. 中学教学楼　　　　　　　　　B. 住宅楼
C. 小学住宿楼　　　　　　　　　D. 幼儿园

【答案】D

【解析】根据《民用建筑设计统一标准》GB 50352—2019 第 6.8.10 条，楼梯踏步的宽度和高度应符合表 6.8.10 的规定。

楼梯踏步最小宽度和最大高度（m）　　　　表 6.8.10

楼梯类别		最小宽度	最大高度
住宅楼梯	住宅公共楼梯	0.260	0.175
	住宅套内楼梯	0.220	0.200
宿舍楼梯	小学宿舍楼梯	0.260	0.150
	其他宿舍楼梯	0.270	0.165
老年人建筑楼梯	住宅建筑楼梯	0.300	0.150
	公共建筑楼梯	0.320	0.130
托儿所、幼儿园楼梯		0.260	0.150
人员密集且竖向交通繁忙的建筑和大、中学校楼梯		0.280	0.165
其他建筑楼梯		0.260	0.175
超高层建筑核心筒内楼梯		0.250	0.180
检修及内部服务楼梯		0.220	0.200

注：螺旋楼梯和扇形踏步离内侧扶手中心 0.250m 处的踏步宽度不应小于 0.220m。

2020-015. 编制乡规划，应依据：

A. 村庄建设规划　　　　　　　　　B. 村庄发展规划

C. 国民经济和社会发展规划　　　　D. 道路专项规划

【答案】C

【解析】根据《中华人民共和国城乡规划法》（2019年修正）第五条，城市总体规划、镇总体规划以及乡规划和村庄规划的编制，应当依据国民经济和社会发展规划，并与土地利用总体规划相衔接。

2020-016 至 2020-017. 题目缺失

2020-018. 城市控制性详细规划是由下列哪个部门批准：

A. 城乡规划主管部门　　　　　　　B. 本级人民政府

C. 本级人民代表大会　　　　　　　D. 上一级人民政府

【答案】B

【解析】根据《中华人民共和国城乡规划法》（2019年修正）第十九条，城市人民政府城乡规划主管部门根据城市总体规划的要求，组织编制城市的控制性详细规划，经本级人民政府批准后，报本级人民代表大会常务委员会和上一级人民政府备案。

2020-019. 任何单位和个人对违反工程建设标准强制性条文的行为，无权进行：

A. 要求行为人整改　　　　　　　　B. 向有关部门检举

C. 向有关部门控告　　　　　　　　D. 向有关部门投诉

【答案】A

【解析】根据《实施工程建设强制性标准监督规定》（2021年修正）第十五条，任何单位和个人对违反工程建设强制性标准的行为有权向住房城乡建设主管部门或者有关部门检举、控告、投诉。

2020-020. 房地产开发过程中，获得土地的途径包括：

A. 出让　　　　　　　　　　　　　B. 划拨

C. 出让和划拨　　　　　　　　　　D. 出让和租赁

【答案】C

【解析】依据《中华人民共和国城市房地产管理法》（2019年修正）第二章"房地产开发用地"，获得土地的途径只有出让和划拨两种。

2020-021 至 2020-023. 题目缺失

2020-024. 托儿所、幼儿园建筑中，临空一侧的栏杆的最小高度为：

A. 1.0m　　　　　　　　　　　　　B. 1.1m

C. 1.2m　　　　　　　　　　　　　D. 1.3m

【答案】D

【解析】根据《托儿所、幼儿园建筑设计规范》JGJ 39—2016（2019年版）第4.1.9条，托儿所、幼儿园的外廊、室内回廊、内天井、阳台、上人屋面、平台、看台及室外楼梯等临空处应设置防护栏杆，栏杆应以坚固、耐久的材料制作。防护栏杆的高度应从可踏部位顶面起算，且净高不应小于1.30m。防护栏杆必须采用防止幼儿攀登和穿过的构造，当采用垂直杆件做栏杆时，其杆件净距离不应大于0.09m。

2020-025 至 2020-026．题目缺失

2020-027．多层住宅与高层住宅的最小防火间距是：

A．4m B．6m
C．9m D．12m

【答案】C

【解析】依据《建筑设计防火规范》GB 50016—2014（2018年版）表5.2.2可知，多层建筑与高层建筑的最小防火间距是9m。

2020-028．题目缺失

2020-029．下列关于住宅楼梯间的说法错误的是：

A．建筑高度15m，采用开敞楼梯间

B．建筑高度18m，采用封闭楼梯

C．建筑高度30m，户门为乙级防火门，采用开敞楼梯间

D．建筑高度33m，采用防烟楼梯间

【答案】D

【解析】根据《建筑设计防火规范》GB 50016—2014（2018年版）第5.5.27条，住宅建筑的疏散楼梯设置应符合下列规定：

1. 建筑高度不大于21m的住宅建筑可采用敞开楼梯间；与电梯井相邻布置的疏散楼梯应采用封闭楼梯间，当户门采用乙级防火门时，仍可采用敞开楼梯间。

2. 建筑高度大于21m，不大于33m的住宅建筑应采用封闭楼梯间；当户门采用乙级防火门时，可采用敞开楼梯间。

3. 建筑高度大于33m的住宅建筑应采用防烟楼梯间。户门不宜直接开向前室，确有困难时，每层开向同一前室的户门不应大于3樘且应采用乙级防火门。

2020-030．住宅首层疏散门的最小宽度为：

A．0.9m B．1.0m
C．1.1m D．1.2m

【答案】C

【解析】根据《建筑设计防火规范》GB 50016—2014（2018年版）第5.5.30条，住宅建筑的户门、安全出口、疏散走道和疏散楼梯的各自总净宽度应经计算确定，且户门和安全出口的净宽度不应小于0.90m，疏散走道、疏散楼梯和首层疏散外门的净宽度不应小于1.10m。建筑高度不大于18m的住宅中一边设置栏杆的疏散楼梯，其净宽度不应小于1.0m。

2020-031．题目缺失

2020-032．非独立设置的托儿所、幼儿园建筑，不能与之结合设置的是：

A. 住宅建筑 B. 办公建筑
C. 教育建筑 D. 商业建筑

【答案】D

【解析】根据《托儿所、幼儿园建筑设计规范》JGJ 39—2016（2019年版）第3.2.2条，四个班及以上的托儿所、幼儿园建筑应独立设置。三个班及以下时，可与居住、养老、教育、办公建筑合建。

2020-033 至 2020-044. 题目缺失

2020-045. 幼托所室外戏水池储水深度应设计为：
A. 0.2m B. 0.3m
C. 0.4m D. 0.5m

【答案】B

【解析】根据《托儿所、幼儿园建筑设计规范》JGJ 39—2016（2019年版）第3.2.3条，托儿所、幼儿园应设室外活动场地，并应符合下列规定：

4 共用活动场地应设置游戏器具、沙坑、30m跑道等，宜设戏水池，储水深度不应超过0.30m。

2020-046. 老年建筑中用于通行的走道净宽是：
A. 装饰面之间的净距
B. 扶手内侧之间的距离
C. 扶手中心线之间的距离
D. 扶手外侧之间的距离

【答案】C

【解析】根据《民用建筑设计统一标准》GB 50352—2019第6.8.2条，当一侧有扶手时，梯段净宽应为墙体装饰面至扶手中心线的水平距离，当双侧有扶手时，梯段净宽应为两侧扶手中心线之间的水平距离。当有凸出物时，梯段净宽应从凸出物表面算起。

2020-047. 一定条件下，仍不可突出红线的是：
A. 空调机位 B. 雨棚
C. 阳台 D. 建筑连接体

【答案】C

【解析】根据《民用建筑设计统一标准》GB 50352—2019第4.3.1条可知，阳台是在任何情况下都不允许突出建筑控制线的。

2020-048. 车库平面设计中，微型车的最小转弯半径是：
A. 2.5 B. 3.5
C. 4.5 D. 5.5

【答案】C

【解析】根据《车库建筑设计规范》JGJ 100—2015第4.1.3条，机动车最小转弯半径应符合表4.1.3的规定。

表 4.1.3 机动车最小转弯半径

车型	最小转弯半径 r_1 (m)
微型车	4.50
小型车	6.00
轻型车	6.00～7.20
中型车	7.20～9.00
大型车	9.00～10.50

2020-049. 底层网点的多层住宅，最大高度是：

A. 24m　　　　　　　　　　　　B. 25m

C. 26m　　　　　　　　　　　　D. 27m

【答案】D

【解析】根据《建筑设计防火规范》GB 50016—2014（2018 年版）表 5.1.1，建筑高度不大于 27m 的住宅建筑（包括设置商业服务网点的住宅建筑）为多层，故选 D。

2020-050.《住宅设计规范》中，不属于基本功能空间的是：

A. 客厅　　　　　　　　　　　　B. 卧室

C. 书房　　　　　　　　　　　　D. 卫生间

【答案】C

【解析】根据《住宅设计规范》GB 50096—2011 第 5.1.1 条，住宅应按套型设计，每套住宅应设卧室、起居室（厅）、厨房和卫生间等基本功能空间。故选 C。

2020-051. 某食堂用餐区域的使用面积是 500m²，该食堂服务的用餐人数为：

A. 200　　　　　　　　　　　　B. 300

C. 400　　　　　　　　　　　　D. 500

【答案】D

【解析】根据《饮食建筑设计标准》JGJ 64—2017 第 4.1.2 条，用餐区域每座最小使用面积宜符合表 4.1.2 的规定。

用餐区域每座最小使用面积（m²/座）　　　　表 4.1.2

分类	餐馆	快餐店	饮品店	食堂
指标	1.3	1.0	1.5	1.0

注：快餐店每座最小使用面积可以根据实际需要适当减少。

2020-052. 1200 人的大学宿舍出入口集散场地面积应为：

A. 120m²　　　　　　　　　　　B. 180m²

C. 240m²　　　　　　　　　　　D. 300m²

【答案】C

【解析】根据《宿舍建筑设计规范》JGJ 36—2016 第 3.2.4 条，宿舍主要出入口前应设人员集散场地，集散场地人均面积指标不应小于 0.20m²。宿舍附近宜有集中绿地。

2020-053. 根据办公建筑设计规范，长度不超过 40m 的双侧开门的走廊，最小宽度为：

A. 1.3　　　　　　　　　　　　　　B. 1.5
C. 1.8　　　　　　　　　　　　　　D. 2.4

【答案】B

【解析】根据《办公建筑设计标准》JGJ/T 67—2019 第4.1.9条，办公建筑的走道应符合下列规定：

1　宽度应满足防火疏散要求，最小净宽应符合表4.1.9的规定。

走道最小净宽　　　　　　　　　　表4.1.9

走道长度（m）	走道净宽（m）	
	单面布房	双面布房
≤40	1.30	1.50
>40	1.50	1.80

注：1. 高层内筒结构的回廊式走道净宽最小值同单面布房走道。
　　2. 高差不足0.30m时，不应设置台阶，应设坡道，其坡度不应大于1∶8。

2020-054. 单间办公室净面积不小于：

A. 4m^2　　　　　　　　　　　　B. 6m^2
C. 8m^2　　　　　　　　　　　　D. 10m^2

【答案】D

【解析】根据《办公建筑设计标准》JGJ/T 67—2019 第4.2.3条，普通办公室应符合下列规定：

6　普通办公室每人使用面积不应小于6m^2，单间办公室使用面积不宜小于10m^2。

2020-055. 中小学校的用房中，设计采光取值最低的是：

A. 风雨操场　　　　　　　　　　　B. 保健室
C. 厕所　　　　　　　　　　　　　D. 楼梯间

【答案】C

【解析】根据《中小学校设计规范》GB 50099—2011 表9.2.1可知，饮水处、厕所和淋浴要求的采光系数最低值最小，故选C。

2020-056. 图书馆的闭架书库中，主通道的最小宽度是：

A. 1.0m　　　　　　　　　　　　B. 1.1m
C. 1.2m　　　　　　　　　　　　D. 1.3m

【答案】C

【解析】根据《图书馆建筑设计规范》JGJ 38—2015 表4.2.4-2，规定了书架排列的最小净距离和库内主、次通道，靠墙一侧的档头走道等的最小宽度。

书架之间以及书架与墙体之间通道的最小宽度（m）　　表4.2.4-2

通道名称	不常用书架		不常用书库
	开架	闭架	
主通道	1.50	1.20	1.00
次通道	1.10	0.75	0.60
档头走道（即靠墙走道）	0.75	0.60	0.60
行道	1.00	0.75	0.60

2020-057. 总座位为 750 的电影院为：

A. 小型电影院 B. 中型电影院
C. 大型电影院 D. 特大型电影院

【答案】B

【解析】根据《电影院建筑设计规范》JGJ 58—2008 第 4.1.1 条，电影院的规模按总座位数可划分为特大型、大型、中型和小型四个规模。不同规模的电影院应符合下列规定：

1 特大型电影院的总座位数应大于 1800 个，观众厅不宜少于 11 个；
2 大型电影院的总座位数宜为 1201~1800 个，观众厅宜为 8~10 个；
3 中型电影院的总座位数宜为 701~1200 个，观众厅宜为 5~7 个；
4 小型电影院的总座位数宜小于等于 700 个，观众厅不宜少于 4 个。

2020-058. 博物馆建筑中不属于陈列展览区的是：

A. 综合大厅 B. 临时展厅
C. 儿童展厅 D. 鉴赏室

【答案】D

【解析】根据《博物馆建筑设计规范》JGJ 66—2015 第 4.1.1 条，博物馆建筑的功能空间应划分为公众区域、业务区域和行政区域，且各区域的功能区和主要用房的组成宜符合表 4.1.1 的规定，并应满足工艺设计要求。依据表 4.1.1 可知鉴赏室属于业务区域中的藏品库区的库前区。

2020-059. 综合医院医疗功能单位划分，错误的是：

A. 收费属于门诊科室 B. 药剂科属于临床科室
C. 检验科属于医技科室 D. 病案管理属于医疗管理

【答案】B

【解析】根据《综合医院建筑设计规范》GB 51039—2014 第 3.1.4 条，医疗功能单元的划分宜符合表 3.1.4 的规定。

医疗功能单元的划分　　　　　　　　　　表 3.1.4

分类	门诊、急诊	预防、保健管理	临床科室	医技科室	医疗管理
各功能单元	分诊、挂号、收费、各诊室、急诊、急救、输液、留院观察等	儿童保健、妇女保健等	内科、外科、眼科、耳鼻喉科、儿科、妇产科、手术部、麻醉科、重症监护科（ICU 和 CCU 等）、介入治疗、放射治疗、理疗科等	药剂科、检验科、医学影像科（放射科、核医学、超声科）、病理科、中心供应、输血科等	病案管理、统计管理、住院管理、门诊管理、感染控制管理等

2020-060. 汽车客运站等级划分的根据是：

A. 年旅客发送量 B. 年平均月旅客发送量

C. 年平均日旅客发送量　　　　　　　D. 旅客最高聚集人数

【答案】C

【解析】根据《交通客运站建筑设计规范》JGJ/T 60—2012 第 3.0.3 条，汽车客运站的站级分级应根据年平均日旅客发送量划分，并应符合表 3.0.3 的规定。

汽车客运站的站级分级　　　　　表 3.0.3

分级	发车位（个）	年平均日旅客发送量（人/d）
一级	≥20	≥10000
二级	13～19	5000～9999
三级	7～12	2000～4999
四级	≤6	300～1999
五级	—	≤299

注：1 重要的汽车客运站，其站级分级可按实际需要确定，并报主管部门批准；
　　2 当年平均日旅客发送量超过 25000 人次时，宜另建汽车客运站分站。

2020-061. 汽车客运站的汽车进站口，最小净宽是：

A. 3.5m　　　　　　　　　　　　B. 4.0m
C. 5.5m　　　　　　　　　　　　D. 6.0m

【答案】B

【解析】根据《交通客运站建筑设计规范》JGJ/T 60—2012 第 4.0.4 条，汽车进站口、出站口应满足营运车辆通行要求，并应符合下列规定：

　1　一、二级汽车客运站进站口、出站口应分别设置，三、四级汽车客运站宜分别设置；进站口、出站口净宽不应小于 4.0m，净高不应小于 4.5m。

2020-062. 商店建筑自动扶梯的倾斜角度，规范允许最大值是：

A. 25°　　　　　　　　　　　　　B. 30°
C. 35°　　　　　　　　　　　　　D. 40°

【答案】B

【解析】根据《商店建筑设计规范》JGJ 48—2014 第 4.1.8 条，商店建筑内设置的自动扶梯、自动人行道除应符合现行国家标准《民用建筑设计通则》GB 50352（已废止，现行为《民用建筑设计统一标准》GB 50180—2018）的有关规定外，还应符合下列规定：

　1　自动扶梯倾斜角度不应大于 30°，自动人行道倾斜角度不应超过 12°。

2020-063. 商店营业区的公用楼梯，踏步最小净宽是：

A. 0.25m　　　　　　　　　　　　B. 0.26m
C. 0.28m　　　　　　　　　　　　D. 0.30m

【答案】C

【解析】根据《商店建筑设设计规范》JGJ 48—2014 第 4.1.6 条，商店建筑的公用楼梯、台阶、坡道、栏杆应符合下列规定：

　1　楼梯梯段最小净宽、踏步最小宽度和最大高度应符合表 4.1.6 的规定。

楼梯梯段最小净宽、踏步最小宽度和最大高度　　表 4.1.6

楼梯类别	梯段最小净宽（m）	踏步最小宽度（m）	踏步最大高度（m）
营业区的共用楼梯	1.40	0.28	0.16
专用疏散楼梯	1.20	0.26	0.17
室外楼梯	1.40	0.30	0.15

2020-064. 坡度为 1∶12 的无障碍轮椅坡道，爬升高度为 2.0m，最少应分为（　　）段。

A. 1 　　　　　　　　　　　　B. 2

C. 3 　　　　　　　　　　　　D. 4

【答案】C

【解析】根据《无障碍设计规范》GB 50763—2012 第 3.4.4 条，轮椅坡道的最大高度和水平长度应符合表 3.4.4 的规定。

轮椅坡道的最大高度和水平长度　　表 3.4.4

坡度	1∶20	1∶16	1∶12	1∶10	1∶8
最大高度（m）	1.20	0.90	0.75	0.60	0.30
水平长度（m）	24.00	14.40	9.00	6.00	2.40

根据题目给出条件套用表格中坡度 1∶12 所对应的数值，一段坡道最大高度为 0.75m，爬升 2.0m 高则需要 3 段坡道，故选 C。

2020-065. 无障碍扶手水平段延伸长度，最小尺寸应为：

A. 100m 　　　　　　　　　　B. 250m

C. 300m 　　　　　　　　　　D. 350m

【答案】C

【解析】根据《无障碍设计规范》GB 50763—2012 第 3.8.2 条，扶手应保持连贯，靠墙面的扶手的起点和终点处应水平延伸不小于 300mm 的长度。

2020-066 至 2020-100. 题目缺失

第五节　2021 年真题与答案

2021-001. 全过程工程咨询服务不包括：

A. 勘察 　　　　　　　　　　　B. 设计

C. 施工 　　　　　　　　　　　D. 监理

【答案】C

【解析】依据《关于推进全过程工程咨询服务发展的指导意见》（发改投资规〔2019〕515 号），鼓励实施工程建设全过程咨询，由咨询单位提供招标代理、勘察、设计、监理、造价、项目管理等全过程咨询服务。

2021-002. 根据《工程总承包管理办法》，总承包单位可以是总承包项目的：
A. 代建单位
B. 监理单位
C. 项目管理单位
D. 设计单位

【答案】D

【解析】根据《房屋建筑和市政基础设施工程总承包管理办法》第十条，工程总承包单位应当同时具有与工程规模相适应的工程设计资质和施工资质，或者由具有相应资质的设计单位和施工单位组成联合体。工程总承包单位应当具有相应的项目管理体系和项目管理能力、财务和风险承担能力，以及与发包工程相类似的设计、施工或者工程总承包业绩。

设计单位和施工单位组成联合体的，应当根据项目的特点和复杂程度，合理确定牵头单位，并在联合体协议中明确联合体成员单位的责任和权利。联合体各方应当共同与建设单位签订工程总承包合同，就工程总承包项目承担连带责任。

第十一条，工程总承包单位不得是工程总承包项目的代建单位、项目管理单位、监理单位、造价咨询单位、招标代理单位。

政府投资项目的项目建议书、可行性研究报告、初步设计文件编制单位及其评估单位，一般不得成为该项目的工程总承包单位。政府投资项目招标人公开已经完成的项目建议书、可行性研究报告、初步设计文件的，上述单位可以参与该工程总承包项目的投标，经依法评标、定标，成为工程总承包单位。

综上所述，D 选项正确。

2021-003. 根据《建设工程质量管理条例》，设计人员需要：
A. 委托具有相应资质等级的工程监理单位进行监理
B. 参加竣工验收、并验证消防设施是否符合规范并签认
C. 按照国家有关规定办理工程质量监督手续
D. 对建设工程的施工质量负责

【答案】B

【解析】根据《建设工程质量管理条例》（2019 年修正）第十六条，建设单位收到建设工程竣工报告后，应当组织设计、施工、工程监理等有关单位进行竣工验收。

（四）有勘察、设计、施工、工程监理等单位分别签署的质量合格文件；

（五）有施工单位签署的工程保修书。

2021-004. 招标人和投标人订立合同的时间是自中标通知书发出之日起（　　　）日内？
A. 14
B. 15
C. 28
D. 30

【答案】D

【解析】《中华人民共和国招标投标法》（2017 年修正），第四十六条，招标人和中标人应当自中标通知书发出之日起三十日内，按照招标文件和中标人的投标文件订立书面合同。招标人和中标人不得再行订立背离合同实质性内容的其他协议。

招标文件要求中标人提交履约保证金的，中标人应当提交。

2021-005. 题目缺失

2021-006. 适用于《建设工程勘察设计管理条例》的设计是：
A. 抢险救灾项目
B. 成片住宅区
C. 农民自建 2 层以下住宅项目
D. 军事工程

【答案】B

【解析】依据《建设工程勘察设计管理条例》(2017 年修订)：

　　第四十四条　抢险救灾及其他临时性建筑和农民自建两层以下住宅的勘察、设计活动，不适用本条例。

　　第四十五条　军事建设工程勘察、设计的管理，按照中央军事委员会的有关规定执行。

2021-007. 根据《建设工程勘察设计管理条例》，下列说法中正确的是：
A. 建设工程勘察、设计单位不得将所承揽的建设工程勘察、设计转包
B. 采用特定的专利或者专有技术的建设工程的勘察、设计不可直接发包
C. 建筑艺术造型有特殊要求的建设工程的勘察、设计不可直接发包
D. 建设工程勘察、设计单位资质证书和执业人员注册证书，由省建设行政主管部门统一制作

【答案】A

【解析】根据《建设工程勘察设计管理条例》(2017 年修订)：

　　第十一条　建设工程勘察、设计单位资质证书和执业人员注册证书，由国务院建设行政主管部门统一制作。

　　第十六条　下列建设工程的勘察、设计，经有关主管部门批准，可以直接发包：
　　(一) 采用特定的专利或者专有技术的；
　　(二) 建筑艺术造型有特殊要求的；
　　(三) 国务院规定的其他建设工程的勘察、设计。

　　第二十条　建设工程勘察、设计单位不得将所承揽的建设工程勘察、设计转包。

2021-008. 根据《建筑工程设计文件编制深度规定》(2016 年版)，下列描述不准确的是：
A. 总平面图应该表达各构筑物和建筑物的位置、坐标、相邻的间距、尺寸及其名称和层数
B. 平面图应标出变形缝的位置和尺寸
C. 立面图应表达出建筑的造型特征，画出具有代表性的立面及平面图上表达不清的窗编号
D. 剖面图的位置应该选在层高不同、层数不同、空间比较复杂、具有代表性的部位，并表达节点构造详图索引号

【答案】C

【解析】根据《建筑工程设计文件编制深度规定》(2016 年版)：

4.2.4　总平面图。

　　5　建筑物、构筑物 (人防工程、地下车库、油库、贮水池等隐蔽工程以虚线表

示）的名称或编号、层数、定位（坐标或相互关系尺寸）；
4.3.4 平面图。
　　4 变形缝位置、尺寸及做法索引；
4.3.5 立面图。
　　5 在平面图上表达不清的窗编号；
　　9 各个方向的立面应绘齐全，但差异小、左右对称的立面可简略；内部院落或看不到的局部立面，可在相关剖面图上表示，若剖面图未能表示完全时，则需单独绘出。
4.3.6 剖面图。
　　1 剖视位置应选在层高不同、层数不同、内外部空间比较复杂、具有代表性的部位；建筑空间局部不同处以及平面、立面均表达不清的部位，可绘制局部剖面；
　　2 墙、柱、轴线和轴线编号。

2021-009. 根据《建筑工程设计文件编制深度规定》（2016年版）规定，当审查机构对初步设计文件有审查的需要，方案设计文件应当：

A. 满足建设单位的成本最低的需要
B. 满足竣工验收的需要
C. 满足所有分部工程质量检查的需要
D. 满足方案审批或报批的需要

【答案】D

【解析】《建筑工程设计文件编制深度规定》（2016年版）第1.0.5条，各阶段设计文件编制深度应按以下原则进行：
　　1 方案设计文件，应满足编制初步设计文件的需要，应满足方案审批或报批的需要。

2021-010. 依据《建设工程勘察设计管理条例》，设计文件中材料、构配件、设备应注明：

A. 规格、型号等技术指标　　　　B. 生产工艺流程
C. 材料的组成要素　　　　　　　D. 运输注意事项

【答案】A

【解析】根据《建设工程勘察设计管理条例》（2017年修订）第二十七条，设计文件中选用的材料、构配件、设备，应当注明其规格、型号、性能等技术指标，其质量要求必须符合国家规定的标准。

　　除有特殊要求的建筑材料、专用设备和工艺生产线等外，设计单位不得指定生产厂、供应商。

2021-011. 工程建设中施工图设计审查内容不包括：

A. 地基基础和主体结构的安全性
B. 设计合同中规定的限额设计内容
C. 是否符合工程建设强制性标准
D. 是否符合民用建筑节能强制性标准

【答案】B

【解析】根据《房屋建筑和市政基础设施工程施工图设计文件审查管理办法》(2018年修订)第十一条,审查机构应当对施工图审查下列内容:

(一) 是否符合工程建设强制性标准;

(二) 地基基础和主体结构的安全性;

(三) 消防安全性;

(四) 人防工程(不含人防指挥工程)防护安全性;

(五) 是否符合民用建筑节能强制性标准,对执行绿色建筑标准的项目,还应当审查是否符合绿色建筑标准;

(六) 勘察设计企业和注册执业人员以及相关人员是否按规定在施工图上加盖相应的图章和签字;

(七) 法律、法规、规章规定必须审查的其他内容。

2021-012. 工程设计中采用国际标准,现行强制性标准中未作规定,建设单位(　　)。

A. 应当向市建设行政主管部门或者市有关行政主管部门备案

B. 应当向省建设行政主管部门门或者省有关行政主管部门备案

C. 应当向国务院建设行政主管部门或者国务院有关行政主管部门备案

D. 可直接按照要求使用

【答案】C

【解析】根据《实施工程建设强制性标准监督规定》(2021年修正)第五条,建设工程勘察、设计文件中规定采用的新技术、新材料,可能影响建设工程质量和安全,又没有国家技术标准的,应当由国家认可的检测机构进行试验、论证,出具检测报告,并经国务院有关主管部门或者省、自治区、直辖市人民政府有关主管部门组织的建设工程技术专家委员会审定后,方可使用。

2021-013 至 2021-014. 题目缺失

2021-015. 关于城乡规划实施,正确的是:

A. 城乡规划发展建设应考虑新区与旧区的关系

B. 城市发展新区应与已有市政基础分离、重新规划

C. 旧区改建应统一标准、统规划,应首先考虑经济效益

D. 鼓励开发利用地下空间,可以适当突破规划条件

【答案】A

【解析】依据《中华人民共和国城乡规划法》(2019年修正)第二十九条,城市的建设和发展,应当优先安排基础设施以及公共服务设施的建设,妥善处理新区开发与旧区改建的关系,统筹兼顾进城务工人员生活和周边农村经济社会发展、村民生产与生活的需要。故选A。

2021-016. 城乡规划的原则是:

A. 建设美丽乡镇　　　　　　　　B. 改善生态环境

C. 节约土地　　　　　　　　　　D. 保持地方特色

【答案】C

【解析】依据《中华人民共和国城乡规划法》（2019年修正）第四条，制定和实施城乡规划，应当遵循城乡统筹、合理布局、节约土地、集约发展和先规划后建设的原则，改善生态环境，促进资源、能源节约和综合利用，保护耕地等自然资源和历史文化遗产，保持地方特色、民族特色和传统风貌，防止污染和其他公害，并符合区域人口发展、国防建设、防灾减灾和公共卫生、公共安全的需要。

2021-017. 通过不能通过划拨方式能够取得用地的是：
A. 学校、医院 B. 住宅
C. 商业 D. 企业、厂房
【答案】A
【解析】《中华人民共和国土地管理法》（2019年修正）第五十四条，建设单位使用国有土地，应当以出让等有偿使用方式取得；但是，下列建设用地，经县级以上人民政府依法批准，可以以划拨方式取得：
（一）国家机关用地和军事用地；
（二）城市基础设施用地和公益事业用地；
（三）国家重点扶持的能源、交通、水利等基础设施用地；
（四）法律、行政法规规定的其他用地。

2021-018. 依据《建设工程质量管理条例》，未经（   ）签字，施工单位不得进行下一道工序的施工。
A. 质量监督机构 B. 监理员
C. 总监理工程师 D. 监理工程师
【答案】D
【解析】根据《建设工程质量管理条例》（2019年修正）第三十七条规定，工程监理单位应当选派具备相应资格的总监理工程师和监理工程师进驻施工现场。

未经监理工程师签字，建筑材料、建筑构配件和设备不得在工程上使用或者安装，施工单位不得进行下一道工序的施工。未经总监理工程师签字，建设单位不拨付工程款，不进行竣工验收。

2021-019. 监理单位发现建设工程勘察、设计文件不符合合同约定的质量要求的，需要（   ）。
A. 报施工单位请设计单位进行修改
B. 报建设单位请设计单位进行修改
C. 报勘察单位请设计单位进行修改
D. 报设计单位进行修改
【答案】B
【解析】根据《建设工程勘察设计管理条例》（2017年修正）第二十八条，建设单位、施工单位、监理单位不得修改建设工程勘察、设计文件；确需修改建设工程勘察、设计文件的，应当由原建设工程勘察、设计单位修改。经原建设工程勘察、设计单位书面同意，建设单位也可以委托其他具有相应资质的建设工程勘察、设计单位修改。修改单位对修改的勘察、设计文件承担相应责任。

施工单位、监理单位发现建设工程勘察、设计文件不符合工程建设强制性标准、合同约定的质量要求的，应当报告建设单位，建设单位有权要求建设工程勘察、设计单位对建设工程勘察、设计文件进行补充、修改。

建设工程勘察、设计文件内容需要作重大修改的，建设单位应当报经原审批机关批准后，方可修改。

2021-020. 建筑师执业出现重大事故的罚则是：
A. 2 年内不允许注册
B. 3 年内不允许注册
C. 5 年内不允许注册
D. 7 年内不允许注册

【答案】C

【解析】根据《中华人民共和国注册建筑师条例》（2019 年修订）第十三条规定，有下列情形之一的，不予注册：

（一）不具有完全民事行为能力的；

（二）因受刑事处罚，自刑罚执行完毕之日起至申请注册之日止不满 5 年的；

（三）因在建筑设计或者相关业务中犯有错误受行政处罚或者撤职以上行政处分，自处罚之日止不满 2 年的；

（四）受吊销注册建筑师证书的行政处罚，自处罚决定之日起至申请注册之日止不满 5 年；

（五）有国务院规定不予注册的其他情形的。

2021-021. 题目缺失

2021-022. 基地机动车出入口与城市道路衔接缓冲段最小间距为：
A. 6m
B. 7.5m
C. 10m
D. 12m

【答案】B

【解析】根据《民用建筑设计统一标准》GB 50352—2019 第 5.2.4 条，建筑基地内地下机动车车库出入口与连接道路间宜设置缓冲段，缓冲段应从车库出入口坡道起坡点算起，并应符合下列规定：

4 当出入口直接连接基地外城市道路时，其缓冲段长度不宜小于 7.5m。

2021-023. 题目缺失

2020-024. 寒冷地区，某基地与城市道路高差为 0.6m，进入基地的道路最短长度为（　　）m？
A. 6
B. 7.5
C. 10
D. 12

【答案】C

【解析】根据《城市居住规划设计标准》GB 50180—2018 表 6.0.4 可知，积雪或冰冻地区道路最大纵坡为 6%，故选 C。

2021-025.《民用建筑设计统一标准》中规定基地机动车出入口位置与大中城市主干道交叉口的距离不应小于 **70m**，是指下图哪段距离？

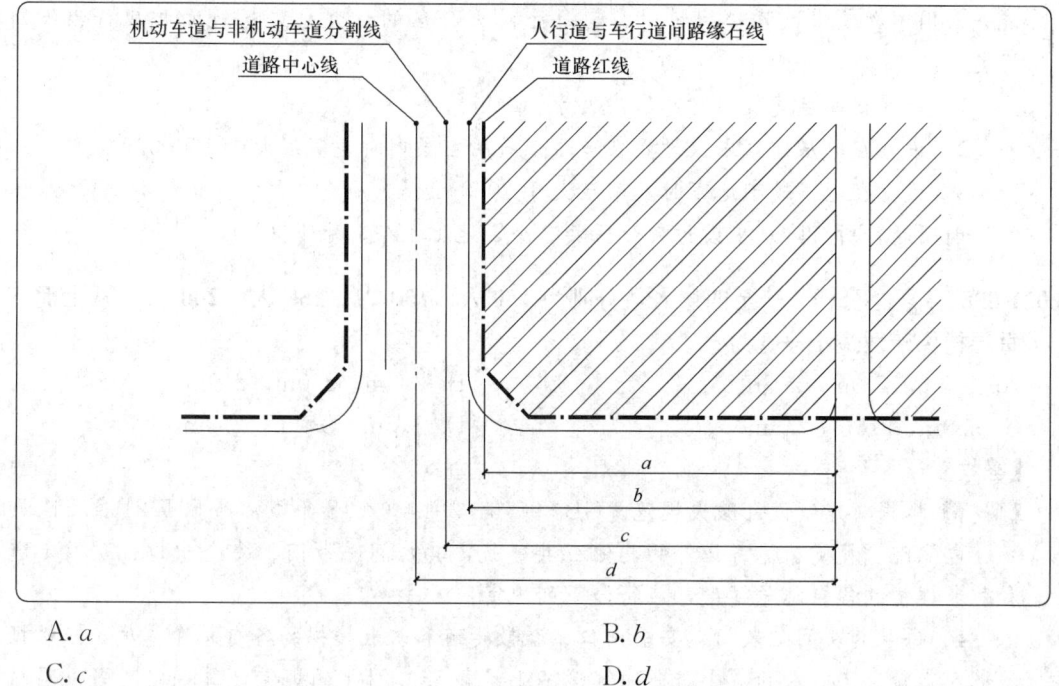

A. a B. b
C. c D. d

【答案】A

【解析】根据《民用建筑设计统一标准》GB 50352—2019 第 4.2.4 条，中等城市、大城市的主干路交叉口，自道路红线交叉点起沿线 70m 范围内不应设置机动车出入口。

2021-026. 当基地内建筑面积大于 **3000m²** 且只有一条道路与城市道路相连时，其道路的最小宽度为（　　）m。

A. 5.5 B. 6
C. 7   D. 9

【答案】C

【解析】根据《民用建筑统一标准》GB 50352—2019 第 4.2.1 条，建筑基地应与城市道路或镇区道路相邻接，否则应设置连接道路，并应符合下列规定：

1 当建筑基地内建筑面积小于或等于 3000m² 时，其连接道路的宽度不应小于 4.0m；

2 当建筑基地内建筑面积大于 3000m²，且只有一条连接道路时，其宽度不应小于 7.0m；当有两条或两条以上连接道路时，单条连接道路宽度不应小于 4.0m。

2021-027. 单层一级商业建筑首层面积 **10000m²**，地下一层 **3800m²**，设有自动喷淋系统，最少需要设置几个防火分区？

A. 2 B. 3
C. 4 D. 5

【答案】B

【解析】根据《建筑设计防火规范》GB 50016—2014（2018 年版）第 5.3.4 条，一、二级耐火等级建筑内的商店营业厅、展览厅，当设置自动灭火系统和火灾自动报警系统并采用不燃或难燃装修材料时，其每个防火分区的最大允许建筑面积应符合下列规定：

1 设置在高层建筑内时，不应大于 4000m²；
2 设置在单层建筑或仅设置在多层建筑的首层内时，不应大于 10000m²；
3 设置在地下或半地下时，不应大于 2000m²。

因而题目所给建筑应设防火分区共 3 个，地上 1 个，地下 2 个。

2021-028. 4 层办公楼，一至四层人数分别为 150 人、150 人、250 人、200 人，从上而下每层楼梯疏散最小净宽为：

A. 1.5m，2.0m，2.5m B. 2.0m，2.0m，2.0m
C. 2.0m，2.5m，2.5m D. 1.5m，2.0m，2.0m

【答案】C

【解析】根据《建筑设计防火规范》GB 50016—2014（2018 年版）第 5.5.21 条，除剧场、电影院、礼堂、体育馆外的其他公共建筑，其房间疏散门、安全出口、疏散走道和疏散楼梯的各自总净宽度，应符合下列规定：

1 每层的房间疏散门、安全出口、疏散走道和疏散楼梯的各自总净宽度，应根据疏散人数按每 100 人的最小疏散净宽度不小于表 5.5.21-1 的规定计算确定。当每层疏散人数不等时，疏散楼梯的总净宽度可分层计算，地上建筑内下层楼梯的总净宽度应按该层及以上疏散人数最多一层的人数计算；地下建筑内上层楼梯的总净宽度应按该层及以下疏散人数最多一层的人数计算。

经计算可知，选项 C 正确。

2021-029. 加喷淋的多层综合楼，其装修材料耐火等级不允许降低的部位是：

A. 地面 B. 墙面
C. 顶棚 D. 隔断

【答案】C

【解析】根据《建筑内部装修设计防火规范》GB 50222—2017 第 5.1.3 可知，选项 C 正确。

2021-030. 单层展厅在防火分区分隔部位的宽度为 **75m**，在其中的通道部位防火卷帘允许设置的最大宽度为：

A. 10m B. 20m
C. 25m D. 30m

【答案】B

【解析】根据《建筑设计防火规范》GB 50016—2014（2018 年版）第 6.5.3 条，防火分隔部位设置防火卷帘时，应符合下列规定：

1 除中庭外，当防火分隔部位的宽度不大于 30m 时，防火卷帘的宽度不应大于 10m；当防火分隔部位的宽度大于 30m 时，防火卷帘的宽度不应大于该部位宽度的

1/3，且不应大于 20m。

2021-031. 长 200m、宽 9m 的有顶商业步行街，下檐口距地面 6.6m 的顶棚设自然排烟设施并采用常开式排烟口，自然排烟有效面积不应小于：

A. 180m²　　　　　　　　　　B. 300m²
C. 450m²　　　　　　　　　　D. 600m²

【答案】C
【解析】根据《建筑设计防火规范》GB 50016—2014（2018 年版）第 5.3.6 条第 7 款，步行街的顶棚下檐距地面的高度不应小于 6.0m，顶棚应设置自然排烟设施并宜采用常开式的排烟口，且自然排烟口的有效面积不应小于步行街地面面积的 25%。常闭式自然排烟设施应能在火灾时手动和自动开启。故自然排烟有效面积≥200×9×25%＝450m²。

2021-032. 住宅合用楼梯间前室短边最小长度是：

A. 2.4m　　　　　　　　　　B. 3.5m
C. 4.5m　　　　　　　　　　D. 3m

【答案】A
【解析】根据《建筑设计防火规范》GB 50016—2014（2018 年版）第 7.3.5 条，除设置在仓库连廊、冷库穿堂或谷物筒仓工作塔内的消防电梯外，消防电梯应设置前室，并应符合下列规定：

　1　前室宜靠外墙设置，并应在首层直通室外或经过长度不大于 30m 的通道通向室外；

　2　前室的使用面积不应小于 6.0m²，前室的短边不应小于 2.4m；与防烟楼梯间合用的前室，其使用面积尚应符合本规范第 5.5.28 条和第 6.4.3 条的规定；

　3　除前室的出入口、前室内设置的正压送风口和本规范第 5.5.27 条规定的户门外，前室内不应开设其他门、窗、洞口；

　4　前室或合用前室的门应采用乙级防火门，不应设置卷帘。

2021-033. 高度为 21m 的住宅楼梯疏散适用的方式是：

A. 可采用敞开楼梯间
B. 应采用封闭楼梯间
C. 当户门采用乙级防火门时，可采用敞开楼梯间
D. 户门应采用乙级防火门，且应采用封闭楼梯间

【答案】C
【解析】根据《建筑设计防火规范》GB 50016—2014（2018 年版）第 5.5.27 条，住宅建筑的疏散楼梯设置应符合下列规定：

　1　建筑高度不大于 21m 的住宅建筑可采用敞开楼梯间；与电梯井相邻布置的疏散楼梯应采用封闭楼梯间，当户门采用乙级防火门时，仍可采用敞开楼梯间。

2021-034. 以下关于住宅的做法，正确的是(　　)。

A. 双人卧室不应小于 8m²

B. 单人卧室不应小于 4m²

C. 起居室（厅）内布置家具的墙面直线长度宜大于 3m

D. 兼起居的卧室不应小于 15m²

【答案】C

【解析】根据《住宅设计规范》GB 50096—2011 第 5.2.3 条，套型设计时应减少直接开向起居厅的门的数量。起居室（厅）内布置家具的墙面直线长度宜大于 3m。第 5.2.1 条，卧室的使用面积应符合下列规定：

1　双人卧室不应小于 9m²；

2　单人卧室不应小于 5m²；

3　兼起居的卧室不应小于 12m²。

2021-035. 半地下室层高 2.1m，不可用于：

　　A. 自行车库　　　　　　　　　B. 设备用房

　　C. 厨房　　　　　　　　　　　D. 储藏室

【答案】厨房

【解析】根据《住宅设计规范》GB 50096—2011 第 5.5.4 条，厨房、卫生间的室内净高不应低于 2.20m。

2021-036. 三层开敞通道式外部员工倒班宿舍地面防滑安全等级宜为：

　　A. 高级　　　　　　　　　　　B. 中高级

　　C. 中级　　　　　　　　　　　D. 低级

【答案】B

【解析】根据《建筑地面工程防滑技术规程》JGJ/T 331—2014 第 4.1.5 条，对于老年人居住建筑、托儿所、幼儿园及活动场所、建筑出入口及平台、公共走廊、电梯门厅、厨房、浴室、卫生间等易滑地面，防滑等级应选择不低于中高级防滑等级。幼儿园、养老院等建筑室内外活动场所，宜采用柔（弹）性防滑地面，应符合现行《老年人居住建筑设计标准》GB/T 50340 和《托儿所、幼儿园建筑设计规范》JGJ 90 规定。

2021-037. 在下列多层公共建筑袋形走道疏散距离控制中，疏散距离最小的是：

　　A. 幼儿园　　　　　　　　　　B. 老年人建筑

　　C. 医院病房楼　　　　　　　　D. 游艺场所

【答案】D

【解析】具体详见《建筑设计防火规范》GB 50016—2014（2018 年版）表 5.5.17。

2021-038. 关于住宅室内楼梯扶手高度的说法，正确的是：

　　A. 自踏步前缘线量起不宜小于 500mm

　　B. 自踏步前缘线量起不宜小于 900mm

　　C. 自踏步前缘线量起不宜小于 1000mm

　　D. 自踏步前缘线量起不宜小于 1500mm

【答案】B

【解析】根据《民用建筑设计统一标准》GB 50352—2019 第 6.8.8 条，室内楼梯扶手高度自踏步前缘线量起不宜小于 0.9m。楼梯水平栏杆或栏板长度大于 0.5m 时，其高度不应小于 1.05m。

2021-039. 题目缺失

2021-040. 城市规划中要求服务半径为 500m 的公共设施是：
A. 幼儿园 B. 小学
C. 中学 D. 社区服务中心

【答案】B

【解析】各类公共设施的服务半径详见《城市居住区规划设计标准》GB 50180—2018 的附录 C。居住区教育设施的服务半径：①幼托的服务半径不宜大于 300m；②小学的服务半径不宜大于 500m；③中学的服务半径不宜大于 1000m。

2021-041. 下列关于托儿所幼儿园的说法，正确的是：
A. 托儿活动室应设置在首层
B. 幼儿园生活用房应布置在四层
C. 各班生活单元应保持使用的通用性
D. 活动室、多功能活动室的窗台面距地面高度不宜大于 1m

【答案】A

【解析】根据《托儿所、幼儿园建筑设计规范》JGJ 39—2016（2019 年版）：

4.1.3　托儿所、幼儿园中的生活用房不应设置在地下室或半地下室。

4.1.3A　幼儿园生活用房应布置在三层及以下。

4.1.3B　托儿所生活用房应布置在首层。当布置在首层确有困难时，可将托大班布置在二层，其人数不应超过 60 人，并应符合有关防火安全疏散的规定。

4.1.5　托儿所、幼儿园建筑窗的设计应符合下列规定：

　1　活动室、多功能活动室的窗台面距地面高度不宜大于 0.60m。

2021-042. 幼儿园采用栏杆时，杆件净距不应大于：
A. 0.06m B. 0.08m
C. 0.09m D. 0.10m

【答案】C

【解析】根据《托儿所、幼儿园建筑设计规范》JGJ 39—2016（2019 年版）第 4.1.9 条，托儿所、幼儿园的外廊、室内回廊、内天井、阳台、上人屋面、平台、看台及室外楼梯等临空处应设置防护栏杆，栏杆应以坚固、耐久的材料制作。防护栏杆的高度应从可踏部位顶面起算，且净高不应小于 1.30m。防护栏杆必须采用防止幼儿攀登和穿过的构造，当采用垂直杆件做栏杆时，其杆件净距离不应大于 0.09m。

2021-043. 下列城市幼儿园活动室西向不需要设置遮阳的是：
A. 成都 B. 汉中
C. 贵阳 D. 南京

【答案】C

【解析】根据《托儿所、幼儿园建筑设计规范》JGJ 39—2016（2019 年版）第 3.2.9 条，夏热冬冷、夏热冬暖地区的幼儿生活用房不宜朝西向；当不可避免时，应采取遮阳措施。成都、汉中及南京属于夏热冬冷地区，贵阳属于温和地区，故此题选 C。

2021-044. 文化馆报告厅设置活动座椅的数量要求是：

A. 100 座以下
B. 200 座以下
C. 250 座以下
D. 300 座以下

【答案】D

【解析】根据《文化馆建筑设计规范》JGJ/T 41—2014 第 4.2.4 条，报告厅应符合下列规定：

  1 应具有会议、讲演、讲座、报告、学术交流等功能，也可用于娱乐活动和教学；

  2 规模宜控制在 300 座以下，并应设置活动座椅，且每座使用面积不应小于 1.0m²。

2021-045. 客运站一个检票口，下列哪项设计合理：

A. 每两个发车位不应少于一个检票口
B. 每三个发车位不应少于一个检票口
C. 每四个发车位不应少于一个检票口
D. 每五个发车位不应少于一个检票口

【答案】C

【解析】根据《交通客运站建筑设计规范》JGJ/T 60—2012 第 6.2.3 条，汽车客运站候乘厅内应设检票口，每三个发车位不应少于一个。

2021-046. 关于博物馆建筑设计的说法中，正确的是：

A. 高层博物馆建筑的防火设计应符合二类高层民用建筑的规定
B. 未设空气调节设备的藏品库房应贯彻恒湿变温的原则，相对湿度不应大于 60%
C. 非公共区域和公共区域可以关门分开
D. 顶层展厅宜采用顶部采光，顶部采光时采光均匀度不宜小于 0.5

【答案】C

【解析】根据《博物馆建筑设计规范》JGJ 66—2015：

6.0.3 第 4 款，未设空气调节设备的藏品库房应贯彻恒湿变温的原则，相对湿度不应大于 70%，且昼夜间的相对湿度差不宜大于 5%。

7.1.3 高层博物馆建筑的防火设计应符合一类高层民用建筑的规定。

8.1.4 第 5 款，顶层展厅宜采用顶部采光，顶部采光时采光均匀度不宜小于 0.7。

2021-047. 三级汽车客运站，旅客最高聚集人数为 550 人，售票窗口数量为：

A. 2 个
B. 3 个
C. 4 个
D. 5 个

【答案】D

【解析】根据《交通客运站建筑设计规范》JGJ/T 60—2012 第 6.3.3 条，售票厅的设计应符合下列规定：
    1 售票窗口的数量应按旅客最高聚集人数的 1/120 计算。

2021-048. 下列设置不符合医院手术室要求的是：
A. 洁净手术室应采取防静电措施
B. 洁净手术室和洁净辅助用房内所有拼接缝必须平整严密
C. 洁净手术室和洁净辅助用房内不应有明露管线
D. 吊顶上开设上人孔

【答案】D

【解析】根据《医院洁净手术部建筑技术规范》GB 50333—2013：

7.3.13 洁净手术室应采取防静电措施。洁净手术室内所有饰面材料的表面电阻值应在 $10^6\Omega \sim 10^{10}\Omega$ 之间。

7.3.14 洁净手术室和洁净辅助用房内应设置的插座、开关、各种柜体、观片灯等均应嵌入墙内，不得突出墙面。

7.3.15 洁净手术室和洁净辅助用房内不应有明露管线。

7.3.16 洁净手术室的吊顶及吊挂件，应采取牢固的固定措施。洁净手术室吊顶上不应开设人孔。检修孔可开在洁净区走廊上，并应采取密封措施。

2021-049. 下列关于综合医院设置，正确的是：
A. 医院出入口不应少于三处
B. 儿科按照儿童心理设置适合的室内外环境
C. 病房建筑的前后间距应满足日照和卫生间距要求，且不宜小于 10m
D. 主楼梯宽度不得小于 2m

【答案】B

【解析】根据《综合医院建筑设计规范》GB 51039—2014：

4.2.2 医院出入口不应少于 2 处，人员出入口不应兼作尸体或废弃物出口。

4.2.5 环境设计应符合下列要求：
    1 充分利用地形、防护间距和其他空地布置绿化景观，并应有供患者康复活动的专用绿地；
    2 应对绿化、景观、建筑内外空间、环境和室内外标识导向系统等做综合性设计；
    3 在儿科用房及其入口附近，宜采取符合儿童生理和心理特点的环境设计。

4.2.6 病房建筑的前后间距应满足日照和卫生间距要求，且不宜小于 12m。

5.1.5 楼梯的设置应符合下列要求：
    1 楼梯的位置应同时符合防火、疏散和功能分区的要求；
    2 主楼梯宽度不得小于 1.65m，踏步宽度不应小于 0.28m，高度不应大于 0.16m。

2021-050. 疗养院建设规模划分的依据是：
A. 床位数量
B. 病人的数量

C. 所在地的级别　　　　　　　　　　　D. 政府的规定

【答案】A

【解析】根据《疗养院建筑设计标准》JGJ/T 40—2019 第 3.0.10 条，新建疗养院应根据当地城市总体规划、市场需求和投资条件确定建设规模，建设规模可按其配置的床位数量进行划分，并应符合表 3.0.10 的规定。由表可知，疗养院建设规模划分的依据是床位数量。

疗养院建设规模划分标准　　　　　　表 3.0.10

建设规模	小型	中型	大型	特大型
床位数量（张）	20～100	101～300	301～500	>500

2021-051. 下列关于综合医院总图设计，正确的是：

A. 住院处主要出入口处不应设雨篷
B. 二层医疗用房宜设电梯；三层及三层以上的医疗用房应设电梯，且不得少于 3 台
C. 门诊、急诊、病房楼入口均设置无障碍坡道
D. 通行推床的通道，净宽不应小于 2.0m

【答案】C

【解析】根据《综合医院建筑设计规范》GB 51039—2014：

5.1.2 建筑物出入口的设置应符合下列要求：
  1 门诊、急诊、急救和住院应分别设置无障碍出入口；
  2 门诊、急诊、急救和住院主要出入口处，应有机动车停靠的平台，并应设雨篷。

第 5.1.4 条第 1 款，二层医疗用房宜设电梯；三层及三层以上的医疗用房应设电梯，且不得少于 2 台。

5.1.6 通行推床的通道，净宽不应小于 2.40m。有高差者应用坡道相接，坡道坡度应按无障碍坡道设计。

2021-052. 新建步行街应留有宽度不小于(　　)m 的消防车通道。

A. 6　　　　　　　　　　　　　　　　B. 5
C. 4　　　　　　　　　　　　　　　　D. 3

【答案】C

【解析】根据《商店建筑设计规范》JGJ 48—2014 第 3.3.3 条，步行商业街除应符合现行国家标准《建筑设计防火规范》GB 50016 的相关规定外，还应符合下列规定：

  1 利用现有街道改造的步行商业街，其街道最窄处不宜小于 6m；
  2 新建步行商业街应留有宽度不小于 4m 的消防车通道；
  3 车辆限行的步行商业街长度不宜大于 500m；
  4 当有顶棚的步行商业街上空设有悬挂物时，净高不应小于 4.00m，顶棚和悬挂物的材料应符合现行国家标准《建筑设计防火规范》GB 50016 的相关规定，且应采取

确保安全的构造措施。

2021-053. 无障碍车位旁边的无障碍通道最小尺寸是：

A. 0.9m B. 1.0m
C. 1.2m D. 1.5m

【答案】C

【解析】根据《无障碍设计规范》GB 50763—2012 第 3.14.3 条，无障碍机动车停车位一侧，应设宽度不小于 1.20m 的通道，供乘轮椅者从轮椅通道直接进入人行道和到达无障碍出入口。

2021-054. 自选营业厅内，通道最小宽度影响因素不包含：

A. 通道的位置 B. 是否使用购物车
C. 货架的长度 D. 通道长度

【答案】B

【解析】根据《商店建筑设计规范》JGJ 48—2014 第 4.2.7 条，自选营业厅内通道最小净宽度应符合表 4.2.7 的规定，并应按自选营业厅的设计容纳人数对疏散用的通道宽度进行复核。兼作疏散的通道宜直通至出厅口或安全出口。由表可知，通道最小宽度影响因素不包含是否使用购物车。

2021-055. 题目缺失

2021-056. 以下关于轮椅通行的住宅门，满足要求的是：

A. 在门扇内外应留有直径不小于 1.40m 的轮椅回转空间
B. 要设 350mm 高护门板防撞
C. 门扇应设距地 650mm 的把手
D. 门槛高度及门内外地面高差不应大于 20mm

【答案】B

【解析】根据《无障碍设计规范》GB 50763—2012 第 3.5.3 条，门的无障碍设计应符合下列规定：

　　6 平开门、推拉门、折叠门的门扇应设距地 900mm 的把手，宜设视线观察玻璃，并宜在距地 350mm 范围内安装护门板。

　　7 门槛高度及门内外地面高差不应大于 15mm，并以斜面过渡。

2021-057. 建筑入口的无障碍坡道不应设置成：

A. 直线形 B. 弧形
C. 直角形 D. 折返形

【答案】B

【解析】根据《无障碍设计规范》GB 50763—2012 第 3.4.1 条，轮椅坡道宜设计成直线形、直角形或折返形。

2021-058. 绿色建筑分为（　　）等级？

A. 6 个 B. 3 个

C. 5个 D. 4个

【答案】D

【解析】根据《绿色建筑评价标准》GB/T 50378—2019 第3.2.6条，绿色建筑划分应为基本级、一星级、二星级、三星级4个等级。

2021-059. 绿色建筑评价开展的时间是：
A. 工程施工准确阶段 B. 工程施工过程中
C. 建筑工程竣工后进行 D. 工程投入使用阶段

【答案】C

【解析】根据《绿色建筑评价标准》GB/T 50378—2019 第3.1.2条，绿色建筑评价应在建筑工程竣工后进行。在建筑工程施工图设计完成后，可进行预评价。

2021-060. 下列关于绿色建筑优先采用措施的说法中，错误的是：
A. 主动设计策略 B. 集成技术体系
C. 高性能建筑产品 D. 高性能的设备

【答案】A

【解析】根据《民用建筑绿色设计规范》JGJ/T 229—2010 第4.2.4条，绿色设计方案的确定宜符合下列要求：
1　优先采用被动设计策略；
2　选用适宜、集成技术；
3　选用高性能建筑产品和设备；
4　当实际条件不符合绿色建筑目标时，可采取调整、平衡和补充措施。

2021-061. 作为绿色居住建筑，纯装饰性构件的造价不应超过所在单栋建筑总造价的：
A. 0.5% B. 1%
C. 2% D. 3%

【答案】C

【解析】根据《绿色建筑评价标准》GB/T 50378—2019 第7.1.9条，建筑造型要素应简约，应无大量装饰性构件，并应符合下列规定：
1　住宅建筑的装饰性构件造价占建筑总造价的比例不应大于2%；
2　公共建筑的装饰性构件造价占建筑总造价的比例不应大于1%。

2021-062 至 2021-066. 题目缺失

2021-067. 关于设计单位应承担的消防设计的责任和义务，下列说法正确的是：
A. 应该对消防设计质量承担首要责任
B. 应负责申请消防审查
C. 挑选满足防火要求的建筑产品、材料、配件、和设备并检验其质量
D. 参加工程项目竣工验收，并对消防设计实施情况盖章确认

【答案】A

【解析】设计单位应当履行的消防设计、施工质量责任和义务：

① 按照建设工程法律法规和国家工程建设消防技术标准进行设计，编制符合要求的消防设计文件，不得违反国家工程建设消防技术标准强制性条文；

② 在设计文件中选用的消防产品和具有防火性能要求的建筑材料、建筑构配件和设备，应当注明规格、性能等技术指标，符合国家规定的标准；

③ 参加建设单位组织的建设工程竣工验收，对建设工程消防设计实施情况签章确认，并对建设工程消防设计质量负责。

2021-068. 下列经济指标中，反映企业短期偿债能力的指标是：

A. 总投资收益率　　　　　　　　　B. 速动比率
C. 投资回收期　　　　　　　　　　D. 内部收益率

【答案】B

【解析】短期偿债能力，是指企业流动资产对流动负债及时足额偿还的保证程度，是衡量企业当期财务能力（尤其是流动资产变现能力）的重要标志。企业短期偿债能力的衡量指标主要有流动比率、速动比率和现金流动负债比率三项。

①流动比率：是流动资产与流动负债的比率，它表明企业每一元流动负债有多少流动资产作为偿还保证，反映企业用可在短期内转变为现金的流动资产偿还到期流动负债的能力。

②速动比率：是企业速动资产与流动负债的比率。其中速动资产是指流动资产减去变现能力较差且不稳定的存货、预付账款、待摊费用等后的余额。

③现金流动负债比率：是企业一定时期的经营现金净流量同流动负债的比率，它可以从现金流量角度来反映企业当期偿付短期负债的能力。

2021-069. 建筑安装工程中的规费，应包括：

A. 五险一金　　　　　　　　　　　B. 工会会费
C. 风险费　　　　　　　　　　　　D. 税金

【答案】A

【解析】根据《建设工程工程量清单计价规范》GB 50500—2013 第 4.5.1 条，规费项目清单应按照下列内容列项：

1　社会保险费：包括养老保险费、失业保险费、医疗保险费、工伤保险费、生育保险费；

2　住房公积金；

3　工程排污费。

2021-070. 工程量清单的准确性由招标人负责，从设计人员的角度，设计时有助于提高工程量清单编制准确性的做法是：

A. 尽量选用当地原材料　　　　　　B. 尽量考虑业主的建设成本
C. 减少设计图纸中的错误　　　　　D. 尽量考虑施工的难易程度

【答案】C

【解析】工程量清单编制准确性与图纸的准确性密切相关。

2021-071. 招标控制价应：
A. 资格预审后公布
B. 在发布招标文件时公布
C. 评标过程中公布
D. 投标截止前公布

【答案】B

【解析】招标人应在发布招标文件时公布招标控制价，同时应将招标控制价及有关资料报送工程所在地工程造价管理机构备查。

2021-072. 施工图审查内容不包含：
A. 限额设计审查
B. 地基基础和主体结构的安全性
C. 是否符合绿色建筑标准
D. 是否符合工程建设强制性标准

【答案】A

【解析】施工图审查的主要内容：
① 是否符合工程建设强制性标准；
② 地基基础和主体结构的安全性；
③ 是否符合民用建筑节能强制性标准，对执行绿色建筑标准的项目，还应当审查是否符合绿色建筑标准；
④ 勘察设计企业和注册执业人员以及相关人员是否按规定在施工图上加盖相应的图章和签字；
⑤ 法律、法规、规章规定必须审查的其他内容。

2021-073. 根据《建设工程工程量清单计价规范》，土建部分分项工程的综合单价除了包含人工费、材料和施工机具使用费以外，还应包括：
A. 企业管理费、利润、风险费用
B. 规费、风险费用、税金
C. 规费、税金、利润
D. 企业管理费、规费、税金

【答案】A

【解析】根据《建设工程工程量清单计价规范》GB 50500—2013 第 4.1.4 条，招标工程量清单应以单位（项）工程为单位编制，应由分部分项工程项目清单、措施项目清单、其他项目清单、规费和税金项目清单组成。由此可见，规费和税金不能计入分部分项工程项目清单，故选 A。

2021-074. 某建筑首层 6m 高，建筑面积 6000m²，局部二层 3m 高，面积 3800m²，屋顶机房高 2.0m，面积 20m²。半地下室 2.6m 高，面积 2600m²。建筑总面积是多少？
A. 12420m²
B. 11110m²
C. 14610m²
D. 12410m²

【答案】D

【解析】根据《建筑工程建筑面积计算规范》GB/T 50353—2013 第 3.0.17 条，设在建筑物顶部的、有围护结构的楼梯间、水箱间、电梯机房等，结构层高在2.20m及以上的应计算全面积；结构层高在2.20m以下的，应计算1/2面积。故建筑总面积＝6000m²＋3800m²＋20m²/2＋2600m²＝12410m²。

2021-075. 下列关于建筑技术指标，表述正确的是：
A. 辅助面积系数越小，建筑使用面积浪费越少
B. 居住面积系数反映居住面积与建筑占地面积的比例
C. 结构面积系数一般在10%左右
D. 建筑周长系数，反映建筑物外墙周长与建筑面积之比

【答案】A

【解析】居住建筑设计方案的技术经济指标中，辅助面积系数K1＝（标准层的辅助面积÷使用面积）×100%。使用面积也称作有效面积。它等于居住面积加上辅助面积。辅助面积系数K1，一般在20%～27%之间。因此，辅助面积系数越小，建筑使用面积浪费越少。

2021-076. 反映公共建筑使用周期内经济性的指标是：
A. 单位造价　　　　　　　　　　B. 能源耗用量
C. 面积使用系数　　　　　　　　D. 建筑用钢量

【答案】B

【解析】使用阶段评价指标：
　①经常使用费，是指建筑物投入使用后每年所支出的费用，如维修费、折旧费等费用。
　②能源耗用量，指建筑物用于采暖、电梯等方面能源的耗用量。
　③使用年限，是指建筑物从投入使用到报废的全部日历天数。

2021-077. 下列关于建筑面积计算，正确的：
A. 室外楼梯应并入所依附建筑物自然层，并应按其水平投影面积计算建筑面积
B. 形成建筑空间的坡屋顶，结构净高在2.10m及以上的部位应计算1/2面积
C. 出入口外墙外侧坡道有顶盖的部位，应按其外墙结构外围水平面积计算全面积
D. 建筑物间的架空走廊，有顶盖和围护结构的，应按其围护结构外围水平面积计算全面积

【答案】D

【解析】根据《建筑工程建筑面积计算规范》GB/T 50353—2013：

3.0.3 形成建筑空间的坡屋顶，结构净高在2.10m及以上的部位应计算全面积；结构净高在1.20m及以上至2.10m以下的部位应计算1/2面积；结构净高在1.20m以下的部位不应计算建筑面积。

3.0.6 出入口外墙外侧坡道有顶盖的部位，应按其外墙结构外围水平面积的1/2计算面积。

3.0.9 建筑物间的架空走廊，有顶盖和围护结构的，应按其围护结构外围水平面积计算全面积；无围护结构、有围护设施的，应按其结构底板水平投影面积计算1/2面积。

3.0.20 室外楼梯应并入所依附建筑物自然层,并应按其水平投影面积的1/2计算建筑面积。

2021-078. 下列应计算全面积的是:
A. 在主体结构外的阳台
B. 无围护结构、有围护设施的建筑物间的架空走廊
C. 结构标高2.2m的门斗
D. 有顶盖无围护结构的车棚

【答案】C

【解析】根据《建筑工程建筑面积计算规范》GB/T 50353—2013:

3.0.9 建筑物间的架空走廊,有顶盖和围护结构的,应按其围护结构外围水平面积计算全面积;无围护结构、有围护设施的,应按其结构底板水平投影面积计算1/2面积。

3.0.15 门斗应按其围护结构外围水平面积计算建筑面积。结构层高在2.20m及以上的,应计算全面积;结构层高在2.20m以下的,应计算1/2面积。

3.0.21 在主体结构内的阳台,应按其结构外围水平面积计算全面积;在主体结构外的阳台,应按其结构底板水平投影面积计算1/2面积。

3.0.22 有顶盖无围护结构的车棚、货棚、站台、加油站、收费站等,应按其顶盖水平投影面积的1/2计算建筑面积。

2021-079. 下列不需要计入建筑面积的是:
A. 建筑物的外墙外保温层
B. 挑出宽度在2.10m以下的无柱雨篷
C. 与室内相通的变形缝
D. 建筑物的通风排气竖井

【答案】B

【解析】根据《建筑工程建筑面积计算规范》GB/T 50353—2013第3.0.27条,下列项目不应计算建筑面积:

6 勒脚、附墙柱、垛、台阶、墙面抹灰、装饰面、镶贴块料面层、装饰性幕墙,主体结构外的空调室外机搁板(箱)、构件、配件,挑出宽度在2.10m以下的无柱雨篷和顶盖高度达到或超过两个楼层的无柱雨篷。

2021-080. 同一地区,不同类型工程选用同样结构做法,单方造价最便宜的是:
A. 塔楼
B. 工业厂房
C. 办公楼
D. 住宅

【答案】A

【解析】参考不同结构类型建筑结构工程平方米造价表。

不同结构类型建筑结构工程平方米造价

序号	建筑工程结构类型	平方米造价(元)
1	民用多层砖混结构(不包含住宅楼)	1000

续表

序号	建筑工程结构类型	平方米造价（元）
2	砖混结构住宅楼	900
3	民用多层框架结构（不包含住宅楼）	1200
4	多层框架结构住宅楼	1100
5	民用高层及小高层框架、剪力墙结构（不包含住宅楼）	1400
6	高层及小高层框架、剪力墙结构住宅楼	1200
7	高层塔楼	1100
8	工业多层框架结构	1000
9	工业单层排架结构	800

2021-081. 在砌体工程施工中，砌体中上下皮砌块搭接长度小于规定数值的竖向灰缝被称为：

A. 通缝 B. 错缝
C. 假缝 D. 瞎缝

【答案】A

【解析】根据《砌体结构施工质量验收规范》GB 50203—2011：

2.0.9 瞎缝：砌体中相邻块体间无砌筑砂浆，又彼此接触的水平缝或竖向缝。

2.0.10 假缝：为掩盖砌体灰缝内在质量缺陷，砌筑砌体时仅在靠近砌体表面处抹有砂浆，而内部无砂浆的竖向灰缝。

2.0.11 通缝：砌体中上下皮块体搭接长度小于规定数值的竖向灰缝。

错缝：上下皮小砌块错开砌筑（搭砌），以增强砌体的整体性，这属于砌筑工艺的基本要求。

2021-082. 当基底标高不同时，砖基础砌筑时应：

A. 从低处砌起，并应由低处向高处搭砌
B. 从低处砌起，并应由高处向低处搭砌
C. 从高处砌起，并应由低处向高处搭砌
D. 从高处砌起，并应由高处向低处搭砌

【答案】B

【解析】根据《砌体结构工程施工质量验收规范》GB 50203—2011 第 3.0.6 条，砌筑顺序应符合下列规定：

1 基底标高不同时，应从低处砌起，并应由高处向低处搭砌。当设计无要求时，搭接长度 L 不应小于基础底的高差 H，搭接长度范围内下层基础应扩大砌筑；

2 砌体的转角处和交接处应同时砌筑，当不能同时砌筑时，应按规定留槎、接槎。

2021-083 至 2021-084. 题目缺失

2021-085. 不允许出现裂缝的预应力混凝土构件进行结构性能检验时，下列无需进行检验的是：

A. 裂缝宽度检验　　　　　　　　B. 承载力
C. 挠度　　　　　　　　　　　　D. 抗裂

【答案】A

【解析】根据《混凝土结构工程施工质量验收规范》GB 50204—2015 第9.2.2条，专业企业生产的预制构件进场时，预制构件结构性能检验应符合下列规定：

1 梁板类简支受弯预制构件进场时应进行结构性能检验，并应符合下列规定：

1) 结构性能检验应符合国家现行相关标准的有关规定及设计的要求，检验要求和试验方法应符合本规范附录B的规定。

2) 钢筋混凝土构件和允许出现裂缝的预应力混凝土构件应进行承载力、挠度和裂缝宽度检验；不允许出现裂缝的预应力混凝土构件应进行承载力、挠度和抗裂检验。

3) 对大型构件及有可靠应用经验的构件，可只进行裂缝宽度、抗裂和挠度检验。

4) 对使用数量较少的构件，当能提供可靠依据时，可不进行结构性能检验。

2021-086. 梁板类简支受弯预制构件进场时，应进行结构性能检验。对有可靠应用经验的大型构件，可不进行检验的项目是：

A. 承载力　　　　　　　　　　　B. 抗裂
C. 裂缝宽度　　　　　　　　　　D. 挠度

【答案】A

【解析】同题2021-085解析。

2021-087. 下列材料中，不宜用于防水混凝土的是：

A. 硅酸盐水泥　　　　　　　　　B. 中粗砂
C. 天然海砂　　　　　　　　　　D. 卵石

【答案】C

【解析】根据《地下工程防水技术规范》GB 50108—2008 第4.1.10条，用于防水混凝土的砂、石，应符合下列规定：

　　2 砂宜选用坚硬、抗风化性强、洁净的中粗砂，不宜使用海砂；砂的质量要求应符合国家现行标准《普通混凝土用砂质量标准及检验方法》JGJ 52 的有关规定。

2021-088. 支设模板不考虑哪项要求？

A. 冻融预防　　　　　　　　　　B. 起拱设置
C. 经济性　　　　　　　　　　　D. 排水设施

【答案】C

【解析】根据《混凝土结构工程施工质量验收规范》GB 50204—2015：

4.2.4　支架竖杆和竖向模板安装在土层上时，应符合下列规定：

　　1　土层应坚实、平整，其承载力或密实度应符合施工方案的要求；

　　2　应有防水、排水措施；对冻胀性土，应有预防冻融措施；

4.2.7　模板的起拱应符合现行国家标准《混凝土结构工程施工规范》GB 50666 的规

定，并应符合设计及施工方案的要求。

2021-089. 关于地下防水工程，说法正确的是：

A. 膨润土防水材料施工环境温度不低于－10℃

B. 无机防水涂料施工环境温度适合在5~25℃

C. 对于高聚物改性沥青防水卷材，采用热熔法施工时的温度不低于－15℃

D. 地下防水工程不得在雨天施工

【答案】D

【解析】根据《地下防水工程质量验收规范》GB 50208—2011第3.0.11条，地下防水工程不得在雨天、雪天和五级风及其以上时施工；防水材料施工环境气温条件宜符合表3.0.11的规定。

防水材料施工环境气温条件　　　　表 3.0.11

防水材料	施工环境气候条件
高聚物改性沥青防水卷材	冷粘法、自粘法不低于5℃，热熔法不低于－10℃
合成高分子防水卷材	冷粘法、自粘法不低于5℃，焊接法不低于－10℃
有机防水涂料	溶剂型－5℃~35℃，反应型、水乳型5℃~35℃
无机防水涂料	5℃~35℃
防水混凝土、防水砂浆	5℃~35℃
膨润土防水材料	不低于－20℃

2021-090. 题目缺失

2021-091. 地下室防水等级分为：

A. 二级　　　　　　　　　　　B. 三级

C. 四级　　　　　　　　　　　D. 五级

【答案】C

【解析】根据《地下工程防水技术规范》GB 50108—2008第3.2.1条，地下工程的防水等级应分为四级。

2021-092. 关于屋面工程的说法中，正确的是：

A. 在大风及地震设防地区或屋面坡度大于90%时，瓦材应采取固定加强措施

B. 瓦材下应铺设防水层

C. 顺水条应垂直正脊方向铺钉在基层上，顺水条间距不宜大于300mm

D. 脊瓦搭盖应逆主导风向和流水方向

【答案】B

【解析】根据《屋面工程质量验收规范》GB 50207—2012：

7.1.5　在大风及地震设防地区或屋面坡度大于100%时，瓦材应采取固定加强措施。

7.1.6　在瓦材的下面应铺设防水层或防水垫层，其品种、厚度和搭接宽度均应符合设计要求。

7.2.2　基层、顺水条、挂瓦条的铺设应符合下列规定：

1　基层应平整、干净、干燥；持钉层厚度应符合设计要求；

2 顺水条应垂直正脊方向铺钉在基层上，顺水条表面应平整，其间距不宜大于500mm；

7.2.3 挂瓦应符合下列规定：

4 正脊和斜脊应铺平挂直，脊瓦搭盖应顺主导风向和流水方向。

2021-093. 下列关于砌体上安装金属门窗框做法，正确的是：
A. 采用预留洞口后安装的方法施工
B. 采用边安装边砌口的方法施工
C. 采用先安装后砌口的方法施工
D. 采用射钉固定于砌体上的方法施工

【答案】A

【解析】金属门窗安装应采用预留洞口的方法施工，不得采用边安装边砌口或先安装后砌口的方法施工。在砌体上安装金属门窗严禁用射钉固定。

2021-094. 在饰面板工程中，不属于隐蔽工程验收内容的是：
A. 预埋件   B. 饰面层
C. 连接节点   D. 防火节点

【答案】B

【解析】根据《建筑装饰装修工程质量验收规范》GB 50210—2018 第 9.1.4 条，饰面板工程应对下列隐蔽工程项目进行验收：

1 预埋件（或后置埋件）；

2 龙骨安装；

3 连接节点；

4 防水、保温、防火节点；

5 外墙金属板防雷连接节点。

2021-095. 室内装修后需测试甲醛的是：
A. 人造木板   B. 大理石
C. 瓷砖   D. 墙纸

【答案】B

【解析】根据《建筑装饰装修工程质量验收规范》GB 50210—2018 第 6.1.3 条，门窗工程应对下列材料及其性能指标进行复验：

1 人造木板门的甲醛释放量。

2 建筑外窗的气密性能、水密性能和抗风压性能。

2021-096. 门窗工程不需要检测的项目是：
A. 甲醛   B. 层间变形性能
C. 气密性能   D. 水密性能

【答案】B

【解析】同题 2021-095 解析。

2021-097. 关于玻璃幕墙，下列说法错误的是：

A. 玻璃的厚度不应小于 6.0mm

B. 硅酮结构密封胶在现场进行浇注

C. 中空玻璃应采用双道密封

D. 钢化玻璃表面不得有损伤

【答案】B

【解析】《玻璃幕墙工程技术规范》JGJ 102—2003：

3.4.3-2 中空玻璃应采用双道密封。

6.2.1-2 钢化玻璃表面不得有爆边、裂纹、缺角。

6.2.1-3 镀膜玻璃膜面应无明显变色、脱落现象。

《建筑装饰装修工程质量验收标准》GB 50210—2018：

8.1.2 采用浮头式连接件的幕墙玻璃厚度不应小于6mm；采用沉头式连接件的幕墙玻璃厚度不应小于8mm。

《玻璃幕墙工程质量检验标准》JGJ/T 139—2020：

11.1.10 硅酮结构密封胶的注胶应在洁净的专用注胶室进行，且养护环境、温度、湿度条件应符合结构胶产品的使用规定。

故选项 B 符合题意。

2021-098. 题目缺失

2021-099. 地面垫层中应采用的砂为：

A. 粗砂 B. 中砂

C. 细砂 D. 特细砂

【答案】B

【解析】根据《建筑地面工程施工质量验收规范》GB 50209—2010 第 4.4.3 条，砂和砂石不应含有草根等有机杂质；砂应采用中砂；石子最大粒径不应大于垫层厚度的 2/3。

2021-100. 下列材料用于室内装修，哪一种是不需要进行放射性检测的？

A. 地砖地面 B. 大理石地面

C. 活动地板地面 D. 预制块材地面

【答案】C

【解析】根据《民用建筑工程室内环境污染控制标准》GB 50325—2020 第 3.1.2 条，民用建筑工程所使用的石材、建筑卫生陶瓷、石膏制品、无机粉黏结材料等无机非金属装饰装修材料，其放射性限量应分类符合现行国家标准《建筑材料放射性核素限量》GB 6566 的规定。